Uni-Taschenbücher 1058

T0222181

UTB

Eine Arbeitsgemeinschaft der Verlage

Birkhäuser Verlag Basel und Stuttgart
Wilhelm Fink Verlag München
Gustav Fischer Verlag Stuttgart
Francke Verlag München
Paul Haupt Verlag Bern und Stuttgart
Dr. Alfred Hüthig Verlag Heidelberg
Leske Verlag + Budrich GmbH Opladen
J. C. B. Mohr (Paul Siebeck) Tübingen
C. F. Müller Juristischer Verlag – R. v. Decker's Verlag Heidelberg
Quelle & Meyer Heidelberg
Ernst Reinhardt Verlag München und Basel
K. G. Saur München · New York · London · Paris
F. K. Schattauer Verlag Stuttgart · New York
Ferdinand Schöningh Verlag Paderborn
Dr. Dietrich Steinkopff Verlag Darmstadt
Eugen Ulmer Verlag Stuttgart
Vandenhoeck & Ruprecht in Göttingen und Zürich

Grundkurs Physik · Band 2
Herausgeber: *H.-J. Seifert* · *M. Trümper*

Hans-Jürgen Seifert ist Professor für Mathematik an der Hochschule der Bundeswehr Hamburg (Fachbereich Maschinenbau).
Manfred Trümper ist wissenschaftlicher Mitarbeiter am Max-Planck-Institut für Physik und Astrophysik in Garching bei München.

Manfred Trümper

Mechanik

Eine Einführung in
Grundvorstellungen der Physik

Mit 47 Abbildungen

Springer-Verlag Berlin Heidelberg GmbH

Der im Jahre 1934 in Wernigerode geborene Autor studierte Physik an der Martin-Luther-Universität Halle (1952 – 54) und an der Universität Hamburg (1954 – 59). Dort arbeitete er in dem Forschungsseminar bei *J. Ehlers, P. Jordan* und *E. Schücking* (Diplom 1959, Promotion 1962). Nach zweijähriger Tätigkeit als Research Associate bei *P. G. Bergmann* an der Syracuse University und der Yeshiva University in New York (1962 – 64) wird er Assistent von *P. Jordan* an der Universität Hamburg (1964 – 68). Danach geht der Autor für ein Jahr als Visiting Lecturer an die North Texas State University und sodann als Associate Professor an die Texas A&M University (1969 – 74). Von 1975 bis 1979 lehrt er im Rahmen eines algerisch-deutschen Kooperationsabkommens als Professor an der Universität Oran. Seit Herbst 1979 ist er wissenschaftlicher Mitarbeiter am Max-Planck-Institut für Physik und Astrophysik in Garching bei München. Hauptsächliche Interessengebiete: Theoretische Physik, insbesondere Relativistische Gravitationstheorie und Astrophysik.

CIP-Kurztitelaufnahme der Deutschen Bibliothek

Trümper, Manfred:

Mechanik: e. Einf. in Grundvorstellungen d. Physik/Manfred Trümper.
Darmstadt: Steinkopff, 1980.

(Uni-Taschenbücher; 1058: Grundkurs Physik; Bd. 2)
ISBN 978-3-7985-0566-7 ISBN 978-3-642-95972-1 (eBook)
DOI 10.1007/ 978-3-642-95972-1

Ursprünglich erschienen bei Dr. Dietrich Steinkopff Verlag GmbH & Co. KG., Darmstadt 1980

Meiner Mutter gewidmet

Vorwort der Herausgeber zum Sammelwerk „Grundkurs Physik"

Der „Grundkurs Physik" besteht aus einzeln erhältlichen Bänden, die aufeinander abgestimmt, aber unabhängig voneinander lesbar sind. Vorgesehen sind zunächst:

1. Mathematische Methoden, 2 Teilbände
2. Mechanik
3. Wärmelehre
4. Elektromagnetismus, Optik, Relativität, voraussichtlich 2 Teilbände
5. Mechanik der Kontinua
6. Quantenphysik
7. Statistische Physik
8. Physik als Wissenschaft (Bemerkungen zur Stellung der Physik zu anderen Wissenschaften; Methoden, Grenzen, Konsequenzen der Physik).

Alle diese Bände sind als Einführung in das betreffende Gebiet bestimmt. Daher steht eine ausführliche Motivierung und Erläuterung der wesentlichen Konzepte im Vordergrund, nicht so sehr der Ausbau des Formalismus. Es wird nicht nur die Physik – ihre Theorien und Ergebnisse – dargestellt, sondern auch *über* die Physik – ihre Denkweise, ihre Methoden, ihre Bedeutung – gesprochen.

Das Lehrwerk ist geschrieben für Studenten naturwissenschaftlich orientierter Fachrichtungen. Es geht nicht von der Fiktion aus, die einzige Wissensquelle des Studenten zu sein, sondern empfiehlt sich zum Gebrauch neben Vorlesungen und vor weiterführenden Texten.

Die eigentlichen „Physikbände" der Reihe (Bd. 2 bis Bd. 7) enthalten viele Übungsbeispiele, Zusammenfassungen von Kapiteln, Aufgaben (mit Lösungen). Die Beispiele sollen auch für „Anfänger" verständlich und anregend sein; das soll nicht durch zu große Simplizität, sondern durch Bezug auf den „technischen Alltag" erreicht werden. (Dieser wird heute leider von den meisten Lehrgängen der Physik vernachlässigt, denn die klassische Physik hat man den Ingenieuren zur Anwendung überlassen, aktuelle physikalische Forschung basiert meist auf der Quantentheorie.)

In den beiden „einrahmenden" Bänden (Bd. 1 und Bd. 8) geht es um zwei Gebiete, die nicht zur Physik gehören, aber für die Beschäftigung mit der Physik äußerst wichtig sind. Noch weniger als in den anderen Bänden ist hier eine umfassende Behandlung angestrebt, es soll eine Brücke geschlagen werden zu den üblichen Darstellungen dieser Gebiete, die in Stil und Denkweisen weit von denen der Physiker entfernt sind, auch wenn sie oft das Wort „Physik“ benutzen.

Der Anstoß für den Grundkurs Physik sowie nützliche Anregungen zur Planung dieser Reihe wurden vom Verleger, Herrn *Jürgen Steinkopff*, gegeben, der im Frühjahr 1979 unerwartet starb. Seine liebenswerte Persönlichkeit, aus der Optimismus und Schaffenskraft sprachen, wird uns unvergessen bleiben.

Hans-Jürgen Seifert *Manfred Trümper*

Vorwort

Die „Mechanik“ erscheint als Band 2 innerhalb der Reihe „Grundkurs Physik“, die sich vorwiegend an Studienanfänger bis zum Vordiplom wendet. Als ein von grundauf neu konzipiertes Buch stellt es sich die Aufgabe,

- eine gut verständliche Einführung in dieses älteste Teilgebiet der Physik zu geben und dabei auch die Erfordernisse der modernen Physik zu berücksichtigen,
- die analytischen Fähigkeiten des Studierenden weiterzuentwickeln, und
- dem Studierenden damit das Selbstvertrauen zu vermitteln, das zur Entwicklung eigener Lern-Initiative erforderlich ist und auch die Voraussetzung für das Umsetzen kreativen Denkens in wissenschaftliche Ergebnisse darstellt.

Stoffauswahl und Darstellung sind diesen Zielen untergeordnet: Wir gehen von dem Grundsatz aus, daß es besser ist, weniger Gebiete gründlicher zu behandeln, als viele nur oberflächlich. Besondere Aufmerksamkeit wenden wir den Gebieten zu, die in so manchen Büchern über Mechanik schwer verständlich oder unvollständig behandelt werden. Das ist um so wichtiger, als davon die Grundlagen der Mechanik (und damit der Physik) betroffen sind. Beim »Auffahren mathematischer Geschütze« verfahren wir nach dem Prinzip der Verhältnismäßigkeit der Mittel. Das heißt, wir werden weder »mit Kanonen auf Spatzen schießen«, noch versuchen, mit untauglichen Mitteln schwierigere Probleme anzugehen.

Zum Inhalt: Wir beginnen in Kapitel 1 mit einer Betrachtung der (gravitationsfreien) Raumzeit und untersuchen, welche Konsequenzen die beiden fundamentalen Prinzipien, das der Relativität und das der Konstanz der Lichtgeschwindigkeit für deren Geometrie haben. So wird der Leser bereits frühzeitig mit einigen Grundbegriffen der relativistischen Raumzeit-Lehre vertraut gemacht. Ferner wird verständlich, welche Art von Annäherung an die »Wirklichkeit« die hernach zu behandelnde nichtrelativistische Mechanik darstellt.

Vom Inhalt des Kapitel 2, über Kinematik, ist hervorzuheben: Die verhältnismäßig breite Behandlung der Teilchenbewegung als Überlagerung von radialer und angularer Bewegung, die nicht nur in Hinblick auf die Quantenmechanik interessant ist, sondern sich auch innerhalb der klassischen Mechanik als besonders nützlich erweist. Situationen, in denen ein „Zentrum“ ausgezeichnet ist, sind in der Physik ja nicht selten. Von Bedeutung ist ferner die ausgiebige Verwendung zeitabhängiger *orthogonaler Matrizen* als das angemessene Hilfsmittel zur Untersuchung von Drehbewegungen. Die Formeln für Geschwindigkeit und Beschleunigung im rotierenden Bezugssystem gewinnen dadurch an Durchsichtigkeit.

Kapitel 2 handelt von der Dynamik. Hier kommt alsbald die »Gretchenfrage«, die sich jedem Autor einer Einführung in die Mechanik stellt: „Wie hälst Du's mit der ‚Kraft‘ und den ‚Inertialsystemen‘?“ Die Antworten der meisten Bücher – soweit sie die Problematik nicht einfach ignorieren – erschöpfen sich in zirkularen Erklärungen, die sich in zwei Sätze kondensieren lassen:

1. (Erklärung von „Kraft“) „Wenn ein Teilchen (der Masse m) in einem Inertialsystem eine Beschleunigung (des Betrages a) erfährt, so wirkt darauf eine Kraft (des Betrages ma).“
2. (Erklärung von „Inertialsystem“) „Wenn auf ein Teilchen keine Kraft wirkt, so kann man mit diesem Teilchen ein Inertialsystem verbinden.“

Wir vermögen uns solchen Bräuchen nicht anzuschließen und gehen von der Tatsache aus, *daß es wegen der Gravitationswechselwirkung keine Inertialsysteme gibt.* Unter diesen verstehen wir Bezugssysteme mit folgenden Eigenschaften: (a) Sie haben gegeneinander keine Relativbeschleunigungen, (b) in ihnen treten keine Trägheitskräfte auf.

Wenn man *Trägheitskräfte* ausschließen will, muß man die Bezugssysteme mit *wechselwirkungsfreien Teilchen* verbinden. Solche Teilchen gibt es nicht, denn zwischen ihnen gibt es immer die Gravitationswechselwirkung. Wenn man dagegen *Relativbeschleunigungen* vermeiden will (d. h. nur translatorisch gleichförmig bewegte Bezugssysteme zuläßt), so muß man die Gravitation durch andere Wechselwirkungen *kompensieren.* Dann ist man aber gezwungen, Trägheitskräfte in Kauf zu nehmen.

Man kann also nur zwischen Systemen mit den Eigenschaften (a) *oder* (b) wählen. Die übliche Wahl fällt auf Systeme ohne Relativbeschleunigungen, da sie eine einfachere Beschreibung der Physik gestatten (weil diese Bezugssysteme »nur« durch Galilei-Transformation miteinander verbunden sind). Da die Gravitationswechselwirkung aber schwach ist, kann man sich Bezugssysteme dieser Art verschaffen, welche angenähert auch noch die Eigenschaft (b) haben. Zwar wäre es befriedigender, Bezugssysteme mit der Eigenschaft (b) zu benutzen

(d. h. also solche, die mit »frei fallenden Teilchen« verbunden werden können), jedoch würde dies eine wesentliche Komplizierung der mathematischen Beschreibung mit sich bringen (Verwendung des Formelapparates der *Riemann*schen Geometrie). Wir entscheiden uns daher – nicht ohne ein gewisses Gefühl des Bedauerns – für die beliebtere Alternative (a). Den Begriff der Kraft erklären wir anhand konkreter Beispiele von Wechselwirkungen.

In Kapitel 4 untersuchen wir die Bewegung von Teilchen in den für die Physik wichtigsten Kraftfeldern, d. h. im Gravitationsfeld sowie im elektrischen und magnetischen Feld.

In Kapitel 5 werden die Modelle „System von Teilchen" und „kontinuierliche Materie" besprochen. Neben dem üblichen Stoff findet man hier auch etwas über die *Momente von Massenverteilungen*. Ihre Kenntnis ist nicht nur wegen der Anwendungen in der Elektrodynamik (hier: die Momente der *Ladungs*verteilung) und Kernphysik wünschenswert, sondern auch deshalb, weil erst durch sie das Modell „Massenpunkt" zum Modell „Punktteilchen" entwickelt werden kann. Außerdem geben wir hier die von *Tisserand* stammende Kennzeichnung eines dem System zugeordneten »mitrotierenden« Bezugssystem an. Diese Betrachtung zeigt auch, daß der Begriff des „Trägheitstensors" bereits bei beliebigen Systemen – und nicht erst im Zusammenhang mit starren Körpern – von Bedeutung ist.

Mit dem Modell „Starrer Körper" und seinem dynamischen Verhalten beschäftigt sich Kapitel 6. Als Anwendung sehen wir uns etwas genauer die Bewegung eines *drehmomentfreien Kreisels* an. Nach der Besprechung der „Poinsot-Bewegung" eines beliebigen (asymmetrischen) Kreisels betrachten wir den *symmetrischen* Kreisel, dessen Behandlung in der Literatur übrigens ein schönes Beispiel von Traditionspflege darstellt. Die Tradition besteht darin, daß man den Gegenstand kurz mit der linken Hand abhandelt und dabei wichtige Tatsachen und Fragestellungen außeracht läßt. In den meisten Büchern wird nur nachgewiesen, daß der Winkelgeschwindigkeitsvektor eine Präzession um den (konstanten) Drehimpulsvektor ausführt. Man gibt die dazugehörige Frequenz an und veranschaulicht die Bewegung als das Abrollen eines mit dem Körper verbundenen Kegels auf einem raumfesten Kegel. So weit so gut. Die Einschränkung des Verhältnisses der Hauptträgheitsmomente (I_3/I; mit $I := I_1 = I_2$) auf das Intervall [0,2] sowie die physikalisch bedeutsame Unterscheidung der Fälle, in denen dieses Verhältnis kleiner oder größer als Eins ist – alles das wird jedoch gewöhnlich nicht erwähnt. Auch die Präzession der Symmetrieachse um die raumfeste Richtung des Drehimpulses wird meistens nicht betrachtet, obgleich gerade sie – mitsamt der zugehörigen Präzessionsfrequenz und der Öffnung des Präzessionskegels – eine bei irdischen Objekten beobachtbare Größe ist. Die (traditionelle) Hervorhebung der Präzession des Winkelgeschwindigkeitsvektors („momentane Drehachse“) ist allenfalls bei der Erde als Kreisel gerechtfertigt, da die jeweilige Richtung der Drehachse durch astronomische Methoden leicht bestimmt werden kann.

Kapitel 7 enthält die wichtigsten Tatsachen über die *Lagrange*sche Methode der Behandlung des Bewegungsproblems, und zwar sowohl für *holonome* als auch für *nichtholonome* Systeme. Mehrere Methoden zur Berechnung von Zwangskräften werden angegeben. Wir besprechen die Gewinnung der Lagrange-Gleichungen aus den *Newton*schen Bewegungsgleichungen mit Nebenbedingungen sowie das dazugehörige *Euler*sche Variationsprinzip. Die wichtige Frage der Auflösbarkeit der definierenden Gleichungen für die konjugierten Impulse nach den generalisierten Geschwindigkeiten wird hier nicht – wie vielfach üblich – unter den Teppich gekehrt. Ausführlich durchgerechnete Beispiele erläutern die besprochenen Verfahren.

Mit *Stoß* und *Streuung* beschäftigen wir uns in Kapitel 8. Für *ideale elastische* Stöße und ohne Berücksichtigung der Eigendrehimpulse der Stoßpartner geben wir eine ausführliche analytische und graphische Diskussion der Lösungen der „Stoß-Gleichungen“ im Laborsystem (in dem das Zielteilchen ruht). Beim *inelastischen* Stoß, den wir dagegen nur kurz besprechen, stellen wir die Frage der Effektivität der Umwandlung von kinetischer Energie in „innere Energie“ in den Vordergrund. Ein tieferes Verständnis gerade des inelastischen Stoßprozesses ist erst im Rahmen der *relativistischen Mechanik* möglich. – Wegen ihrer großen Bedeutung für weite Gebiete der experimentellen und theoretischen Physik betrachten wir schließlich einige Aspekte der Streuung, insbesondere die Berechnung *differentieller Streuquerschnitte*.

Gesichtspunkte, die beim Lösen von Aufgaben (und auch sonst!) beachtet werden sollten, sind in Kapitel 9 angegeben. Der Leser möge sich diese Punkte beim Bearbeiten der Aufgaben selbst mit Beispielen belegen. Es ist immerhin interessant zu bemerken, daß derartigen Lernhilfen in der herkömmlichen Lehrbuch-Literatur kaum Beachtung zuteil geworden ist. Mit der Auflistung der „Gesichtspunkte“ soll auch der Verbreitung der Ansicht Vorschub geleistet werden, daß die *Fähigkeit zum Lösen von Aufgaben* nicht nur wenigen »Begabten« gegeben sein muß, sondern in beträchtlichem Umfang auch *erlernbar* ist. – Weiter findet man in Kapitel 9 *Ansätze* und teilweise ausführlich beschriebene *Lösungswege* für einen großen Teil der Aufgaben.

Es gibt keinen universellen Maßstab dafür, was und was nicht zum Lehrstoff der klassischen Mechanik gehört und kein Lehrbuch kann für sich selbst den Anspruch erheben, den allein »seligmachenden« Weg zu den Gipfeln der Wissenschaft zu weisen. Das gilt auch für dieses Buch, welches sich als eines *neben* anderen Büchern versteht. Aus Platzmangel mußte u. a. folgendes weggelassen werden: Relativistische Kinematik und Dynamik; Schwingungslehre, insbesondere der anisotrope Oszillator und die Behandlung „kleiner Schwingungen", erzwungene Schwingungen und Resonanzphänomene (s. hierzu jedoch Band 1, Teil 2 dieser Reihe); Weiterführung der Hamiltonschen Theorie, insbesondere Störungsrechnung. An mathematischen Hilfsmitteln, die in diesem Buch verwendet, aber nicht erklärt werden, sind zu nennen: Vektorrechnung, Matrizen, Determinanten, Eigenwerte und Eigenvektoren symmetrischer Matrizen, die Begriffe „Gradient" und „Divergenz" und der *Gauß*sche Integralsatz. Diese Gegenstände werden in Band 1 (Math. Methoden) dieser Reihe behandelt.

Zum Aufbau:

Die Anordnung des Materials folgt didaktischen Erwägungen und diese sind vor allem bei den Kapiteln 2, 3, 5 und 7 einigermaßen zwingend. Diese Kapitel sind direkt voneinander abhängig und beschreiben den »harten Kern« des Lehrstoffes. Die Kapitel 1, 4, 6, 8 dienen mehr seiner Veranschaulichung und Ergänzung. Das Abhängigkeits-Schema in Hinblick auf die Verständlichkeit der Kapitel ist im folgenden Diagramm dargestellt (senkrechte Verbindung = starke Abhängigkeit, waagrechte Verbindung = schwache Abhängigkeit):

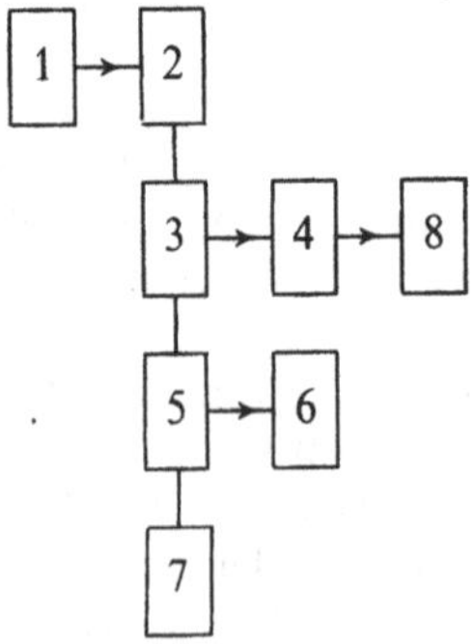

Am Schluß findet sich eine *Zusammenfassung*, die den Überblick über den Lehrstoff erleichtern soll, seinem Verständnis dienlich ist und dem Leser ein Mittel der Selbstkontrolle gibt. Zu einigen Gegenständen werden hier auch noch in paraphrasierender Form ergänzende und – hoffentlich – auch erhellende Bemerkungen gemacht.

Übungsaufgaben, die sich unmittelbar an den Text anschließen, sind in diesen eingestreut. Daneben findet man weitere Aufgaben am Ende der Kapitel. Sie dienen vorwiegend der Ergänzung und Vertiefung des Lehrstoffes, bisweilen aber auch nur dem Erwerb »geistiger Fingerfertigkeit«.

Dem Leser sei davon abgeraten, das Buch systematisch von vorn bis hinten »durchzubüffeln«. Besser ist es schon, kreuz und quer darin herumzublättern. Und wenn es – auch das gibt es – mal schwierig wird: Nur keine Verzweiflung und keine Verbissenheit, das hilft nicht weiter. Eher hilft schon eine selbstgemachte Skizze. Zuweilen ist es auch geraten, über schwierige Stellen einfach hinwegzulesen und erst später darauf zurückzukommen. Obgleich nämlich der Lehrstoff notgedrungen in »linearer« Folge dargeboten werden muß, ist das Lernen selbst doch eher ein nichtlinearer Prozeß. Man wird eben nicht in demselben Maße klüger, in welchem man Zeilen oder Seiten liest. Im Gegenteil, die Assoziation der linear ins Gehirn beförderten Information mit den dort bereits schon vorhandenen führt manchmal zu ganz unerwarteten Aha- und Achso-Erlebnissen. Beispielsweise kann man nicht erwarten, das Modell „Punktteilchen" richtig zu verstehen, bevor man sich mit den Modellen „System von Massenpunkten" und „kontinuierliche Materie" und den daranhängenden Begriffsbildungen beschäftigt hat. Das Diagramm des Verständnis-Flusses sieht hierfür etwa so aus:

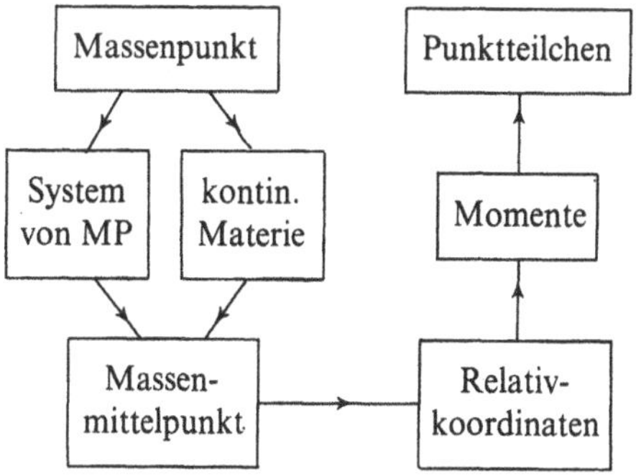

Vom einfachen Massenpunkt, d.h. dem nur mit seiner Eigenschaft „Masse" ausgerüsteten Teilchen in »Grundausstattung« kommt man so zum „Punktteilchen-Modell“ eines Systems, das mit dessen sämtlichen Massen- und Impulsmomenten behaftet ist.

Abschließend noch eine Bemerkung zur Terminologie der Physik: Eines der größten Hindernisse, die sich beim Erlernen der Physik dem beflissenen Studenten entgegenstellen, ist ihre eigene Terminologie – die Fachsprache. Sie ist einerseits unvollständig – zweckmäßige Bezeichnungen fehlen ganz einfach –, andererseits ist sie in vielen Fällen nicht sachgemäß, und damit ist sie eine *primäre* Quelle von Unverständnis und Mißverständnis. Die Gründe dafür sind klar: Fachwissenschaftliche Terminologie muß bei der Entwicklung eines neuen Forschungsgebietes oft zu einer Zeit eingeführt werden, in der noch niemand die Tragfähigkeit neuer Begriffe richtig einschätzen kann. Unzweckmäßige und sogar irreführende Terminologie koexistiert fortan neben der übrigen und belastet den Studenten, der im Vertrauen auf die Weisheit seiner wissenschaftlichen Vorväter (und den Ruf der Physik als exakte Wissenschaft) und im Übrigen dem Zwang gehorchend, alles für bare Münze nimmt, was gelehrt wird. – Diese Bemerkung soll den Studierenden ermutigen, bei Verständnisschwierigkeiten nicht immer die Ursache bei sich selbst zu suchen und sich mit einer kritischen Einstellung zu wappnen.

Hans-Jürgen Seifert danke ich für die kritische Durchsicht einiger Teile des Manuskriptes.

Oran, im Frühjahr 1979 *Manfred Trümper*

Inhalt

1.1.1 Raum und Zeit

Da die Mechanik sich hauptsächlich mit der Bewegung von Teilchen und Systemen beschäftigt, gehört es zu ihren vordringlichen Aufgaben, die wichtigsten Hilfskonstruktionen zur Beschreibung von Bewegungen zu betrachten: den *Raum* und die *Zeit*. Drei Koordinaten (x^1, x^2, x^3) sind erforderlich, um die Lage eines Raumpunktes festzulegen, eine Koordinate (x^4) für den »Zeitpunkt«.

Wir wollen ohne Umschweife voraussetzen, daß der Raum *euklidisch* ist. Diese Annahme wird gemeinhin als so selbstverständlich betrachtet, daß sie gar nicht erst erwähnt wird. Dabei drückt sie einige keineswegs so selbstverständliche Eigenschaften des Raumes aus: Die *Homogenität*, d. h. Unabhängigkeit der Geometrie vom Raumpunkt, und die *Isotropie*, d. i. die geometrische Gleichwertigkeit aller räumlichen Richtungen*). Besonders wichtig ist, daß im euklidischen Raum für alle rechtwinkligen Dreiecke der »Satz des *Pythagoras*« gilt; dieser ermöglicht erst die Einführung von *kartesischen Koordinaten*.

Die Bestimmung von Raumkoordinaten geht auf Längenmessungen zurück (Abstände von Punkten oder Ebenen, Bogenlängen bei Winkeln usw.) wofür man Maßstäbe benötigt. Von einem »guten« Längenmaßstab verlangt man, daß er seine Länge nicht ändert (bei Temperaturschwankungen, inneren Strukturänderungen) und leicht ablesbar ist. Wie »gut« ein Maßstab ist, kann man nur beurteilen, wenn man einen »besseren« hat. Es gibt also eine »Hierarchie« von Maßstäben (z. B. Meterband, Schublehre, Mikrometerschraube) und, allgemeiner, von Längenmeßmethoden, von denen eine genauere »über« der ungenaueren Methode steht.

Die Zeitmessung basiert auf Uhren, also Systemen mit periodischen Bewegungen. Von einer »guten« Uhr verlangt man, daß sie »genau geht« (d. h. ihre Periode nicht ändert) und sich durch äußere Einwirkungen nicht beeinflussen läßt. Es gibt bekanntermaßen eine Hierarchie von Uhren mit Gangabweichungen $\Delta t/t$ bis weniger als 10^{-10} (bei »Atomuhren«). Wir nehmen im Folgenden an, daß es Uhren gibt, die jeden verlangten Grad von Genauigkeit haben und deren Gang durch äußere Einwirkungen, insbesondere durch Beschleunigungen, nicht gestört wird. Wir nennen sie „*Standard-Uhren*".

---

*) Genau genommen lassen diese Eigenschaften noch Räume nichtverschwindender konstanter Krümmung zu.

rotierendes Bezugssystem verschaffen (leichter gesagt als getan! Vgl. 3.1.1) und darin an beliebigen festen Punkten Standard-Uhren anbringen können. Diese Uhren sollen auf folgende Weise untereinander synchronisiert sein (s. Abb. 1.3): Wir betrachten zwei beliebige Uhren A und B. Wenn man von A zur Zeit t_A (angezeigt auf A) einen Lichtblitz nach B schickt, welcher dort zur Zeit t_B (angezeigt auf B) in Richtung A zurückreflektiert wird und zur Zeit t'_A ankommt, so soll $t_B = \frac{1}{2}(t'_A - t_A)$ gelten. Die solchermaßen (im Prinzip) in jedem Raumpunkt verfügbare Zeit heißt die „Koordinatenzeit", da sie mit einem bestimmten Bezugssystem verbunden ist.

Wir betrachten jetzt $E_3 \times E_1$, das kartesische Produkt eines (euklidischen) Raumes E_3 mit der »Zeitachse«. Diese vierdimensionale Mannigfaltigkeit heißt die „*Raumzeit*" und seine Punkte, die Quadrupel (x^1, x^2, x^3, x^4), heißen „*Ereignisse*". Physikalisch gesehen besteht das *Ereignis* in einem Vorgang, der sich in der »Umgebung« eines Raumpunktes während eines kurzen Zeitintervalls abspielt, wie z. B. der Zerfall eines Neutrons, der Zusammenstoß zweier Billardkugeln oder die Explosion eines Sterns. Der in der Raumzeitlehre benutzte Begriff Ereignis weicht vom gewöhnlichen Sprachgebrauch ab, indem mit diesem Wort nicht das bezeichnet wird, *was* geschieht, sondern *wo* und *wann* es geschieht.

1.1.2 Raumzeit-Diagramme

Die Einführung der Begriffe *Raumzeit* und *Ereignis* eröffnet erst die Möglichkeit, Bewegungen graphisch anschaulich darzustellen. Dazu bedient man sich der *Raumzeit-Diagramme*, in denen Ereignisse in einem kartesischen Koordinatensystem dargestellt werden, dessen eine Achse die Zeit angibt. Da man ein vierdimensionales Achsensystem auf einem Blatt Papier nicht zeichnen kann, unterdrückt man eine Raumdimension (etwa die z-Achse) und kommt so zu einem »Schrägbild« des Raumzeitschnittes $z = 0$ (Abb. 1.1 a). Für die meisten Betrachtungen genügt es, einfache xt-Diagramme zu betrachten, d. h. die Schnitte $y = 0$, $z = 0$ (Abb. 1.1 b). Es hat sich eingebürgert, in Raumzeit-Diagrammen die Zeitachse in »vertikaler« Richtung zu zeichnen, obgleich dies unserer Gewohnheit zuwiderläuft, die *unabhängige* Variable (hier die Zeit) in horizontaler Richtung aufzutragen.

Ein Punktteilchen befindet sich zu jeder Zeit t an einem bestimmten Orte $r(t)$ und wird daher in der Raumzeit durch eine Kurve repräsentiert, die im Sinne wachsender t-Werte durchlaufen wird. Sie heißt „Weltlinie“ des Teilchens. Einer nach Richtung und Größe konstanten Geschwindigkeit (*gleichförmige* Bewegung) entspricht eine gerade Weltlinie. *Beschleunigungen* zeigen sich in *Krümmungen* der Weltlinie. Offensichtlich ist die Geschwindigkeit des Teilchens in einem Ereignis durch den Anstieg der Weltlinie gegenüber der t-Richtung gegeben (Abb. 1.2).

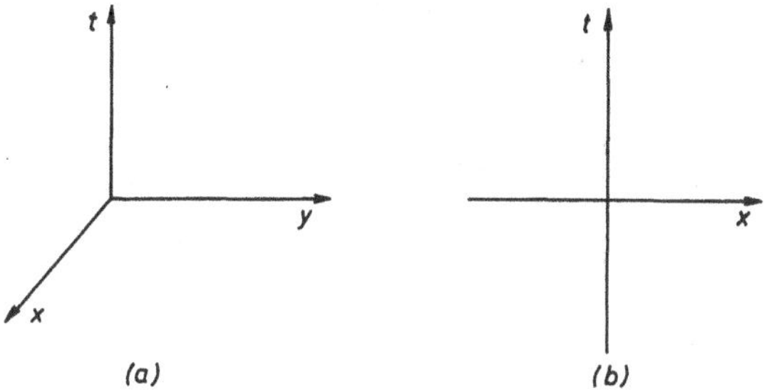

Abb. 1.1. Raumzeit-Koordinatensysteme zur Darstellung eines Bewegungsvorganges (a) in der xy-Ebene, (b) in der x-Achse

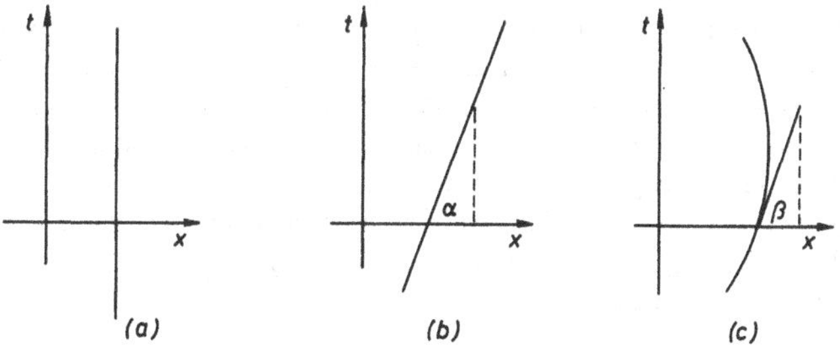

Abb. 1.2. Weltlinien eines Teilchens (a) in Ruhe, (b) für Bewegung in x-Richtung mit der Geschwindigkeit $v/c = \operatorname{ctg}\alpha$, (c) für Beschleunigung in $-x$-Richtung

Wir können auch scharf gebündelte Lichtblitze (»Photonenpakete«) als Teilchen ansehen. Daß ein Lichtblitz von 10^{-8} s Dauer eine Länge von $3 \times 10^8 \times 10^{-8}$ m $= 3$ m besitzt, stört uns dabei nicht, denn wir lassen uns ja auch nicht davon abhalten, weitaus größere Körper (z. B. die Erde) als Punktteilchen zu betrachten. Als Beispiel geben wir das Raumzeit-Diagramm zur Uhrensynchronisation von 1.1.1 an (Abb. 1.3).

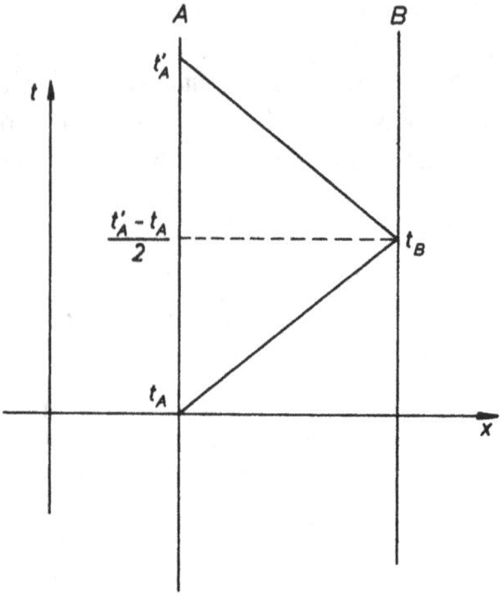

Abb. 1.3. Zur Synchronisation von Uhr B mit Uhr A: Dem Ereignis „Reflektion des Signals durch B“ wird die Zeit $\frac{1}{2}(t'_A - t_A)$ zugeordnet

1.2 Das Relativitätsprinzip der Mechanik

1. Man denke sich zwei Laboratorien L und L' mit derselben instrumentellen Ausstattung zur Durchführung physikalischer Experimente. Sie sollen sich im Zustande gleichförmiger und rotationsfreier Relativbewegung befinden. Die Erfahrung zeigt, daß die Ergebnisse von einander entsprechenden Versuchen in den beiden Laboratorien (bis auf Meßungenauigkeiten) übereinstimmen. Es versteht sich, daß dabei äußere Einflüsse auf die Laboratorien ausgeschlossen werden müssen.

Dieses „*Relativitätsprinzip*) der klassischen Mechanik*“ kann auch so ausgedrückt werden:

Ein Experimentator kann durch Versuche in einem nach außen abgeschlossenen Laboratorium nicht feststellen, mit welcher Geschwindigkeit es sich bewegt.

2. Wenn auch nur Experimente innerhalb jedes der Laboratorien L und L' zum Vergleich zugelassen worden sind, so soll doch die Messung der Relativgeschwindigkeit zwischen L und L' zugelassen werden:

---

*) In der Physik bezeichnet man einen Erfahrungssatz, den man nicht mehr aus einfacheren Sätzen herleiten kann als „Prinzip“.

Die Experimentatoren in L und L' statten zunächst ihre Laboratorien mit Raumzeit-Koordinaten aus. Diese nennen wir $S:(x,y,z,t)$ und $S':(x',y',z',t')$. Sodann erweitern sie ihre Koordinatensysteme in den jeweiligen Außenraum hinein, um die Bewegung des anderen Labors miterfassen zu können. Nehmen wir an, daß die *räumlichen Richtungen* der Koordinatensysteme S und S' achsenparallel sind und daß die *Relativbewegung* in der (gemeinsamen) Richtung x und x' erfolgt.

Die Relativbewegung der beiden Laboratorien kann am einfachsten durch die (translatorische) Bewegung der Nullpunkte N und N' der *räumlichen* Koordinatensysteme (x,y,z) und (x',y',z') beschrieben werden. Die Relativgeschwindigkeit von N' bezüglich L hat nur eine Komponente in x-Richtung, die wir mit v bezeichnen. Aus Symmetriegründen ist die Komponente in x'-Richtung der Relativgeschwindigkeit von N bezüglich L' dann gleich $-v$.

Die Relativgeschwindigkeiten, die L und L' dem jeweils anderen Laboratorium zuordnen, unterscheiden sich also nur um das Vorzeichen.

3. Wir fragen nun, wie die Koordinaten von S und S' aufeinander bezogen sind. Das soll heißen: Wir betrachten ein bestimmtes Ereignis, das in S' die Koordinaten (x',y',z',t') und in S die Koordinaten (x,y,z,t) hat.

Zunächst gilt offenbar wegen unserer Ausrichtung der Koordinatenachsen

$$y' = y, \quad z' = z\,.$$

Wir lassen diese Beziehungen von jetzt an aus der Diskussion fort, d. h. wir beschränken unsere Betrachtung auf die *zweidimensionale* (x,t) bzw. (x',t') Ebene.

Da die Position des Punktes $N'\,(x' = y' = z' = 0)$ im System L durch die Parameterdarstellung

$$x = vt$$

gegeben ist, machen wir den Ansatz

$$x' = \xi\cdot(x - vt), \qquad t' = \gamma\cdot(bx + t) \tag{1.2.1}$$

mit $\gamma > 0$, $\xi > 0$. D. h. wir ziehen nur *lineare* Transformationen in Betracht und schließen Umkehrungen („Spiegelungen") der Achsenrichtungen aus. Die Faktoren γ und ξ sind dimensionslos und b hat die Dimension einer reziproken Geschwindigkeit. Die erste Formel ist durch die vorangehenden Überlegungen motiviert, die zweite ist eine Vorsichtsmaßnahme. Die Parameter γ, ξ, b, welche die Koordinatentransformation [1.2.1] bestimmen, müssen selbst durch den einzigen physikalischen

Parameter ausgedrückt werden können, der die Gesamtsituation kennzeichnet: das ist die Relativgeschwindigkeit v.

Die nächste Frage ist, wie die zu [1.2.1] inverse Transformation aussieht. Da die Bewegung von N in L' durch $x' = -vt'$ gegeben ist, setzen wir

$$x = \xi' \cdot (x' + vt'), \quad t = \gamma' \cdot (b'x' + t') \qquad [1.2.2]$$

mit dimensionslosen, positiven Faktoren ξ', γ' und einem weiteren Parameter b'.

Da [1.2.2] die inverse Transformation zu [1.2.1] sein soll, ergibt sich (etwa durch Einsetzen von x', t' in die beiden Formeln [1.2.2])

$$\xi = \gamma, \quad \xi' = \gamma', \quad b' = -b, \quad \gamma\gamma'(1 + bv) = 1 .$$

Wir betrachten nun je eine Uhr in den Nullpunkten N und N' der Systeme S und S' und die durch sie angezeigten Zeiten t und t'. Die in N angebrachte Uhr hat in S' die Bahn $x' = -vt'$. Durch Einsetzen in [1.2.2] ergibt sich als Beziehung zwischen t und t'_K (wird auf Uhren in S' längs der Weltlinie von N angezeigt):

$$t = \gamma'(1 - vb')t'_K .$$

Die in N angebrachte Uhr hat in S die Bahn $x = vt$. Wir erhalten in entsprechender Weise als Beziehung zwischen t' und t_K (wird auf Uhren in S längs der Weltlinie von N' angezeigt):

$$t' = \gamma(1 + vb)t_K .$$

Da keine der beiden Uhren vor der anderen ausgezeichnet ist, müssen die beiden Skalenfaktoren übereinstimmen:

$$\gamma'(1 - vb') = \gamma(1 + vb) .$$

Mit $b' = -b$ folgt hieraus

$$\gamma' = \gamma .$$

Die Transformation und ihr Inverses lautet also

$$\begin{cases} x' = \gamma(x - vt) \\ t' = \gamma(bx + t) \end{cases} \qquad \begin{cases} x = \gamma(x' + vt') \\ t = \gamma(-bx' + t') \end{cases} \qquad [1.2.3]$$

mit

$$\gamma^2(1 + bv) = 1 .$$

4. Um die Koeffizienten γ und b näher zu bestimmen, betrachten wir nunmehr neben L' und L noch ein weiteres Laboratorium L'', dessen räumliche Achsen wie die von L' und L ausgerichtet sind und das sich ebenfalls in Richtung der x-Achse bewegt. In bezug auf L sei

v_1 die Geschwindigkeit von L'

v_2 die Geschwindigkeit von L''.

Die Transformationsformeln zwischen L' beziehungsweise L'' und L lauten

$$\begin{cases} x' = \gamma_1(x - v_1 t) \\ t' = \gamma_1(b_1 x + t) \end{cases} \qquad \begin{cases} x'' = \gamma_2(x - v_2 t) \\ t'' = \gamma_2(b_2 x + t)\,. \end{cases}$$

Hieraus folgt die Transformation von L' nach L'' (wir überlassen die Rechnung dem Leser):

$$\begin{cases} x'' = \gamma_1\gamma_2(1 + b_1 v_2)\left(x' - \dfrac{v_2 - v_1}{1 + b_1 v_2}\,t'\right) \\[2ex] t'' = \gamma_1\gamma_2(1 + b_2 v_1)\left(\dfrac{b_2 - b_1}{1 + b_2 v_1}\,x' + t'\right). \end{cases} \qquad [1.2.4]$$

Da das Paar L', L'' keine Sonderrolle gegenüber L, L' und L, L'' spielen kann, müssen die Gleichungen [1.2.4] derselben Art wie [1.2.3] sein. Es muß also gelten für beliebige v_1, v_2:

$$b_1 v_2 = b_2 v_1\,.$$

Hieraus folgt, daß es eine universale Konstante λ der Dimension [Geschwindigkeit]$^{-2}$ geben muß, so daß

$$b_1 = \lambda v_1 \quad \text{und} \quad b_2 = \lambda v_2 \qquad [1.2.5]$$

ist.

Außerdem folgt aus [1.2.4] mit [1.2.5], daß für die Relativgeschwindigkeit v_{21} von L'' in bezug auf L' gilt

$$v_{21} = \frac{v_2 - v_1}{1 + \lambda v_1 v_2}\,. \qquad [1.2.6]$$

Die Transformationsgleichungen von L nach L' lauten also (außer $y' = y$ und $z' = z$)

$$\begin{cases} x' = \gamma(x - vt) \\ t' = \gamma(\lambda v x + t) \end{cases} \qquad [1.2.7]$$

mit

$$\gamma := \frac{1}{\sqrt{1 + \lambda v^2}}.$$

Der Ausdruck [1.2.6] für die Relativgeschwindigkeit muß von der Wahl *des Bezugssystems* (Laboratorium L) *unabhängig* sein: Betrachtet man ein System $\tilde{L}$, das sich mit der Geschwindigkeit v in der $+x$-Richtung von L bewegt und bezeichnet die Geschwindigkeit von L' und L'' in bezug auf $\tilde{L}$ als w_1 und w_2, so ergibt sich

$$\frac{v_2 - v_1}{1 + \lambda v_1 v_2} = \frac{w_2 - w_1}{1 + \lambda w_1 w_2}.$$

Wir überlassen den Beweis dem Leser als Übungsaufgabe (man setze $v_1 = \frac{w_1 - v}{1 + \lambda w_1 v}$, $v_2 = \dots\dots$ in [1.2.6] ein und vereinfache!).

Für die Konstante λ gibt es drei verschiedene Wertebereiche, die zu unterschiedlichen physikalischen Konsequenzen führen:

$\boldsymbol{\lambda > 0}$: Dieser Wertebereich ist auszuschließen, da sich Folgerungen ergeben, die mit der Erfahrung nicht vereinbar sind. Setzt man $\lambda = u^{-2}$, wobei u eine universale Konstante der Dimension Geschwindigkeit ist, so hat man

$$v_{21} = \frac{v_2 - v_1}{1 + v_1 v_2 / u^2}.$$

u muß als obere Grenzgeschwindigkeit angesehen werden, damit bei entgegengerichteten Bewegungen der Nenner nicht verschwindet. Für $v_2 = u/2$ und $v_1 = -u/2$ ergibt sich aber bereits $v_{21} = \frac{4}{5}u$, im Widerspruch zur Annahme des vorhergehenden Satzes. Man beachte dabei, daß alle Geschwindigkeiten im eigentlichen Sinne des Wortes Relativgeschwindigkeiten sind.

$\boldsymbol{\lambda = 0}$: Die Transformationen [1.2.7] nehmen die Gestalt

$$\begin{aligned} x' &= x - vt \\ t' &= t \end{aligned} \qquad [1.2.8]$$

an. Dies sind die wohlbekannten *Galilei*-Transformationen, welche die Grundlage der *Newtonschen* Physik bilden. Die Zeitkoordinate ist *universell*, d. h. bei geeignet festgelegter Uhrensynchronisation wird einem beliebigen Ereignis von jedem Beobachter (unabhängig von seiner

Bewegung) dieselbe Zeitkoordinate zugeordnet. Die Relativgeschwindigkeit ist nach [1.2.6] gegeben durch

$$v_{21} = v_2 - v_1 \,. \qquad [1.2.9]$$

Sie ist unbeschränkt.

$\boldsymbol{\lambda < 0}$: Wir setzen $\lambda = -u^{-2}$ und erhalten die Transformationen

$$\begin{aligned} x' &= \gamma(x - vt) \\ t' &= \gamma\left(-\frac{v}{u^2}x + t\right), \end{aligned} \qquad [1.2.10]$$

mit $\gamma = 1/\sqrt{1-(v/u)^2}$. Es folgt, daß stets $|v| < |u|$ sein muß. Es gibt also eine *universelle*) Geschwindigkeit* $u\,(>0)$, welche die obere Grenze aller Geschwindigkeiten darstellt. Diese Aussage ist im Einklang mit dem Ausdruck für die Relativgeschwindigkeit

$$v_{21} = \frac{v_2 - v_1}{1 - \frac{v_2 v_1}{u^2}}, \qquad [1.2.11]$$

der für jeden Wert von v_1 und v_2, dessen Betrag $<u$ ist, einen Wert $|v_{21}| < u$ liefert. Zum Beweis dieser Aussage genügt es, folgendes zu zeigen:

Aus $|p| < 1$ und $|q| < 1$ folgt $p(1+q) < 1 + q$, also $p - q < 1 - pq$ und wegen $1 - pq = 0$: $\frac{p-q}{1-pq} < 1$. Entsprechend erhält man mit $q(1+p) < 1 + p$: $\frac{q-p}{1-pq} < 1$. Insgesamt ist also $\left|\frac{p-q}{1-pq}\right| < 1$.

Die Formeln [1.2.10] sind vom Typ der „*Lorentz-Transformation*" (wobei noch u gleich der *Lichtgeschwindigkeit* zu setzen wäre), welche die Grundlage der *Einsteinschen* Physik („Spezielle Relativitätstheorie") bilden.

Sowohl die *Galilei-Newtonsche* als auch die *Einstein-Minkowskische* Raumzeit-Vorstellung sind mit dem Relativitätsprinzip vereinbar. Welche von den beiden die für die Physik maßgebende Raumzeit ist, kann nur aufgrund weiterer Erfahrungen entschieden werden.

---

*) d. h. eine in allen Bezugssystemen gleichgroße und von der Bewegung des Beobachters unabhängige

1.3 Das Prinzip der Konstanz der Lichtgeschwindigkeit

Experimente, wie der berühmte Versuch von *Michelson* und *Morley* sowie seine späteren Verfeinerungen haben gezeigt:

Die Geschwindigkeit des Lichtes im leeren Raum ist unabhängig von der Geschwindigkeit der Quelle und des Beobachters. Sie hat für alle Frequenzen den Wert $c = (2{,}997929 + 0{,}000004) \times 10^8\,\mathrm{m/s}$.

Diesen Erfahrungssatz nennt man das *Prinzip der Konstanz der Lichtgeschwindigkeit*.

Für diejenigen »(Raum-)Zeitgenossen«, die *allein* die Transformationen [1.2.8] für möglich halten und die Relativgeschwindigkeit nur in der Form $v_{21} = v_2 - v_1$ akzeptieren, stellt dieses Prinzip eine ungeheure Zumutung dar. Denn es besagt ja nicht mehr und nicht weniger, als daß z. B. jemand, der mit der Geschwindigkeit $v = 0{,}9c$ einer Lichtwelle »nachrennt«, *dieselbe* Geschwindigkeit c des Lichtes mißt wie jemand, der dieser Lichtwelle entgegenläuft (Abb. 1.4).

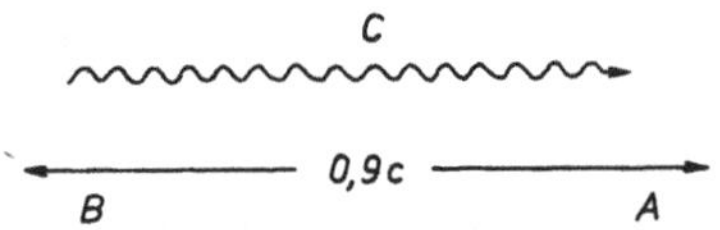

Abb. 1.4. Zum Prinzip der Konstanz der Lichtgeschwindigkeit: Die Beobachter A und B messen denselben Wert c für die Lichtgeschwindigkeit im Vakuum

Nach [2.1.8] bzw. [1.2.9] dagegen müßten Beobachter A und Beobachter B für das Licht die Geschwindigkeiten

$$c_A = c - v = \frac{1}{10}c \quad \text{und} \quad c_B = c + v = \frac{19}{10}c$$

messen, während für ihre Relativgeschwindigkeit $v_{AB} = 1{,}8c$ herauskäme. Die Galilei-Transformationen mitsamt dem Ausdruck $v_{21} = v_2 - v_1$ für die Relativgeschwindigkeit sind also als unvereinbar mit dem Prinzip der Konstanz der Lichtgeschwindigkeit zu verwerfen.

Dagegen läßt sich das Letztere ohne jede Mühe mit dem Relativitätsprinzip vereinbaren, wenn man die Transformationen [1.2.10] akzeptiert und darin $u = c$ setzt. Läßt man nämlich in dem Ausdruck

$$v_{21} = \frac{v_2 - v_1}{1 - \frac{v_2 v_1}{c^2}} \qquad [1.3.1]$$

$v_2 \to c$ gehen, dann gilt $v_{21} \to c$, das ergibt im Grenzfall die vom Beobachter 1 gemessene Lichtgeschwindigkeit. Außerdem kommt für die Relativgeschwindigkeit stets ein Wert kleiner als c heraus, wie wir am Ende von 1.2 gesehen haben.

Warum behandeln wir das Prinzip der Konstanz der Lichtgeschwindigkeit in der Mechanik, wenn es sich doch auf einen Vorgang bezieht, der elektromagnetischer Natur ist? Weil die Konsequenzen dieses Prinzips unsere Vorstellungen von der Struktur der Raumzeit und dem »Geschwindigkeitsspielraum« von Teilchen (universelle Begrenzung von Geschwindigkeiten!) entscheidend beeinflussen.

1.4 Die Eigenzeit

Nachdem wir gesehen haben, daß die beiden Fundamentalprinzipien der Mechanik miteinander vereinbar sind, wollen wir und mit ihrer wichtigsten Konsequenz befassen: Dem Verhalten von bewegten Uhren.

Wir machen folgendes einfache Gedankenexperiment:

Zwei Beobachter B und B', die jeder mit einer Uhr und einer Photokamera ausgestattet sind, entfernen sich voneinander mit der Relativgeschwindigkeit v. Anfangs, als B und B' am gleichen Ort waren, zeigten beide Uhren auf Null ($t = 0, t' = 0$). Zu einer vorbestimmten Zeit T_e, die auf der jeweiligen Uhr angezeigt wird ($t = T_e, t' = T_e$) macht jeder Beobachter ein Photo, auf dem die Zeitanzeige jeder der beiden Uhren (U und U') abgelesen werden kann. Das Resultat sind zwei Photos mit Zeitangaben, die übereinstimmen:

B macht dieses Photo:

U	U'
T_a	T_e

B' macht dieses Photo:

U'	U
T_a	T_e

Daß die Ankunftzeiten T_a und T_a' der beiden (zeitliche Information tragenden) Lichtsignale einander gleich sind, folgt aus der Symmetrie der Daten, die in den Versuchsaufbau eingehen, insbesondere aus der Gleichheit der Emissionszeiten T_e der Signale.

Betrachten wir das Experiment in einem Laboratorium, in dem B und B' sich mit der gleichen Geschwindigkeit in entgegengesetzten Richtungen bewegen. Hier ist der »symmetrische« Ausgang des Experimentes offensichtlich. Wenn das Laboratorium selbst sich in der Bewegungsrichtung der Beobachter bewegt, so wird die Symmetrie zwischen B und B' zwar aufgehoben, am Ausgang des Versuches ändert sich aber nichts.

Wir analysieren das Experiment anhand von Raumzeit-Diagrammen in einem Bezugssystem, in dessen Ursprung B ruht, und in dem B' sich mit der Geschwindigkeit v in x-Richtung bewegt. Die von der Uhr des ruhenden Beobachters B angezeigte Zeit t wird durch ein Synchronisationsverfahren zur Koordinatenzeit t gemacht. Für t und die auf der Uhr von B' angezeigte Zeit t' machen wir den Ansatz $t' = \sigma t$. Das Ziel dieser Betrachtung ist die Bestimmung von σ.

In Abb. 1.5 und 1.6 wird die Weltlinie von B jeweils durch die t-Achse dargestellt. Einem Zeitintervall t' entspricht also das Koordinatenzeitintervall $t = t'/\sigma$.

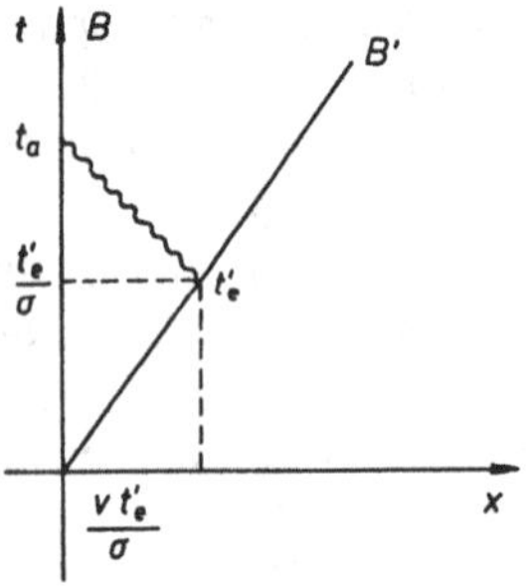

Abb. 1.5
B empfängt ein Lichtsignal von B'.

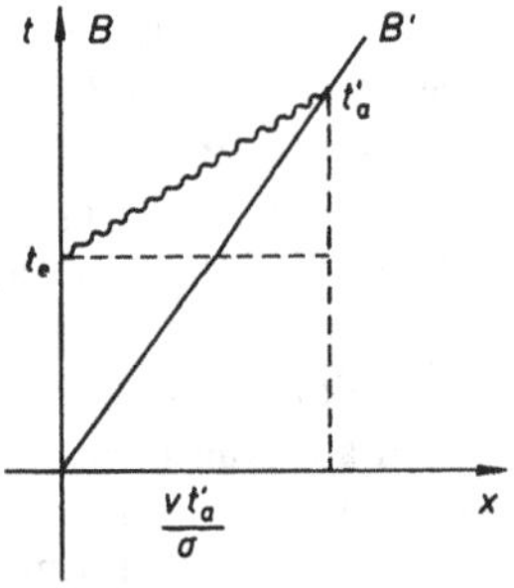

Abb. 1.6
B' empfängt ein Lichtsignal von B.

Zur Beziehung zwischen Emissions- und Ankunftszeit des Signals

1. B photographiert. Es gilt (Abb. 1.5)

$$t_a = \frac{1}{\sigma} t'_e + \frac{v}{\sigma c} t'_e .$$

Der zweite Term ist die (Koordinaten-)Zeit, welche das Licht zum Durchlaufen der Distanz $\frac{v}{\sigma} t'_e$ benötigt.

Es folgt

$$t_a = \frac{1}{\sigma}\left(1 + \frac{v}{c}\right) t'_e . \qquad [1.4.1]$$

2. B' photographiert. Es gilt (Abb. 1.6)

$$\frac{1}{\sigma} t'_a = t_e + \frac{v}{\sigma c} t'_a .$$

Der zweite Term ist die (Koordinaten-)Zeit, welche das Licht zum Durchlaufen der Distanz $\frac{v}{\sigma} t'_a$ benötigt.

Es folgt

$$t'_a = \frac{\sigma}{1 - \frac{v}{c}} t_e . \qquad [1.4.2]$$

Da das Experiment für die »Versuchsbedingungen« $t'_e = t_e$ das Resultat $t'_a = t_a$ ergeben muß, folgt aus [1.4.1] und [1.4.2] sofort $\sigma^2 = 1 - \frac{v^2}{c^2}$ und, wegen der gleichen Orientierung der Zeitachsen, $\sigma = \sqrt{1 - \frac{v^2}{c^2}}$.

Zwischen der *Koordinatenzeit* t und der von B' gemessenen „*Eigenzeit*" t' besteht also der fundamentale Zusammenhang

$$t' = \sqrt{1 - \frac{v^2}{c^2}}\, t . \qquad [1.4.3]$$

Bemerkung: Die Formel [1.4.3] folgt auch aus den Gleichungen der *Lorentz*-Transformation

$$\begin{aligned} x' &= \gamma(x - vt) \\ t' &= \gamma\left(-\frac{v}{c^2}x + t\right) \end{aligned} \qquad [1.4.4]$$

wenn man die Weltlinie des Raumpunktes $x' = 0$ (d. h. des Nullpunktes N' der räumlichen Koordinaten von S') betrachtet. Die Bahn von N' in S ist durch $x - vt = 0$ gegeben. Damit folgt $t' = \gamma\left(1 - \frac{v^2}{c^2}\right)t$, d. h. also [1.4.3].

Den Ausdruck [1.4.3] der Eigenzeit haben wir für den Sonderfall gleichförmiger Bewegung hergeleitet (die Weltlinien von B und B' sind Gerade!). Bei beschleunigter Bewegung hat man anstelle von (1.4.3)

$$\mathrm{d}t' = \sqrt{1 - \frac{v^2}{c^2}}\, \mathrm{d}t \qquad [1.4.5]$$

zu schreiben, wobei v eine Funktion von t ist. Durch Integration erhält man damit

$$t' = \int \sqrt{1 - \frac{v^2}{c^2}}\, \mathrm{d}t .$$

1.5 Die Einstein-Minkowskische Raumzeit

Wir besprechen hier die Grundzüge der Raumzeit-Struktur, die auf den Formeln [1.3.1], [1.4.3] und [1.4.4] beruht und die der Einsteinschen (sogenannten) „*Speziellen Relativitätstheorie*“ zugrunde liegt.

Zunächst folgt aus [1.4.4] die Gleichung

$$x'^2 - c^2 t'^2 = x^2 - c^2 t^2$$

welche besagt, daß die lineare Transformation [1.4.4] die quadratische Form $x^2 - c^2 t^2$ invariant läßt. Stimmen die Nullpunkte der Systeme (x, t) und (x', t') nicht überein, so hat man statt dessen

$$(x' - x'_0)^2 - c^2(t' - t'_0)^2 = (x - x_0)^2 - c^2(t - t_0)^2,$$

wobei (x_0, t_0) bzw. (x'_0, t'_0) die Koordinaten eines festgewählten Ereignisses sind. In anderer Schreibweise erhält man $\mathrm{d}x'^2 - c^2 \mathrm{d}t'^2 = \mathrm{d}x^2 - \mathrm{d}t^2$.

Daraufhin liegt es nahe, die ganze Raumzeit mit der „*Fundamentalform*“ (»*Minkowski*-Metrik«)

$$Q := \mathrm{d}x^2 + \mathrm{d}y^2 + \mathrm{d}z^2 - c^2 \mathrm{d}t^2 \qquad [1.5.1]$$

auszustatten und damit zu einem *pseudo-euklidischen* („pseudo“ wegen des negativen Vorzeichens im letzten Term) *Raum* zu machen („*Minkowski-Raum*“).

Die Invarianztransformationen der Form Q (die übrigens notwendig linear sind), heißen *Lorentz-Transformationen.*

Die Eigenzeit τ für die Weltlinie eines Teilchens, welches die Bahn $\boldsymbol{r} = (x(t), y(t), z(t))$ durchläuft, berechnet sich mit Hilfe von [1.5.1] durch die Formel

$$-c^2 \mathrm{d}\tau^2 = \mathrm{d}x^2 + \mathrm{d}y^2 + \mathrm{d}z^2 - c^2 \mathrm{d}t^2,$$

wobei rechts $\mathrm{d}\boldsymbol{r} = \boldsymbol{v}\,\mathrm{d}t$ einzusetzen ist. Das ergibt wegen $\mathrm{d}x^2 + \mathrm{d}y^2 + \mathrm{d}z^2 = v^2 \mathrm{d}t^2$ dann einfach

$$\mathrm{d}\tau^2 = \left(1 - \frac{v^2}{c^2}\right) \mathrm{d}t^2,$$

in Übereinstimmung mit [1.4.5].

Das durch $Q = 0$ gegebene dreidimensionale Gebilde nennt man den „*Lichtkegel*“. Man denke ihn sich mit seiner Spitze in einem beliebigen

Ereignis E angetragen (Abb. 1.7), Die durch $Q < 0$ eingeschränkten Richtungen (dx, dy, dz, dt) weisen in »das *Innere*« des Lichtkegels; man nennt sie auch „*zeitartige*" Richtungen. Die durch $Q > 0$ eingeschränkten Richtungen weisen in »das *Äußere*« des Lichtkegels; man nennt sie „*raumartig*". Der Lichtkegel selbst wird erzeugt durch die „*lichtartigen*" Richtungen (das sind diejenigen mit $Q = 0$). Der sich zur *positiven* Zeitrichtung hin öffnende Lichtkegel heißt „*Vorwärtslichtkegel*", der sich zur *negativen* Zeitrichtung hin öffnende heißt „*Rückwärtslichtkegel*".

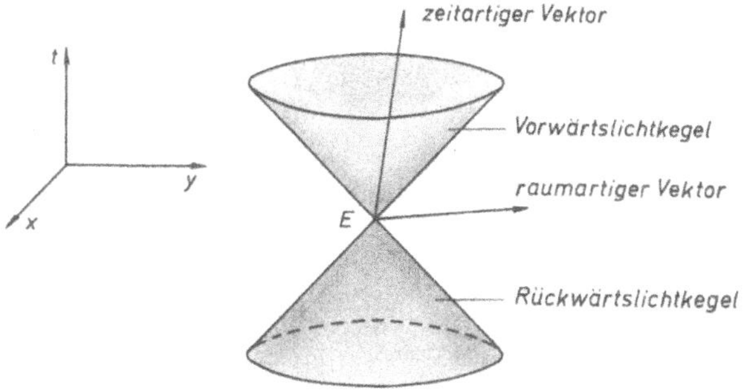

Abb. 1.7. Der Lichtkegel eines Ereignisses E mit einem zeitartigen und einem raumartigen Vektor. Ein lichtartiger Vektor würde in der Mantel»fläche« liegen. Eine Raumdimension ist unterdrückt

Wenn ein materielles Teilchen (mit Masse $\neq 0$) Lichtgeschwindigkeit erreichen könnte, so würde das in seiner Bewegungsrichtung ausgesandte Licht in dem Bezugssystem, in welchem das Teilchen ruht, die Geschwindigkeit Null haben. Dies widerspricht dem *Prinzip der Konstanz der Lichtgeschwindigkeit*. Ebenso, wie Photonen im leeren Raum ihre Geschwindigkeit *nicht* vermindern können, lassen sich materielle Teilchen *nicht* bis auf Lichtgeschwindigkeit beschleunigen.

Materielle Teilchen haben also Weltlinien, deren Tangenten in jedem Ereignis in das Innere des Lichtkegels weisen, also *zeitartige* Richtungen sind. Man nennt sie daher „*zeitartige Weltlinien*". Dagegen haben Photonen als *masselose* Teilchen „*lichtartige Weltlinien*".

Wir betrachten wieder ein beliebiges Ereignis E. Die Ereignisse, die E beeinflussen können, liegen auf dem Rückwärts-Lichtkegel von E oder in seinem Inneren. Diese Menge heißt „*Vergangenheit* von E" (Abb. 1.8). Entsprechend nennt man die Menge derjenigen Ereignisse, die von E aus beeinflußt werden können, die „*Zukunft* von E". Diese Ereignisse liegen innerhalb oder auf dem Vorwärts-Lichtkegel von E. Die Komplementärmenge zur Vergangenheit und Zukunft von E heißt „*Gegenwart* von E". Diese ist das Äußere des Lichtkegels. Die Vergangenheit, die Zukunft und die Gegenwart eines Ereignisses sind vierdimensionale Gebilde, die voneinander durch den dreidimensionalen Lichtkegel abgegrenzt sind.

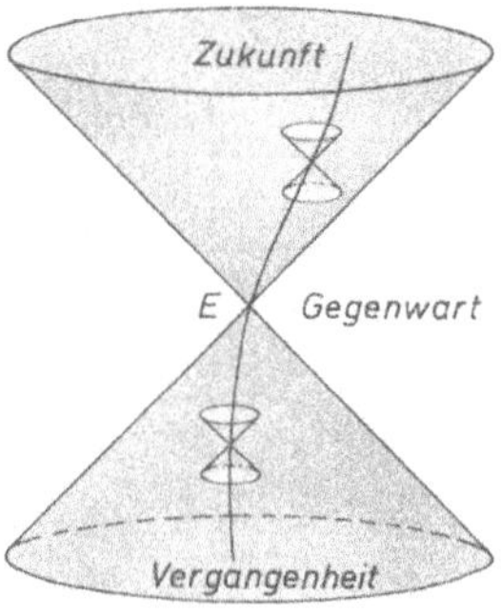

Abb. 1.8. Die Gegenwart, Vergangenheit und Zukunft eines Ereignisses

Aus der Tatsache, daß auch die Gegenwart eines Ereignisses ein vierdimensionales Gebilde ist, folgt bereits die sogenannte „*Relativität der Gleichzeitigkeit*":

Zwei Ereignisse E_1 und E_2, welche dieselbe t-Koordinate haben, heißen in dem betreffenden Bezugssystem „gleichzeitig". Nehmen wir an, sie haben die Koordinaten

$$E_1: (x_1, 0, 0, t_0) \qquad E_2: (x_2, 0, 0, t_0).$$

In einem anderen Bezugssystem,

$$x' = \gamma(x - vt), \qquad t' = \gamma\left(-\frac{v}{c^2}x + t\right)$$

stimmen die t'-Koordinaten der beiden Ereignisse nicht überein, denn es gilt

$$t'_1 = \gamma\left(-\frac{v}{c^2}x_1 + t_0\right), \qquad t'_2 = \gamma\left(-\frac{v}{c^2}x_2 + t_0\right),$$

also

$$t'_1 - t'_2 = -\frac{\gamma v}{c^2}(x_1 - x_2).$$

Man beachte, daß sich unterschiedliche t'-Koordinaten nur für diejenigen Ereignisse ergeben, die verschiedene x-Koordinaten haben. Wenn sich die Ereignisse dagegen nur hinsichtlich ihrer y- oder z-Koordinaten unterscheiden, sind sie auch im gestrichenen Bezugssystem gleichzeitig. Welches der beiden Ereignisse im bewegten System als »früher« angesehen wird, hängt von dessen Bewegungsrichtung ab: Für $x_1 < x_2$ und eine Bewegung in positiver x-Richtung ($v > 0$) ist $t'_1 - t'_2 > 0$, bei umgekehrter Bewegungsrichtung ($v < 0$) wird dagegen $t'_1 - t'_2 < 0$. Dies gilt unabhängig davon, ob sich das gestrichene Bezugssystem auf die Orte der Ereignisse zu, zwischen ihnen, oder von ihnen weg bewegt. Die Differenz der t'-Koordinaten hat auch nichts mit der Frage zu tun, welches der beiden Ereignisse der Beobachter im bewegten System zuerst »sieht«.

Da die Bedeutung der „Relativität der Gleichzeitigkeit" in der Literatur häufig nicht richtig eingeschätzt wird, dürften noch die folgenden Bemerkungen angebracht sein: Im Gegensatz zur Eigenzeit, die durch Messungen (z. B. Myonenzerfall) direkt nachweisbar ist, handelt es sich bei der Relativität der Gleichzeitigkeit um einen »Koordinaten-Effekt« ohne physikalische Konsequenz. Um ihn zu messen, müßten die beiden Laboratorien – repräsentiert durch ihre Bezugssysteme – in solcher Weise mit jeweils untereinander synchronisierten Uhren ausgestattet werden, daß sich in jedem der beiden Ereignisse zwei Uhren »befinden«, und zwar eine aus jedem Bezugssystem. Die Uhren würden dann die Zeiten $t_1 = t_0, t_2 = t_0, t'_1, t'_2$ anzeigen. An der Kenntnis dieser Zeiten besteht aber keinerlei unmittelbares physikalisches Interesse, da die Koordinatenzeit nur der Festlegung von Ereignissen dient. Ganz abgesehen davon wird es keinem Experimentator einfallen, ein ganzes Laboratorium, vollgehängt mit synchronisierten Uhren (Atom-Uhren!) auf nahezu Lichtgeschwindigkeit zu beschleunigen, lediglich um eine physikalisch irrelevante Zeitdifferenz zu messen.

Schließlich betrachten wir die Galilei-Newtonsche Raumzeit als Grenzfall der hier besprochenen Einstein-Minkowskischen. Alles, was sich an Materie außerhalb von Laboratoriumswänden auf der Erde bewegt, hat eine Geschwindigkeit von, sagen wir, $v < 3 \times 10^5$ m/s. Damit ist $\frac{v^2}{c^2} < 10^{-6}$ und $\gamma < 1{,}0000005$. Für ein Geschoß mit $v = 3$ km/s wäre sogar $\frac{v^2}{c^2} = 10^{-10}$ und $\gamma = 1{,}00000000005$. Bei der Behandlung dieser Bewegungen kann man getrost $\gamma = 1$ und $\frac{v^2}{c^2} \simeq 0$ setzen. Die Formeln für die Lorentz-Transformation gehen damit in die der Galilei-Transformation über.

Obgleich dieser Übergang eigentlich darin besteht, daß v klein (gegenüber c) wird, kann man ihn formal dadurch beschreiben, daß $c \to \infty$ geht. Für die Raumzeit-Geometrie bedeutet das: Der Lichtkegel eines Ereignisses weitet sich auf (etwa wie ein Regenschirm) bis Vorwärts- und Rückwärtslichtkegel zusammentreffen und eine dreidimensionale „Hyperebene" $t = \text{const.}$ bilden, die jetzt die Gegenwart (des Ereignisses) darstellt. War zuvor der Lichtkegel das »absolute«, d. h. vom Bezugssystem unabhängige Gebilde, so ist es jetzt die Hyperebene $t = \text{const.}$ Uhren zeigen jetzt Koordinatenzeit an, die damit zur »absoluten Zeit« geworden ist (Abb. 1.9)

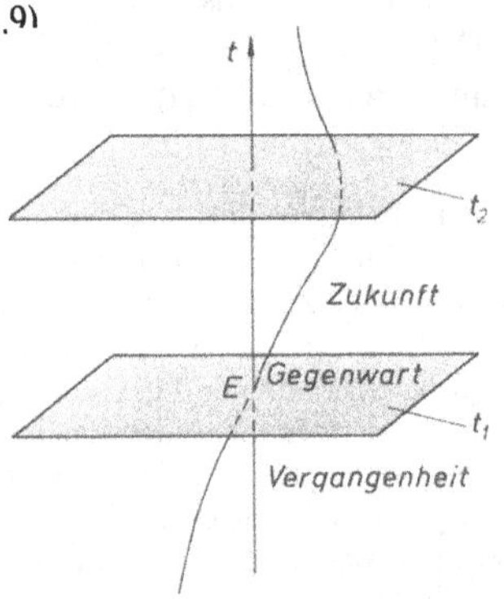

Abb. 1.9. Gegenwart, Vergangenheit und Zukunft eines Ereignisses E in der Galilei-Newtonschen Raumzeit. Die (Hyper-)Fläche $t = t_1$ („Gegenwart") entsteht durch »Aufspreizen« des Lichtkegels

Auf der relativistischen Raumzeit-Lehre baut sich die relativistische Dynamik auf. Da diese jedoch erst im Zusammenhang mit dem Elektromagnetismus interessant wird, soll sie in dem entsprechenden Band 4 dieser Reihe behandelt werden. Im Rest dieses Bandes ist nur noch von der »nichtrelativistischen« Mechanik die Rede, deren Gültigkeitsbereich also durch die Bedingung „$v/c \ll 1$ *für alle vorkommenden Geschwindigkeiten*" eingeschränkt ist.

Um den Text nicht mit zuvielen Zusatzbemerkungen zu belasten, verzichten wir darauf, bei den einzelnen zu besprechenden Gegenständen auf »relativistische« Modifikationen hinzuweisen, zumal letztere nahezu alle Begriffe und Konzepte betreffen würden.

1.6 Zusammenfassung

Die angemessene Beschreibung von Bewegungsvorgängen bedient sich der vierdimensionalen *Raumzeit*mannigfaltigkeit, deren Punkte als Ereignisse bezeichnet werden. Durch das Relativitätsprinzip wird eine Klasse von Koordinatensystemen ausgezeichnet, die mit Körpern verbunden sind, welche sich rein *translatorisch* gegeneinander bewegen, d. h. eine konstante Relativgeschwindigkeit und keine Rotation aufweisen. Sie heißen Inertialsysteme. Lineare Transformationen zwischen den Koordinaten eines Ereignisses in zwei Inertialsystemen dürfen nur von der Relativgeschwindigkeit dieser Systeme abhängen. Die Anwendung des Relativitätsprinzips auf die Relativgeschwindigkeit zweier Inertialsysteme, die sich entlang ihrer x-Richtungen gegeneinander bewegen, schränkt die linearen Transformationen auf den Typ der Lorentz-Transformation ein, in der noch eine beliebige universelle Grenzgeschwindigkeit u vorkommt. Wenn das Prinzip der Konstanz der Lichtgeschwindigkeit herangezogen wird, so nimmt die Lichtgeschwindigkeit den Platz dieser Grenzgeschwindigkeit ein. Man erhält die Lorentztransformation $x' = \gamma(x - vt)$, $y' = y$, $z' = z$, $t' = \gamma(t - xv/c^2)$.

Die wichtigste Konsequenz der beiden Prinzipien ist die Verschiedenheit von *Koordinatenzeit* und *Eigenzeit*, wobei Letztere die von Standard-Uhren abgelesene Zeit bedeutet und von der Weltlinie der Uhr abhängt. Hieraus ergibt sich als physikalisches Phänomen die Verlängerung (gemessen in Koordinatenzeit) der Lebensdauer von schnell bewegten instabilen Teilchen (Zeitdilatation).

Stattet man die Raumzeit-Mannigfaltigkeit mit der (pseudo-euklidischen) Minkowski-Metrik aus, so erhält man die Einstein-Minkowskische Raumzeit. Diese zeichnet in jedem Ereignis als *absolute* (d. h. vom Bezugssystem unabhängige) *Hyperfläche* den *Lichtkegel* aus, der lokal die kausale Struktur der Raumzeit bestimmt. In der Galilei-Newtonschen Raumzeit ist die absolute Hyperfläche in einem Ereignis der „Raum“ (t = konst.), den man sich durch Aufspreizen des Lichtkegels entstanden denken kann. Sie ist also ein Grenzfall der Einstein-Minkowskischen Raumzeit.

1.7 Aufgaben

1.1 Zwei Teilchen entfernen sich voneinander mit der Relativgeschwindigkeit v. Berechne den Betrag ihrer Geschwindigkeit in demjenigen Bezugssystem, in welchem ihre Geschwindigkeitsvektoren »einander entgegengesetzt gleich« sind.

1.2 Zwei „Lorentz-Systeme" (x,t) und (x',t') haben das Ereignis $(0,0)$ gemeinsam. Man zeichne die x'-Achse und die t'-Achse in das Koordinatensystem (x,t) ein und betrachte das Verhalten der Achsen für $v \to c$. Zum Vergleich zeichne man sodann die Achsen x und t in das System (x',t') ein.

1.3 *Relativität der Gleichzeitigkeit.* Zwei Explosionen finden in den Ereignissen $(0,0)$ und $(d,0)$ im (x,t)-System statt. Sie sind darin also »gleichzeitig«. Berechne die Zeitdifferenz der Ereignisse im System (x',t').

1.4 *Zeitdilatation.* Ein π^- Meson ist ein instabiles Teilchen mit einer mittleren Lebensdauer von $3{,}7 \cdot 10^{-8}$ s. Welche Strecke legt ein »durchschnittliches« π^- im Laboratorium zurück, wenn es darin mit einer Geschwindigkeit von $0.98\,c$ erzeugt wurde?

1.5 *Zwillings„paradox"* (hier: „Vater und Sohn"). Ein Vater von 30 Jahren tritt unmittelbar nach der Geburt seines Sohnes eine Weltraumreise an, die ihn mit der Geschwindigkeit $v = 0{,}9998\,c$ zum Planeten eines 25 Lichtjahre entfernten Sternes führt. Von dort reist er nach 3jährigem Aufenthalt mit derselben Geschwindigkeit zur Erde zurück. Berechne a) das Alter des Sohnes, b) das Alter des Vaters beim Wiedersehen.

1.6 Ein Teilchen führe in der xy-Ebene eine gleichförmige Kreisbewegung aus (Radius R, Winkelgeschwindigkeit ω).

a) Welcher Einschränkung unterliegen R und ω?

b) Wie lautet die Parameterform der entsprechenden Weltlinie? Man benutze Koordinaten $(x, y, z, ct) = (x^1, x^2, x^3, x^4)$ und nehme t als Parameter.

c) Berechne die Eigenzeit τ als Funktion der Koordinatenzeit t.

2. Grundbegriffe der Kinematik

2.0 Einleitung

Die Aufgabe der Kinematik ist die bloße Beschreibung von Bewegungsvorgängen bei physikalischen Systemen, ohne dabei deren Ursachen zu beachten. Dazu gehört auch die Festlegung derjenigen Begriffe, die dafür erforderlich sind, wie z. B. Koordinaten, Abstand, Winkel, Raumpunkt, Zeitpunkt, Raumkurve, Bogenlänge, Kurventangente, Normale einer Fläche, Zeitintervall, Geschwindigkeit, Beschleunigung, Radialgeschwindigkeit, Radialbeschleunigung, Winkelgeschwindigkeit, Winkelbeschleunigung usw. Insofern diese Begriffe nicht schon mathematischer Natur sind, bedürfen sie einer mathematischen Präzisierung.

Es handelt sich eigentlich um ein Stück Mathematik, das unter Hinzuziehung physikalischer Begriffe und Ausdrucksweisen formuliert wird.

Die Koordinaten, welche wir zur Beschreibung von Bewegungen verwenden, sind im Prinzip beliebig wählbar. Es ergeben sich aber stets rechnerische Vereinfachungen, wenn sie der Symmetrie physikalischer Gegebenheiten angepaßt werden. Die wichtigsten Arten von Symmetrien mit den entsprechenden Koordinaten sind:

Translations-Symmetrie – Kartesische Koordinaten
Kugelsymmetrie – Kugelkoordinaten
Axialsymmetrie*) – Zylinderkoordinaten.

Alle Vektoren und Tensoren geben wir in kartesischen Koordinaten an. Dies gilt insbesondere für Ortsvektoren**), deren Komponenten also die Koordinaten (x, y, z) des Punktes sind.

Das hindert uns nicht, diese kartesischen Komponenten durch andere Koordinaten auszudrücken, wie z. B. durch Kugelkoordinaten (r, θ, φ) oder durch Zylinderkoordinaten (ρ, φ, z):

$$\boldsymbol{r} = \begin{pmatrix} x \\ y \\ z \end{pmatrix} = \begin{pmatrix} r \sin\theta \cdot \cos\varphi \\ r \sin\theta \cdot \sin\varphi \\ r\cos\theta \end{pmatrix} = \begin{pmatrix} \rho\cos\varphi \\ \rho\sin\varphi \\ z \end{pmatrix}$$

mit $r := \sqrt{x^2 + y^2 + z^2}, \quad \rho := \sqrt{x^2 + y^2}$

---

*) Symmetrie bei Drehungen um eine Achse.

**) Ortsvektoren kennzeichnen Punkte des Raumes, sind also keine Vektoren im mathematischen Sinne (vgl. Band 1, Teil 2, 9.1). Wir übernehmen hier eine in der Physik eingebürgerte Sprechweise.

und den Definitionsbereichen:

$$0 \leqslant r < \infty, \quad 0 \leqslant \theta \leqslant \pi, \quad 0 \leqslant \varphi < 2\pi, \quad 0 \leqslant \rho < \infty$$
$$-\infty < x, y, z < +\infty .$$

2.1 Ort, Geschwindigkeit und Beschleunigung

2.1.1 Beschreibung mit kartesischen Koordinaten

Die Bewegung eines punktförmigen Teilchens wird in kartesischen Koordinaten beschrieben durch die drei Funktionen der Zeit

$$x = f(t), \quad y = g(t), \quad z = h(t).$$

Man nennt dies die *Parameterdarstellung* der Bahnkurve. Da für jeden Wert des Parameters t der Ortsvektor $\boldsymbol{r} = \begin{pmatrix} x \\ y \\ z \end{pmatrix}$ des Teilchens eindeutig festgelegt sein soll, lassen wir nur eindeutige Funktionen f, g, h zur Beschreibung der Bahn zu. Damit man sich die Zuordnung zwischen den Funktionssymbolen, wie z. B. f, g, h und den Koordinaten x, y, z nicht zu merken braucht, schreibt man auch einfacher (aber ungenauer; vgl. hierzu Bd. 1, 1.3.5)

$$x = x(t), \quad y = y(t), \quad z = z(t), \qquad [2.1.1]$$

oder, kurz, $\boldsymbol{r} = \boldsymbol{r}(t)$ für die Bahnkurve.

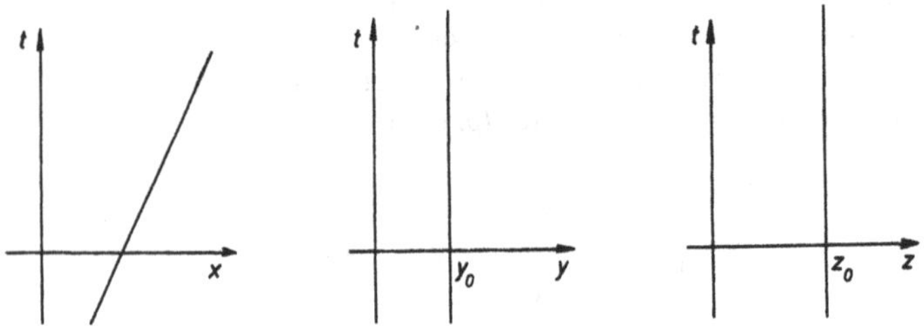

Abb. 2.1. Darstellung der gleichförmigen Bewegung eines Teilchens durch seine Weltlinie $x = vt$, $y = y_0$, $z = z_0$, t

Man beachte, daß die Bahnkurve (ohne Parametrisierung durch t) uns keine ausreichende Information über den Bewegungsablauf gibt, denn man sieht ihr nicht an, zu welcher Zeit und mit welcher Geschwindigkeit sie durchlaufen wird. Eine vollständige Veranschaulichung des Ablaufs der Bewegung gibt uns die Weltlinie des Teilchens. Wir können die Weltlinie in drei Raumzeit-Diagrammen darstellen, in denen die Zeit t jeweils gegen x, y und z aufgetragen ist (z. B. die gleichförmige Bewegung in $+x$-Richtung mit $y = y_0$, $z = z_0$).

Zum Vergleich die Begriffe der Mathematik:

parametrisierte Bahnkurve → Funktion (oder Kurve) ($\mathbb{R} \to E_3$)
Bahnkurve → Wertemenge der Funktion ($\subset E_3$)
Weltlinie → Graph der Funktion ($\subset E_3 \times E_1$).

Als *Geschwindigkeit* definiert man

$$\boldsymbol{v} := \frac{\mathrm{d}\boldsymbol{r}(t)}{\mathrm{d}t}, \qquad [2.1.2]$$

einen Vektor, dessen Komponenten die zeitlichen Ableitungen der Funktion [2.1.1] sind:

$$\boldsymbol{v} = \begin{pmatrix} v_x \\ v_y \\ v_z \end{pmatrix} = \begin{pmatrix} \dot{x} \\ \dot{y} \\ \dot{z} \end{pmatrix}. \qquad [2.1.3]$$

Aufgrund von [2.1.3] hat die Geschwindigkeit die geometrische Bedeutung eines Tangentenvektors an die Bahnkurve.

Die *Beschleunigung* ist die zeitliche Ableitung der Geschwindigkeit:

$$\boldsymbol{a} = \frac{\mathrm{d}\boldsymbol{v}(t)}{\mathrm{d}t} = \frac{\mathrm{d}^2\boldsymbol{r}(t)}{\mathrm{d}t^2} = \begin{pmatrix} a_x \\ a_y \\ a_z \end{pmatrix} = \begin{pmatrix} \dot{v}_x \\ \dot{v}_y \\ \dot{v}_z \end{pmatrix} = \begin{pmatrix} \ddot{x} \\ \ddot{y} \\ \ddot{z} \end{pmatrix}. \qquad [2.1.4]$$

Es bleibt noch zu bemerken, daß die Beträge der Vektoren für Ort, Geschwindigkeit und Beschleunigung eines Teilchens gegeben sind durch

$$\begin{aligned} r &:= (x^2 + y^2 + z^2)^{1/2}, \\ v &:= (\dot{x}^2 + \dot{y}^2 + \dot{z}^2)^{1/2} \text{ *)}, \\ a &:= (\ddot{x}^2 + \ddot{y}^2 + \ddot{z}^2)^{1/2} \text{ *)}. \end{aligned} \qquad [2.1.5]$$

So einfach sich die allgemeinen Formeln der Kinematik in kartesischen Koordinaten auch schreiben lassen, so kompliziert können im konkreten Fall die funktionalen Abhängigkeiten $x(t)$ usw. werden. Daher

*) Diese Größen werden in der Alltagssprache als »Geschwindigkeit« und »Beschleunigung« bezeichnet.

wird in vielen Fällen die Benutzung anderer Koordinaten nötig sein. Hierfür können auch physikalische Gründe sprechen, etwa die vorliegende Beobachtungssituation.

2.1.2 Radialer und angularer Teil der Bewegung

Betrachten wir einmal einen Stern, dessen Entfernung unbekannt ist und – wie es gewöhnlich der Fall ist – auch nicht direkt meßbar ist. Seine Position an der Himmelkugel ist durch die Angabe zweier Winkel festgelegt. Was die Geschwindigkeit des Sternes angeht, so kann man messen

a) *radiale Geschwindigkeit*, d. h. diejenige in der Richtung des Beobachters (durch Messung der Dopplerverschiebung von Spektrallinien), und
b) die Geschwindigkeit, mit der sich die Position an der Himmelskugel ändert, also eine *Winkelgeschwindigkeit* (durch Vergleich der Winkel-Abstände von anderen Sternen zu verschiedenen Zeiten).

Da diese Messungen mit verschiedenen Methoden durchgeführt werden, besitzen sie nicht denselben Genauigkeitsgrad. Bei der Umrechnung der Geschwindigkeit auf kartesische Koordinaten würden die Unterschiede in der Meßgenauigkeit für diese Größen verwischt werden, da der Abstand des Sterns vom Beobachter in die Bestimmung der »Transversal«-Geschwindigkeit (Abstand mal Winkelgeschwindigkeit), nicht aber in die Radialgeschwindigkeit eingeht.

Wie kann man nun die Bewegung eines Teilchens beschreiben, wenn die Beschreibungsgrößen die *Radialgeschwindigkeit* und die *Winkelgeschwindigkeit* sind?

Man schreibt zunächst den Ortsvektor $\boldsymbol{r}$ in der Form

$$\boldsymbol{r} = r\boldsymbol{r}_0, \quad \boldsymbol{r}_0 \cdot \boldsymbol{r}_0 = 1, \qquad [2.1.6]$$

wobei alle 4 Größen (d. h. r und die drei Komponenten von $\boldsymbol{r}_0$) im allgemeinen von der Zeit abhängen. Man erhält also

$$\boldsymbol{v} = \dot{\boldsymbol{r}} = \dot{r}\boldsymbol{r}_0 + r\dot{\boldsymbol{r}}_0. \qquad [2.1.7]$$

Hierin ist $\dot{r}$ die *Radialgeschwindigkeit*. Um die Bedeutung des zweiten Terms auf der rechten Seite zu untersuchen, differenzieren wir zunächst die zweite Beziehung in [2.1.6] nach der Zeit und finden

$$\boldsymbol{r}_0 \cdot \dot{\boldsymbol{r}}_0 = 0.$$

Daß $\dot{\boldsymbol{r}}_0$ orthogonal zu $\boldsymbol{r}_0$ ist, folgt auch anschaulich aus dem Umstand, daß für einen Vektor konstanter Länge die einzige Möglichkeit der Änderung eine Drehung ist.

Sodann schreiben wir

$$\dot{\boldsymbol{r}}_0 = \omega \boldsymbol{n}_0 , \quad \boldsymbol{n}_0 \cdot \boldsymbol{n}_0 = 1 \qquad [2.1.8]$$

und führen damit ω, den Betrag des Vektors $\dot{\boldsymbol{r}}_0$, ein. Es ist die (momentane) Winkelgeschwindigkeit des Teilchens in bezug auf den Beobachter im Ursprung.

Um das zu sehen, betrachtet man den Betrag des Differenzenquotienten (s. Abb. 2.2)

$$\left| \frac{\boldsymbol{r}_0(t + \Delta t) - \boldsymbol{r}_0(t)}{\Delta t} \right| = \left| \dot{\boldsymbol{r}}_0 + o(\Delta t) \right| \simeq \frac{\Delta\alpha}{\Delta t} .$$

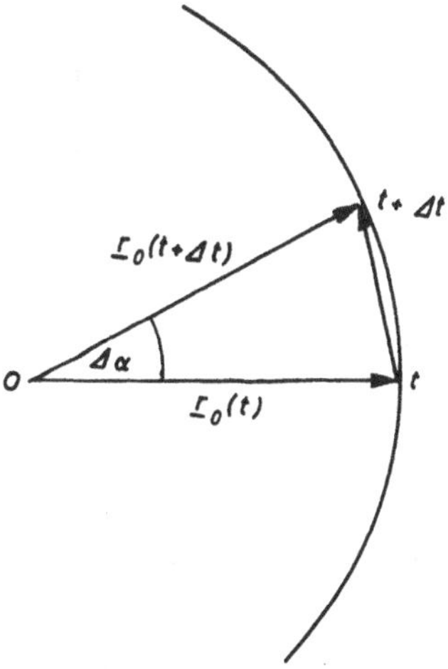

Abb. 2.2. Zur Definition der Winkelgeschwindigkeit

Man hat also $|\dot{\boldsymbol{r}}_0| = \dfrac{d\alpha}{dt} = \omega$, und mit [2.1.8] wird aus [2.1.7] nun

$$\boldsymbol{v} = \dot{r}\boldsymbol{r}_0 + r\omega\boldsymbol{n}_0 . \qquad [2.1.9]$$

Damit ist der Geschwindigkeitsvektor in zwei Vektoren zerlegt worden: die Radialgeschwindigkeit $\dot{r}\boldsymbol{r}_0$ und die Tangentialgeschwindigkeit einer fiktiven Kreisbewegung mit der Winkelgeschwindigkeit ω (s. Abb. 2.3).

Es muß betont werden, daß diese Zerlegung von der Wahl des Koordinatenursprungs (Beobachters) abhängt, während der Geschwindigkeitsvektor davon unabhängig ist.

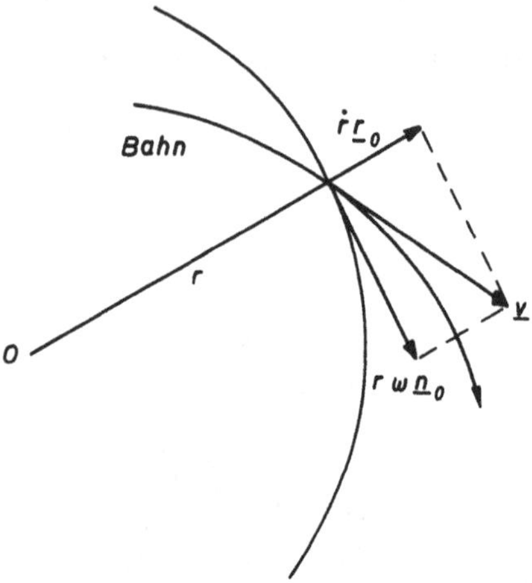

Abb. 2.3. Radial- und Tangentialgeschwindigkeit

Man kann auch noch den Einheitsvektor

$$\boldsymbol{d}_0 := \boldsymbol{r}_0 \times \boldsymbol{n}_0 \qquad [2.1.10]$$

einführen, der (in Abb. 2.2 senkrecht zur Zeichenebene) die Richtung der momentanen Drehachse angibt.

Löst man [2.1.10] nach $\boldsymbol{n}_0$ auf,

$$\boldsymbol{n}_0 = \boldsymbol{d}_0 \times \boldsymbol{r}_0 ,$$

so erhält man aus [2.1.9]

$$\boldsymbol{v} = \dot{r}\boldsymbol{r}_0 + r\omega\boldsymbol{d}_0 \times \boldsymbol{r}_0 .$$

Wir definieren nun den Winkelgeschwindigkeitsvektor

$$\boldsymbol{\omega} := \omega\boldsymbol{d}_0 , \qquad [2.1.11]$$

durch welchen Drehgeschwindigkeit und Drehachse festgelegt sind.

Damit wird

$$\boldsymbol{v} = \frac{\dot{r}}{r}\boldsymbol{r} + \boldsymbol{\omega} \times \boldsymbol{r}. \qquad [2.1.12]$$

Von dieser wichtigen Formel werden wir im folgenden vielfachen Gebrauch machen. Wir notieren noch, ebenfalls für den späteren Gebrauch, die Formeln

$$v^2 = \dot{r}^2 + r^2\omega^2. \qquad [2.1.13]$$

und

$$\boldsymbol{\omega} = \frac{1}{r^2}\boldsymbol{r} \times \boldsymbol{v}. \qquad [2.1.14]$$

Für die Beschleunigung erhält man durch Differenzieren von [2.1.12]

$$\boldsymbol{a} = \ddot{r}\boldsymbol{r}_0 + \dot{r}\dot{\boldsymbol{r}}_0 + \boldsymbol{\omega} \times \boldsymbol{v} + \dot{\boldsymbol{\omega}} \times \boldsymbol{r}.$$

Wegen [2.1.12] und

$$\dot{\boldsymbol{r}}_0 = \omega\boldsymbol{n}_0 = \omega\boldsymbol{d}_0 \times \boldsymbol{r}_0 = \boldsymbol{\omega} \times \boldsymbol{r}_0$$

folgt dann

$$\boldsymbol{a} = \ddot{\boldsymbol{r}} = \ddot{r}\boldsymbol{r}_0 + 2\dot{r}\boldsymbol{\omega} \times \boldsymbol{r}_0 + \boldsymbol{\omega} \times (\boldsymbol{\omega} \times \boldsymbol{r}) + \dot{\boldsymbol{\omega}} \times \boldsymbol{r}.$$

Ersetzt man in dieser Formel noch

$$\boldsymbol{\omega} \times (\boldsymbol{\omega} \times \boldsymbol{r}) = (\boldsymbol{r} \cdot \boldsymbol{\omega})\boldsymbol{\omega} - \omega^2\boldsymbol{r} = -\omega^2\boldsymbol{r}$$

so erhält man

$$\boldsymbol{a} = \left(\frac{\ddot{r}}{r} - \omega^2\right)\boldsymbol{r} + \left(\dot{\boldsymbol{\omega}} + \frac{2\dot{r}}{r}\boldsymbol{\omega}\right) \times \boldsymbol{r}. \qquad [2.1.15]$$

Wir sehen, daß die Beschleunigungskomponente in radialer Richtung neben dem Term $\ddot{r}$, der allein von der Variabilität von r herrührt, noch einen Anteil $-\omega^2 r$ enthält, der seine Ursache in der Drehung hat. Dieser Beschleunigungsanteil $-\omega^2 r$ heißt *Zentripetal*beschleunigung. Entsprechend tritt in der Beschleunigungskomponente tangential zu der fiktiven Kreisbewegung neben der reinen Winkelbeschleunigung $\dot{\boldsymbol{\omega}}$ noch der Term $\frac{2\dot{r}}{r}\boldsymbol{\omega}$ auf. Dieser Beschleunigungsanteil rührt von der radialen Bewegung her.

2.2 Geradlinige Bewegung und Kreisbewegung

Nachdem wir nun die wichtigsten kinematischen Grundbegriffe wie Geschwindigkeit, Beschleunigung, Winkelgeschwindigkeit und Winkelbeschleunigung kennengelernt haben, wollen wir sie auf die einfachsten Formen der Bewegung anwenden.

2.2.1 Geradlinige Bewegung

Die Richtung des Geschwindigkeitsvektors ist konstant,

$$\boldsymbol{v} = v(t)\boldsymbol{e}_0 , \qquad [2.2.1]$$

wobei $\boldsymbol{e}_0$ ein konstanter Einheitsvektor ist.

Man erhält daraus durch Integration

$$\boldsymbol{r} = s(t)\boldsymbol{e}_0 + \boldsymbol{r}_1 , \qquad [2.2.2]$$

wobei

$$s(t) = \int_{t_1}^{t} v(\tau)\mathrm{d}\tau \qquad [2.2.3]$$

der in der Zeit von t_1 bis t zurückgelegte Weg bedeutet und $\boldsymbol{r}_1$ die Position zur Zeit t_1 ist.

Andererseits erhält man durch Differentiation von [2.2.1] die Beschleunigung

$$\boldsymbol{a} = \dot{v}\boldsymbol{e}_0 = a\boldsymbol{e}_0 .$$

Besonders wichtig für die Physik ist die gleichförmig beschleunigte geradlinige Bewegung. Hier ist also der Beschleunigungsvektor konstant, d. h.

$$\dot{\boldsymbol{v}} = \boldsymbol{a} = \text{const} .$$

Für die Geschwindigkeit muß also gelten

$$v = at + v_0 ,$$

wobei v_0 die Geschwindigkeit zur Zeit $t = 0$ bedeutet. Wir wollen festsetzen, daß die Geschwindigkeit zur Zeit t_1 gleich v_1 ist. Das heißt, wir verlangen $v_1 = at_1 + v_0$ und damit wird wegen $v_0 = v_1 - at_1$

$$v = a(t - t_1) + v_1 . \qquad [2.2.4]$$

Bei konstanter Beschleunigung ist also die Geschwindigkeit eine lineare Funktion der Zeit.

Aus [2.2.3] erhält man nun durch Integration

$$s(t) = \int_{t_1}^{t} [a(\tau - t_1) + v_1] \mathrm{d}\tau = \left[\frac{a}{2}(\tau - t_1)^2 + v_1 \tau\right]_{t_1}^{t}$$

$$= \frac{a}{2}(t - t_1)^2 + v_1(t - t_1).$$

Der zurückgelegte Weg ist danach eine quadratische Funktion der Zeit, wobei der Koeffizient des quadratischen Gliedes gleich der halben Beschleunigung ist.

Nach [2.2.2] ist die Bahnkurve gegeben durch

$$\boldsymbol{r} = \left[\frac{a}{2}(t - t_1)^2 + v_1(t - t_1)\right]\boldsymbol{e}_0 + \boldsymbol{r}_1, \qquad [2.2.5]$$

der Geschwindigkeitsvektor ist

$$\boldsymbol{v} = [a(t - t_1) + v_1]\boldsymbol{e}_0,$$

und der Beschleunigungsvektor ist $\boldsymbol{a} = a\boldsymbol{e}_0$.

Als wichtigen Sonderfall betrachten wir noch die gleichförmige, geradlinige Bewegung, gekennzeichnet durch verschwindende Beschleunigung. Wir erhalten

$$\boldsymbol{a} = 0$$
$$\boldsymbol{v} = v_1 \boldsymbol{e}_0$$
$$\boldsymbol{r} = v_1(t - t_1) \cdot \boldsymbol{e}_0 + \boldsymbol{r}_1.$$

Bei der geradlinigen gleichförmigen Bewegung ist der zurückgelegte Weg also eine lineare Funktion der Zeit, wobei der Koeffizient des linearen Gliedes die Geschwindigkeit ist.

Bemerkung:

Wir haben die geradlinige Bewegung hier als dreidimensionales Problem behandelt, um die Beschreibung der Bahn mittels räumlicher Vektoren einzuüben. Wenn man, wie es in den meisten Anwendungen der Fall ist, nicht an der Lage der Bahngeraden im Raum interessiert ist, sondern nur an der Art wie sie durchlaufen wird, so wird man sie von vornherein z. B. zur x-Achse eines Koordinatensystems machen.

Das bedeutet, man setzt

$$\boldsymbol{r} = \begin{pmatrix} x \\ 0 \\ 0 \end{pmatrix}, \quad \boldsymbol{e}_0 = \begin{pmatrix} 1 \\ 0 \\ 0 \end{pmatrix}, \quad \boldsymbol{r}_1 = \begin{pmatrix} x_1 \\ 0 \\ 0 \end{pmatrix}.$$

Dann wird [2.2.5] zu

$$x = \frac{a}{2}(t - t_1)^2 + v_1(t - t_1) + x_1 . \qquad [2.2.6]$$

In dieser oder ähnlicher Form findet man gewöhnlich die gleichförmig beschleunigte Bewegung beschrieben.

2.2.2 Die Kreisbewegung

Wir machen von vornherein den Mittelpunkt des Kreises zum Nullpunkt des Koordinatensystems. Die Kreisbewegung ist dann charakterisiert durch die Bedingung (vgl. Gleichung [2.1.10])

$$r = \text{const.}, \quad \boldsymbol{d}_0 = \text{const.},$$

d. h. Radialkoordinate und Drehachse sind konstant.

Aus [2.1.12] und [2.1.15] entnimmt man sofort die Beziehungen

$$\boldsymbol{v} = \boldsymbol{\omega} \times \boldsymbol{r}$$

und

$$\boldsymbol{a} = -\omega^2 \boldsymbol{r} + \dot{\boldsymbol{\omega}} \times \boldsymbol{r} .$$

Der Term $-\omega^2 \boldsymbol{r}$ ist die radial nach innen weisende *Zentripetalbeschleunigung*. Wegen [2.1.11] hat man nun

$$\dot{\boldsymbol{\omega}} = \dot{\omega} \boldsymbol{d}_0 ,$$

so daß man nach Division durch r aus den beiden vorhergehenden Gleichungen erhält

$$\begin{aligned} \dot{\boldsymbol{r}}_0 &= \omega \boldsymbol{d}_0 \times \boldsymbol{r}_0 \\ \ddot{\boldsymbol{r}}_0 &= -\omega^2 \boldsymbol{r}_0 + \dot{\omega} \boldsymbol{d}_0 \times \boldsymbol{r}_0 . \end{aligned} \qquad [2.2.7]$$

Führt man den Drehwinkel γ durch

$$\omega = \frac{\mathrm{d}\gamma}{\mathrm{d}t} = \dot{\gamma}$$

ein, so kann man auch schreiben

$$\begin{aligned} \dot{\boldsymbol{r}}_0 &= \dot{\gamma} \boldsymbol{d}_0 \times \boldsymbol{r}_0 \\ \ddot{\boldsymbol{r}}_0 &= \ddot{\gamma} \boldsymbol{d}_0 \times \boldsymbol{r}_0 - \dot{\gamma}^2 \boldsymbol{r}_0 . \end{aligned}$$

Wir betrachten nun den Fall konstanter Winkelbeschleunigung, also

$$\ddot{\gamma} =: \alpha = \text{konstant} .$$

Wenn die Winkelgeschwindigkeit zur Zeit t_1 gleich ω_1 ist, so folgt

$$\omega = \alpha(t - t_1) + \omega_1 . \qquad [2.2.8]$$

Eine entsprechende Festsetzung des Drehwinkels γ ergibt

$$\gamma = \tfrac{1}{2}\alpha(t - t_1)^2 + \omega_1(t - t_1) + \gamma_1 . \qquad [2.2.9]$$

Die Formeln [2.2.8] und [2.2.9] entsprechen den Formeln [2.2.4] und [2.2.6] des vorhergehenden Abschnittes.

Das Übersetzungsschema ist

Ortskoordinate → Winkel
Geschwindigkeit → Winkelgeschwindigkeit
Beschleunigung → Winkelbeschleunigung.

2.2.3 Gleichförmige Kreisbewegung

Ein wichtiger Spezialfall ist die gleichförmige Kreisbewegung, gekennzeichnet durch konstante Winkelgeschwindigkeit ω. Wir haben in [2.2.9] also $\alpha = 0$ und damit ist der Drehwinkel

$$\gamma = \omega(t - t_1) + \gamma_1 .$$

Die Bahnkurve erhält man aus [2.2.7] mit $\dot{\omega} = 0$:

$$\ddot{\boldsymbol{r}}_0 + \omega^2 \boldsymbol{r}_0 = 0 . \qquad [2.2.10]$$

Integration ergibt zunächst

$$\boldsymbol{r}_0 = \boldsymbol{b}_0 \cos\omega t + \boldsymbol{c}_0 \sin\omega t , \qquad [2.2.11]$$

wobei $\boldsymbol{b}_0$ und $\boldsymbol{c}_0$ zwei konstante Vektoren sind.

Betrachtet man diese Formel für $t = 0$ und $\pi/2$, so erhält man

$$\boldsymbol{r}_0(0) = \boldsymbol{b}_0 , \quad \boldsymbol{r}_0(\pi/2) = \boldsymbol{c}_0 .$$

Also bilden $\boldsymbol{b}_0$ und $\boldsymbol{c}_0$ ein Paar orthogonaler Einheitsvektoren, welche die Bahnebene aufspannen.

Legt man die x-Achse bzw. die y-Achse eines Koordinatensystems in die Richtung von $\boldsymbol{b}_0$ bzw. $\boldsymbol{c}_0$, so erhält man als Parameterdarstellung der gleichförmigen Kreisbewegung

$$x_0 = \cos\omega t , \quad y_0 = \sin\omega t , \quad z_0 = 0 .$$

Um dies zu sehen, schreibt man [2.2.11] in Komponentenschreibweise:

$$\begin{pmatrix} x_0 \\ y_0 \\ z_0 \end{pmatrix} = \begin{pmatrix} 1 \\ 0 \\ 0 \end{pmatrix} \cdot \cos\omega t + \begin{pmatrix} 0 \\ 1 \\ 0 \end{pmatrix} \cdot \sin\omega t .$$

Multipliziert man noch mit dem (konstanten) Radius r des Kreises, so bekommt man die geläufigen Formeln

$$x = r \cdot \cos\omega t, \quad y = r \cdot \sin\omega t . \qquad [2.1.12]$$

2.3 Beschreibung der Bewegung in Polarkoordinaten

Neben den kartesischen Koordinaten sind die Polarkoordinaten (Kugelkoordinaten) am bedeutendsten für die Physik. Wir wollen daher die (kartesischen Komponenten der) Vektoren, welche wir zur Beschreibung der Bewegung benutzt haben, durch Polarkoordinaten ausdrücken.

Diese sind definiert durch

$$\begin{aligned} x &= r \sin\theta \cos\varphi \\ y &= r \sin\theta \sin\varphi \\ z &= r \cos\theta . \end{aligned} \qquad [2.3.1]$$

Danach ist r der Abstand des Punktes (r, θ, φ) vom Nullpunkt des Koordinatensystems, φ ist ein Polarwinkel in der xy-Ebene, und θ ist der Winkel zwischen dem Ortsvektor des Punktes und der z-Achse. Damit alle Punkte $-\infty < x, y, z < +\infty$ des Raumes erfaßt werden, müssen die Polarkoordinaten die folgenden Wertebereiche durchlaufen:

$$\begin{aligned} 0 &\leqslant r < \infty \\ 0 &\leqslant \theta \leqslant \pi \\ 0 &\leqslant \varphi < 2\pi . \end{aligned}$$

Wie man sieht, entsprechen verschiedenen Wertetripeln (r, θ, φ) im allgemeinen verschiedene Raumpunkte, mit Ausnahme der Punkte auf der z-Achse, die bereits durch die Koordinate r und die diskreten Werte $\theta = 0, \pi$ eindeutig beschrieben sind.

Die Bewegung eines Punktes wird in Polarkoordinaten durch die drei Funktionen der Zeit

$$r(t), \quad \theta(t), \quad \varphi(t)$$

angegeben.

Die definierenden Relationen [2.3.1] geben bereits die Zerlegung [2.1.6] des Ortsvektors in seinen Betrag und den Einheitsvektor

$$\boldsymbol{r}_0 = \begin{pmatrix} \sin\theta\cos\varphi \\ \sin\theta\sin\varphi \\ \cos\theta \end{pmatrix}. \qquad [2.3.2]$$

Durch Differentiation nach der Zeit findet man

$$\dot{\boldsymbol{r}}_0 = \dot{\theta}\boldsymbol{e}_\theta + \dot{\varphi}\sin\theta\,\boldsymbol{e}_\varphi \qquad [2.3.3]$$

wobei

$$\boldsymbol{e}_\theta := \begin{pmatrix} \cos\theta\cos\varphi \\ \cos\theta\sin\varphi \\ -\sin\theta \end{pmatrix}, \qquad \boldsymbol{e}_\varphi := \begin{pmatrix} -\sin\varphi \\ \cos\varphi \\ 0 \end{pmatrix} \qquad [2.3.4]$$

Einheitsvektoren sind, die untereinander und zu $\boldsymbol{r}_0$ orthogonal sind. Damit berechnet man:

$$v^2 = \dot{r}^2 + r^2(\dot{\theta}^2 + \sin^2\theta\,\dot{\varphi}^2). \qquad [2.3.5]$$

Übungsaufgabe: Man bestätige die Relationen

$$\boldsymbol{r}_0 \times \boldsymbol{e}_\theta = \boldsymbol{e}_\varphi, \quad \boldsymbol{e}_\theta \times \boldsymbol{e}_\varphi = \boldsymbol{r}_0, \quad \boldsymbol{e}_\varphi \times \boldsymbol{r}_0 = \boldsymbol{e}_\theta, \qquad [2.3.6]$$

und die Formel

$$\boldsymbol{\omega} = \dot{\theta}\,\boldsymbol{e}_\varphi - \dot{\varphi}\sin\theta\,\boldsymbol{e}_\theta. \quad \blacksquare \qquad [2.3.7]$$

2.4 Kinematik orthogonaler Transformationen

2.4.1 Beschreibung der Bewegung eines Teilchens durch orthogonale Transformation

Wir besprechen hier eine andere Art, die Bewegung eines punktförmigen Teilchens zu beschreiben. Wegen der Zerlegung des Ortsvektors gemäß

$$\boldsymbol{r} = r\,\boldsymbol{r}_0$$

kann man sich die Position des Teilchens gegeben denken durch einen Hilfspunkt auf der Einheitskugel zusammen mit dem Streckungsfaktor r. Den Punkt auf der Einheitskugel haben wir bereits durch die Polarwinkel θ, φ beschrieben. Wir können aber auch folgende andere Beschreibungsweise einführen:

Es sei $\boldsymbol{e}_0$ ein irgendwie gewählter, aber dann festgehaltener Einheitsvektor. Dann sei der variable Vektor $\boldsymbol{r}_0(t)$ durch diejenige Drehung charakterisiert, die $\boldsymbol{e}_0$ in $\boldsymbol{r}_0$ überführt. Eine solche Drehung wird festgelegt durch einen die Drehachse bezeichnenden Einheitsvektor $\boldsymbol{n}$ und einen Drehwinkel ψ. Wir verabreden, daß $\boldsymbol{n}$ zusammen mit dem Drehsinn eine Rechtsschraube bildet (Daumen der rechten Hand in Richtung $\boldsymbol{n}$, gekrümmte Finger entsprechend dem Drehsinn; s. Abb. 2.4).

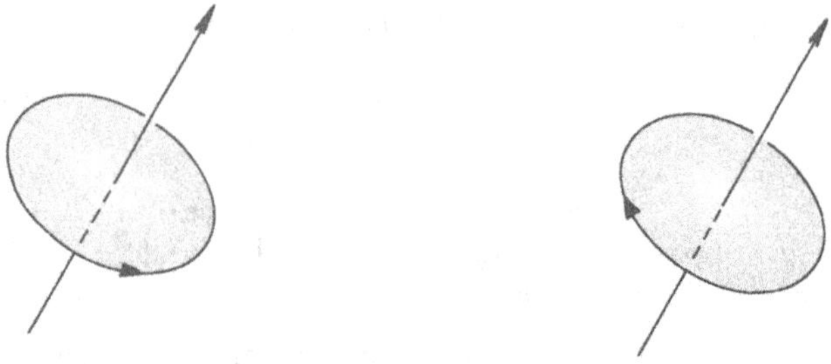

Abb. 2.4. Rechts- und Linksschraube

Drehungen werden mathematisch durch die sogenannten „eigentlich orthogonalen Transformationen" beschrieben. Das sind die (linearen) Abbildungen des dreidimensionalen euklidischen Raumes E_3 auf sich, die *a*) eine orthogonale Basis in eine orthonormale Basis und *b*) ein Rechtssystem in ein Rechtssystem überführen.

In bezug auf eine feste orthonormale Basis seien die Komponenten von $\boldsymbol{e}_0$ und $\boldsymbol{r}_0$ bzw.

$$(e_0^1, e_0^2, e_0^3) \text{ und } (x_0^1, x_0^2, x_0^3) .$$

Dann gilt für die Drehung $\boldsymbol{e}_0 \to \boldsymbol{r}_0$

$$x_0^k = D^k{}_j e_0^j \qquad (\boldsymbol{r}_0 = \boldsymbol{D} \boldsymbol{e}_0) \qquad [2.4.1]$$

und die Koeffizienten genügen den Bedingungen

$$\delta_{jl} D^j{}_k D^l{}_m = \delta_{km} \qquad (\boldsymbol{D}^T \boldsymbol{D} = 1) \qquad [2.4.2]$$

sowie

$$\mathrm{Det}(D^k{}_j) = +1 . \qquad [2.4.3]$$

Die erste Bedingung besagt einfach, daß bei einer Drehung das Skalarprodukt sowohl seiner Form als auch seinem Wert nach ungeändert bleibt. Für zwei Vektoren $\boldsymbol{e}, \boldsymbol{f}$ und ihre Bilder $\boldsymbol{x}, \boldsymbol{y}$ gilt nämlich

$$\delta_{jl} x^j y^l = \delta_{jl} D^j{}_k D^l{}_m e^k f^m = \delta_{km} e^k f^m$$
$$(\boldsymbol{x} \cdot \boldsymbol{y} = \boldsymbol{D}\boldsymbol{e} \cdot \boldsymbol{D}\boldsymbol{f} = \boldsymbol{D}^T \boldsymbol{D}\boldsymbol{e} \cdot \boldsymbol{f} = \boldsymbol{e} \cdot \boldsymbol{f}) .$$

Wir haben hier jeweils die Formeln in indexfreier Schreibweise in Klammern angegeben.

Eine Matrix $\boldsymbol{D}$, deren Komponenten $D^j{}_k$ den Bedingungen [2.4.2] genügen, heißt „orthogonale Matrix“ und, mit [2.4.3], „eigentlich orthogonale Matrix“. In [2.4.3] liegt die Betonung auf dem „+“ der rechten Seite, denn [2.4.2] impliziert bereits, daß $\mathrm{Det}(D^k{}_j) = \pm 1$ ist. Das folgt aus $\mathrm{Det}(\boldsymbol{D}^T \boldsymbol{D}) = \mathrm{Det}\,\boldsymbol{D}^T \cdot \mathrm{Det}\,\boldsymbol{D} = (\mathrm{Det}\,\boldsymbol{D})^2 = 1$.

Wegen [2.4.2] sagt man auch, daß die Inverse einer orthogonalen Matrix gleich der Transponierten ist ($\boldsymbol{D}^T = \boldsymbol{D}^{-1}$). Ebenso gilt anstelle von [2.4.2] die gleichwertige Bedingung

$$\boldsymbol{D}\boldsymbol{D}^T = 1\,, \qquad [2.4.4]$$

in korrekter Indexschreibweise

$$D^k{}_j D^m{}_l \delta^{jl} = \delta^{km}\,.$$

Um die zeitliche Änderung des Vektors $\boldsymbol{r}_0$ durch $\boldsymbol{r}_0$ selbst auszudrücken, differenzieren wir [2.4.1] nach der Zeit. Unter Berücksichtigung von [2.4.2] erhalten wir

$$\dot{\boldsymbol{r}}_0 = \dot{\boldsymbol{D}}\boldsymbol{e}_0 = \dot{\boldsymbol{D}}\boldsymbol{D}^T\boldsymbol{D}\boldsymbol{e}_0 = \dot{\boldsymbol{D}}\boldsymbol{D}^T\boldsymbol{r}_0\,, \qquad [2.4.5]$$

wobei $\dot{\boldsymbol{D}}$ die aus den Komponenten $\dot{D}^j{}_k$ bestehende Matrix ist. Für die rechts auftretende Matrix $\dot{\boldsymbol{D}}\boldsymbol{D}^T =: \boldsymbol{\Omega}$ finden wir durch Differentiation von [2.4.4] wegen $(\boldsymbol{D}^T)^\cdot = (\dot{\boldsymbol{D}})^T =: \dot{\boldsymbol{D}}^T$

$$\dot{\boldsymbol{D}}\boldsymbol{D}^T + \boldsymbol{D}\dot{\boldsymbol{D}}^T = \dot{\boldsymbol{D}}\boldsymbol{D}^T + (\dot{\boldsymbol{D}}\boldsymbol{D}^T)^T =: \boldsymbol{\Omega} + \boldsymbol{\Omega}^T = 0\,.$$

Da $\boldsymbol{\Omega}$ also eine schiefe Matrix ist, können wir sie durch einen axialen Vektor ersetzen:

$$\boldsymbol{\Omega} = \begin{pmatrix} 0 & -\omega_3 & \omega_2 \\ \omega_3 & 0 & -\omega_1 \\ -\omega_2 & \omega_1 & 0 \end{pmatrix}. \qquad [2.4.6]$$

Für einen beliebigen Vektor $\boldsymbol{b}$ gilt dann $\boldsymbol{\Omega}\boldsymbol{b} = \boldsymbol{\omega} \times \boldsymbol{b}$.

Übungsaufgabe:

Man berechne $\boldsymbol{\Omega}$ und $\boldsymbol{\omega}$ für die Drehung

$$\boldsymbol{D} = \begin{pmatrix} \cos\varphi & \sin\varphi & 0 \\ -\sin\varphi & \cos\varphi & 0 \\ 0 & 0 & 1 \end{pmatrix}, \quad \varphi(t)\,,$$

in der xy-Ebene. ■

Die Formel [2.4.5] ergibt mit der Matrixdarstellung [2.4.6] dann

$$\dot{\boldsymbol{r}}_0 = \boldsymbol{\Omega}\,\boldsymbol{r}_0 = \boldsymbol{\omega} \times \boldsymbol{r}_0 \,.$$

Der durch [2.4.6] definierte Vektor $\boldsymbol{\omega}$ ist identisch mit der Winkelgeschwindigkeit, die wir in 2.1.2, [2.1.11] eingeführt haben. Dies folgt daraus, daß der Vektor $\boldsymbol{\omega}$ durch die Formel $\dot{\boldsymbol{r}}_0 = \boldsymbol{\omega} \times \boldsymbol{r}_0$ und die Zusatzbedingung $\boldsymbol{\omega} \cdot \boldsymbol{r}_0 = 0$ eindeutig bestimmt ist, d. h. durch die explizite Form $\boldsymbol{\omega} = \boldsymbol{r}_0 \times \dot{\boldsymbol{r}}_0$.

2.4.2 Bestimmungsstücke einer orthogonalen Transformation

Wir beschränken uns auf die Verhältnisse im 3-dimensionalen Raum. Eine orthogonale Transformation wird durch die 9 Komponenten einer Matrix $\boldsymbol{D}$ repräsentiert. Die definierenden Relationen [2.4.2] besagen, daß die symmetrische Matrix $\boldsymbol{D}\boldsymbol{D}^T$ gleich der Einheitsmatrix ist.

Sie bedeuten also 6 Bedingungen für die 9 Komponenten von $\boldsymbol{D}$. Durch Untersuchung des Ranges der Funktionalmatrix, die zu den Orthogonalitätsbedingungen gehört, läßt sich einigermaßen leicht zeigen, daß diese unabhängig sind. Damit ist dann klar, daß eine orthogonale Transformation durch $9 - 6 = 3$ Parameter bestimmt ist.

Übungsaufgabe:

Man wende diese Überlegung auf orthogonale Transformationen im n-dimensionalen Raum an ($\frac{1}{2}n(n-1)$ Parameter). ■

Wenn man also vermeiden will, mit 6 überzähligen Größen zu rechnen und die Relationen [2.4.2] dabei als Nebenbedingungen zu behandeln, muß man die 9 Komponenten der Matrix $\boldsymbol{D}$ durch 3 unabhängige Parameter ausdrücken.

Welche Art der Parametrisierung gewählt wird, hängt von dem zu behandelnden Problem ab; genauer gesagt, von der mathematischen Beschreibung des Systems, welches Drehungen ausführt.

Die geschickte Anpassung der Parameter einer Drehung bringt Vereinfachung bei der analytischen Behandlung von Drehungen mit sich, ähnlich wie die Anpassung von Ortskoordinaten an geometrische Gegebenheiten.

2.4.3 Die Eulerschen Winkel

Als Beispiel für das eben Besprochene betrachten wir einen Kreisel, der seine Spitze im Ursprung eines festen Koordinatensystems $S(x, y, z)$ hat (Abb. 2.5). Mit dem Kreisel*) sei ein Koordinatensystem $\Sigma(\xi, \eta, \zeta)$

---

*) Der Kreisel dient hier natürlich nur als »Aufhänger« für das Koordinatensystem Σ.

verbunden, dessen 3-Achse die Symmetrieachse ist. Der Einheitsvektor in Richtung dieser Achse sei durch die Polarwinkel θ und φ beschrieben. Der Drehwinkel um die Symmetrieachse heiße ψ.

Wir nennen sie die Eulerschen Winkel. Es ist klar, daß die Bewegung des Kreisels durch die drei Funktionen $\theta(t)$, $\varphi(t)$, $\psi(t)$ vollständig beschrieben ist.

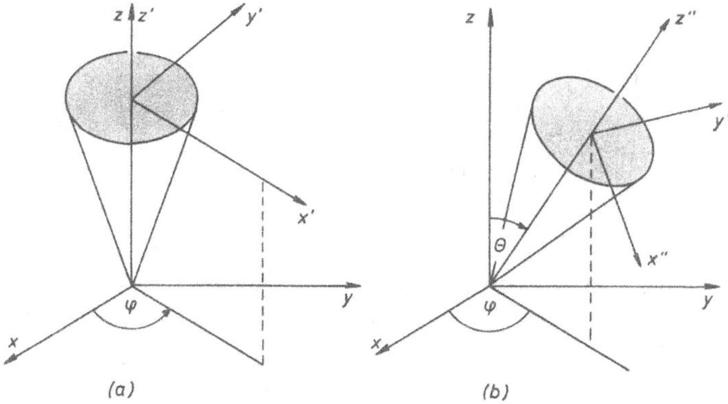

Abb. 2.5. Zur Definition der Eulerschen Winkel. (a) S', das Koordinatensystem nach der 1. Teildrehung (um φ), (b) S'', das Koordinatensystem nach der 2. Teildrehung (um θ). Die z''-Achse ist im System S durch die Winkel θ, φ gekennzeichnet; sie gibt auch die Richtung der ζ-Achse an

Wir stellen uns vor, daß zunächst das „körperfeste" System Σ mit dem Laborsystem S übereinstimmt. Damit meinen wir Parallelität der Achsen und lassen uns nicht dadurch stören, daß der Ursprung von Σ mit dem von S nicht übereinstimmt. Nun fragen wir nach der Drehung, welche Σ in die durch θ, φ, ψ beschriebene Lage von Abb. 2.5 (b) bringt. Die gesuchte Drehung kann aus den folgenden drei speziellen Drehungen zusammengesetzt werden:

1. Drehung des Achsensystems um die z-Achse im Sinne einer Rechtsschraube um den Winkel φ. Das neue Achsensystem nennen wir $S'(x', y', z')$, die Drehmatrix heißt $\boldsymbol{D}_\varphi$. Die x'-Achse liegt in der φ-Ebene von S.
2. Drehung von S' um die y'-Achse um den Winkel θ. Das neue Achsensystem nennen wir $S''(x'', y'', z'')$, die Drehmatrix heißt $\boldsymbol{D}_\theta$. Die Figurenachse des Kreises liegt damit bereits in der durch θ, φ gegebenen Richtung.

3. Drehung von S'' um die z''-Achse um den Winkel ψ. Die Drehmatrix hierfür ist D_ψ. Damit haben wir das Achsensystem $\Sigma(\xi,\eta,\zeta)$.

Wir betrachten nun einen Punkt des Kreisels. Dieser Punkt habe die Ortsvektoren $\boldsymbol{r}, \boldsymbol{r}', \boldsymbol{r}'', \boldsymbol{\rho}$ in den Systemen S, S', S'', Σ. Bei den oben genannten drei Teildrehungen hat man

$$\boldsymbol{r}' = \boldsymbol{D}_\varphi \boldsymbol{r}, \quad \boldsymbol{r}'' = \boldsymbol{D}_\theta \boldsymbol{r}', \quad \boldsymbol{\rho} = \boldsymbol{D}_\psi \boldsymbol{r}'' \qquad [2.4.7]$$

mit

$$\boldsymbol{D}_\varphi = \begin{pmatrix} \cos\varphi & \sin\varphi & 0 \\ -\sin\varphi & \cos\varphi & 0 \\ 0 & 0 & 1 \end{pmatrix}, \quad \boldsymbol{D}_\theta = \begin{pmatrix} \cos\theta & 0 & -\sin\theta \\ 0 & 1 & 0 \\ \sin\theta & 0 & \cos\theta \end{pmatrix},$$

$$\boldsymbol{D}_\psi = \begin{pmatrix} \cos\psi & \sin\psi & 0 \\ -\sin\psi & \cos\psi & 0 \\ 0 & 0 & 1 \end{pmatrix}.$$

Aufgrund ihrer geometrischen Bedeutung legen die Eulerschen Winkel die Lage des Systems Σ in bezug auf S eindeutig fest, wenn sie folgende Definitionsbereiche haben:

$$0 \leqslant \varphi \leqslant 2\pi, \qquad 0 \leqslant \theta \leqslant \pi, \qquad 0 \leqslant \psi \leqslant 2\pi.$$

Insgesamt folgt durch Zusammensetzen der Drehungen

$$\boldsymbol{\rho} = \boldsymbol{D}_\psi \boldsymbol{D}_\theta \boldsymbol{D}_\varphi \boldsymbol{r} = \boldsymbol{D} \boldsymbol{r}. \qquad [2.4.8]$$

Diese Beziehung läßt sich leicht nach $\boldsymbol{r}$ auflösen. Man erhält

$$\boldsymbol{r} = \boldsymbol{D}_\varphi^T \boldsymbol{D}_\theta^T \boldsymbol{D}_\psi^T \boldsymbol{\rho} = \boldsymbol{D}^T \boldsymbol{\rho}. \qquad [2.4.9]$$

Damit ist die orthogonale Matrix, welche das Laborsystem und das körperfeste System miteinander verknüpft, durch die drei Eulerschen Winkel parametrisiert worden, wobei allerdings die Matrixelemente in einigermaßen komplizierter Weise von φ, θ, ψ, abhängen.

2.4.4 Kinematik im rotierenden Bezugssystem

Obgleich die Bewegungsgesetze in nicht-rotierenden Bezugssystemen am einfachsten sind, muß die Bewegung bisweilen in rotierenden Systemen beschrieben werden. Man denke an das »Bezugssystem des Artilleristen«, das an einen Punkt der Erdoberfläche angeheftet ist.

Wir betrachten zwei kartesische Koordinatensysteme Σ und Σ', die sich in relativer Rotation um den gemeinsamen Nullpunkt befinden. Die Rotation sei durch die Beziehung

$$\boldsymbol{r}' = \boldsymbol{D}(t) \boldsymbol{r} \qquad [2.4.10]$$

beschrieben. Das heißt: Wenn zur Zeit t die Koordinaten eines Teilchens bezüglich Σ durch den Ortsvektor $\boldsymbol{r}$ gegeben sind, so sind sie bezüglich Σ' durch $\boldsymbol{r}'$ gegeben. Bezeichnen wir die Koordinaten eines beliebigen Vektors bezüglich der Systeme Σ und Σ' mit $\boldsymbol{b}$ und $\boldsymbol{b}'$, so gilt die Transformationsgleichung

$$\boldsymbol{b}' = \boldsymbol{D}(t)\boldsymbol{b}. \qquad [2.4.11]$$

Wenn der Vektor selbst von der Zeit abhängt, so erhalten wir durch Differentiation

$$(\boldsymbol{b}')^{\cdot} = \boldsymbol{D}\dot{\boldsymbol{b}} + \dot{\boldsymbol{D}}\boldsymbol{b},$$

wobei der Term $\dot{\boldsymbol{D}}\boldsymbol{b}$ denjenigen Anteil der zeitlichen Änderung von $\boldsymbol{b}'$ bedeutet, der durch die fortlaufende Drehung bedingt ist. Um ihn wieder durch $\boldsymbol{b}'$ auszudrücken, schreiben wir

$$(\boldsymbol{b}')^{\cdot} = \boldsymbol{D}\dot{\boldsymbol{b}} + \dot{\boldsymbol{D}}\boldsymbol{D}^T\boldsymbol{D}\boldsymbol{b} = \boldsymbol{D}\dot{\boldsymbol{b}} + \dot{\boldsymbol{D}}\boldsymbol{D}^T\boldsymbol{b}'.$$

Sodann ordnen wir der schiefen Matrix

$$\dot{\boldsymbol{D}}\boldsymbol{D}^T =: \boldsymbol{\Omega}' \qquad [2.4.12]$$

vermittels der Schreibweise

$$\boldsymbol{\Omega}' = \begin{pmatrix} 0 & \omega_z' & -\omega_y' \\ -\omega_z' & 0 & \omega_x' \\ \omega_y' & -\omega_x' & 0 \end{pmatrix}$$

den Vektor $\boldsymbol{\omega}'$ zu. Wir haben damit

$$(\boldsymbol{b}')^{\cdot} = \boldsymbol{D}\dot{\boldsymbol{b}} - \boldsymbol{\omega}' \times \boldsymbol{b}'. \qquad [2.4.13]$$

Bemerkung: In 2.4.1 haben wir $\dot{\boldsymbol{D}}\boldsymbol{D}^T = \boldsymbol{\Omega}$ gesetzt und eine im Vorzeichen abweichende Zuordnung $\boldsymbol{\Omega} \to \boldsymbol{\omega}$ angegeben. Der Grund für den Unterschied liegt darin, daß dort die orthogonale Matrix $\boldsymbol{D}(t)$ eine andere geometrische Bedeutung hatte, indem sie eine »aktive« *Drehung von Vektoren* bewirkte und nicht wie hier eine *Drehung des Bezugssystems.*

Um die Bedeutung des Vektors $\boldsymbol{\omega}'$ zu erkennen, betrachten wir einen in Σ' konstanten Vektor $\boldsymbol{c}'$. Wir haben also wegen $(\boldsymbol{c}')^{\cdot} = 0$

$$0 = \boldsymbol{D}\dot{\boldsymbol{c}} - \boldsymbol{\omega}' \times \boldsymbol{c}' = \boldsymbol{D}\dot{\boldsymbol{c}} - \boldsymbol{D}\boldsymbol{\omega} \times \boldsymbol{D}\boldsymbol{c} = \boldsymbol{D}(\dot{\boldsymbol{c}} - \boldsymbol{\omega} \times \boldsymbol{c})$$

und folglich $\dot{\boldsymbol{c}} = \boldsymbol{\omega} \times \boldsymbol{c}$.

Damit ist klar, daß ω die Winkelgeschwindigkeit ist, mit der sich das System Σ' gegenüber Σ dreht und $\omega' = \boldsymbol{D}\omega$ ist die *transformierte* Winkelgeschwindigkeit.

Übrigens entspricht dem Vektor ω die schiefe Matrix $\boldsymbol{\Omega} = \boldsymbol{D}^T \boldsymbol{\Omega}' \boldsymbol{D} = \boldsymbol{D}^T \dot{\boldsymbol{D}}$, wobei die Zuordnung $\omega \to \boldsymbol{\Omega}$ analog der bei $\omega' \to \boldsymbol{\Omega}'$ ist.

Wenden wir [2.4.13] auf die Bewegung eines Punktteilchens an, so haben wir

$$(\boldsymbol{r}')^{\cdot} = \boldsymbol{D}\dot{\boldsymbol{r}} - \omega' \times \boldsymbol{r}'. \qquad [2.4.14]$$

Diese Formel drückt die Geschwindigkeit des Teilchens im System Σ' durch die Geschwindigkeit bezüglich Σ und durch die Winkelgeschwindigkeit der Rotation aus.

Um die entsprechende Formel für die Beschleunigung zu bekommen, differenzieren wir [2.4.14] noch einmal:

$$(\boldsymbol{r}')^{\cdot\cdot} = \boldsymbol{D}\ddot{\boldsymbol{r}} + \dot{\boldsymbol{D}}\dot{\boldsymbol{r}} - \omega' \times (\boldsymbol{r}')^{\cdot} - (\omega')^{\cdot} \times \boldsymbol{r}'.$$

Da der zweite Term rechts gleich

$$\dot{\boldsymbol{D}}\dot{\boldsymbol{r}} = \dot{\boldsymbol{D}}\boldsymbol{D}^T\boldsymbol{D}\dot{\boldsymbol{r}} = \boldsymbol{\Omega}'\boldsymbol{D}\dot{\boldsymbol{r}} = -\omega' \times \boldsymbol{D}\dot{\boldsymbol{r}} = -\omega' \times [(\boldsymbol{r}')^{\cdot} + \omega' \times \boldsymbol{r}']$$

ist, erhalten wir

$$(\boldsymbol{r}')^{\cdot\cdot} = \boldsymbol{D}\ddot{\boldsymbol{r}} - 2\omega' \times (\boldsymbol{r}')^{\cdot} - \omega' \times (\omega' \times \boldsymbol{r}') - (\omega')^{\cdot} \times \boldsymbol{r}'. \qquad [2.4.15]$$

Bemerkung: Die Formeln [2.4.14] und [2.4.15] pflegt man gewöhnlich für den speziellen Fall anzugeben, daß die Bezugssysteme Σ und Σ' momentan zusammenfallen, also $\boldsymbol{D} = \boldsymbol{1}$ ist. Da nun die Koordinaten der Vektoren ω' und $\boldsymbol{r}'$ bzw. mit denen von ω und $\boldsymbol{r}$ übereinstimmen, läßt man »der Einfachheit halber« die Striche weg. Die Vektoren $(\boldsymbol{r}')^{\cdot}$ und $(\boldsymbol{r}')^{\cdot\cdot}$, die sich ja von $\dot{\boldsymbol{r}}$ und $\ddot{\boldsymbol{r}}$ unterscheiden, markiert man dagegen durch die Zusätze »rot.« oder »Körper«. Da man ohnehin die (an sich unnötige) Annahme macht, daß Σ nicht rotiert, schreibt man an die letzteren Vektoren den Index »Raum«. Schließlich setzt man voraus, daß die Rotation von Σ' gleichförmig, d. h. $(\omega')^{\cdot} = 0$ ist. Nach solcherart »Vereinfachungen« nehmen sich die Formeln folgendermaßen aus:

$$\boldsymbol{v}_{\text{Körper}} = \boldsymbol{v}_{\text{Raum}} - \omega \times \boldsymbol{r}$$
$$\boldsymbol{a}_{\text{Körper}} = \boldsymbol{a}_{\text{Raum}} - 2\omega \times \boldsymbol{v}_{\text{Körper}} - \omega \times (\omega \times \boldsymbol{r}).$$

Die Formeln [2.4.14] und [2.4.15] gelten für zwei beliebig gegeneinander rotierende Bezugssysteme, deren Ursprung übereinstimmt.

Wenn man aber annimmt, daß Σ nicht rotiert, so kann man den Zusatztermen zur Beschleunigung folgende Bedeutung zuschreiben:

Der Term $-2\boldsymbol{\omega}' \times (\boldsymbol{r}')^{\cdot}$ rührt von der *Bewegung* im rotierenden System Σ' her und heißt *Coriolisbeschleunigung.*

Der Term $-\boldsymbol{\omega}' \times (\boldsymbol{\omega}' \times \boldsymbol{r}')$ ergibt auch dann einen Beitrag zur Beschleunigung, wenn das Teilchen in Σ' ruht. Für ein $\boldsymbol{r}'$, das senkrecht auf $\boldsymbol{\omega}'$ steht, ist der Term gleich $\omega'^2 \boldsymbol{r}'$, bedeutet also die *Zentrifugalbeschleunigung.* Der dritte Zusatzterm rührt offensichtlich von der *Beschleunigung der Rotation* her. Da nach [2.4.13] $(\boldsymbol{\omega}')^{\cdot} = \boldsymbol{D}\dot{\boldsymbol{\omega}}$ ist, kann man den Term auch in der Form $-\boldsymbol{D}\dot{\boldsymbol{\omega}} \times \boldsymbol{D}\boldsymbol{r}$ schreiben.

2.5 Zusammenfassung

Die Bewegung eines Punktteilchens wird in kartesischen Koordinaten durch die Parameterform $\boldsymbol{r} = \boldsymbol{r}(t)$ festgelegt, wobei $\boldsymbol{r}(t)$ der Ortsvektor zur Zeit t ist. Geschwindigkeit und Beschleunigung sind bzw. die Vektoren $\boldsymbol{v} = \dot{\boldsymbol{r}}(t)$ und $\boldsymbol{a} = \dot{\boldsymbol{v}}(t)$. Den Beobachtungsmöglichkeiten eines ortsfesten Beobachters ist es angemessen, die Bewegung in einen radialen und einen angularen Anteil zu zerlegen, gemäß der Formel $\boldsymbol{v} = (\dot{r}/r)\boldsymbol{r} + \boldsymbol{\omega} \times \boldsymbol{r}$, wobei $\boldsymbol{\omega} = r^{-2}\boldsymbol{r} \times \boldsymbol{v}$ die Winkelgeschwindigkeit ist.

Der angulare Bewegungsanteil läßt sich besonders bequem durch Kugelkoordinaten und weiterhin auch vermittels orthogonaler Matrizen beschreiben.

Eigentlich orthogonale Transformationen dienen allgemein zur Beschreibung von Drehungen, denen wegen der Isotropie des Raumes eine besondere Wichtigkeit zukommt. Eine orthogonale Transformation wird durch 3 Parameter bestimmt, z. B. durch die drei Eulerschen Winkel, deren Nützlichkeit sich allerdings erst bei der Behandlung des Kreisels erweist.

Die Beschreibung von Bewegungsvorgängen in rotierenden Bezugssystemen (z. B. Erde) ist für die Praxis wichtig. Da die orthogonale Matrix, welche zwei relativ zueinander rotierende Bazugssysteme miteinander verknüpft, von der Zeit abhängt, sind die Operationen „Differentation nach t" und „Vektortransformation" nicht miteinander vertauschbar. Ihr „Kommutator" ist gegeben durch $\boldsymbol{D}\dot{\boldsymbol{r}} - (\boldsymbol{D}\boldsymbol{r})^{\cdot} = \boldsymbol{\omega}' \times \boldsymbol{r}'$. Der Ausdruck für die Beschleunigung im rotierenden System enthält dann als Zusatzterme die *Coriolis-Beschleunigung*, die *Zentrifugal*beschleunigung und einen Term, der die *Winkel*beschleunigung des Systems beschreibt.

2.6 Aufgaben

2.1 Man betrachte die geradlinige Bewegung mit konstanter Beschleunigung a, bei der ein Teilchen auf der Strecke s von der Anfangsgeschwindigkeit v_0 auf die Endgeschwindigkeit v gebracht wird. Man zeige, daß $v^2 = 2as + v_0^2$ ist und daß für die Geschwindigkeitsänderung die Beziehung $v - v_0 = as/\bar{v}$ gilt, wenn $\bar{v}$ die „mittlere Geschwindigkeit" auf der Beschleunigungsstrecke ist.

2.2 Kreisförmige Bewegung mit konstanter Winkelgeschwindigkeit in der xy-Ebene. Für x- und y-Koordinate stelle man je eine Differentialgleichung 2. Ordnung auf, in der als Parameter nur die „Kreisfrequenz" ω auftritt.

2.3 Für zwei beliebige Vektoren $\boldsymbol{a}$, $\boldsymbol{b}$ und eine (eigentlich) orthogonale Matrix $\boldsymbol{D}$ im dreidimensionalen Raum E_3 beweise man die Formel $\boldsymbol{D}(\boldsymbol{a} \times \boldsymbol{b}) = \boldsymbol{D}\boldsymbol{a} \times \boldsymbol{D}\boldsymbol{b}$.

2.4 Man drücke die Winkelgeschwindigkeit durch Eulersche Winkel aus und zeige:

im Laborsystem S: $$\boldsymbol{\omega} = \dot{\psi}\begin{pmatrix} \sin\theta\cos\theta \\ \sin\theta\sin\theta \\ \cos\theta \end{pmatrix} + \dot{\theta}\begin{pmatrix} -\sin\theta \\ \cos\varphi \\ 0 \end{pmatrix} + \dot{\varphi}\begin{pmatrix} 0 \\ 0 \\ 1 \end{pmatrix},$$

im System Σ: $$\tilde{\boldsymbol{\omega}} = \dot{\psi}\begin{pmatrix} 0 \\ 0 \\ 1 \end{pmatrix} + \dot{\theta}\begin{pmatrix} \sin\psi \\ \cos\psi \\ 0 \end{pmatrix} + \dot{\varphi}\begin{pmatrix} -\sin\theta\cos\psi \\ \sin\theta\sin\psi \\ \cos\theta \end{pmatrix}.$$

2.5 Berechne durch Differentiation von (2.3.3) den Vektor $\dot{\boldsymbol{r}}_0$ und drücke ihn als Linearkombination von $\boldsymbol{r}_0, \boldsymbol{e}_\theta, \boldsymbol{e}_\varphi$ aus. Man veranschauliche sich die Lage der letzten drei Vektoren in einem Punkt (θ, φ) der Kugeloberfläche.

2.6 Zeige, daß der Winkelgeschwindigkeitsvektor in der Form [2.1.14] oder auch $\boldsymbol{\omega} = \boldsymbol{r}_0 \times \dot{\boldsymbol{r}}_0$ geschrieben werden kann.

3. Dynamik eines Massenpunktes

Die klassische Dynamik beschäftigt sich mit der Bewegung von Materie unter äußeren Einflüssen. Sie ist das zentrale Thema der Mechanik.

Zu ihrer Aufgabe gehört:

a) Die Entwicklung geeigneter Modelle zur Beschreibung der Materie, wie z. B. die Modelle „*Punktteilchen*", „*System von Teilchen*", „*starrer Körper*", „*kontinuierliche Materie*".
b) Die Erstellung eines konsistenten Begriffssystems zur Beschreibung der Bewegung und ihrer Ursachen, wie z. B. die Begriffe „*Masse*", „*Impuls*", „*kinetische Energie*", „*Kraft*" usw.
c) Die Formulierung der *Bewegungsgesetze* für verschiedene Arten der Wechselwirkung.
d) Entwicklung von Methoden zur Berechnung der Bewegung bei gegebener Wechselwirkung.

Diese Aufgaben sind nicht unabhängig voneinander.
Sie lassen sich nicht Punkt für Punkt erledigen, weder in der hier angegebenen Reihenfolge, noch in einer anderen. Vielmehr müssen sie in mehreren »Durchgängen« bearbeitet werden.

3.1 Freie Teilchen und Inertialsysteme

3.1.1 Freie Teilchen und Gravitation

Die dynamischen Gesetze sollen es ermöglichen, die Bewegung eines Teilchens unter einer physikalischen Wechselwirkung zu beschreiben. Bevor man solche Gesetze aufstellt, ist es zweckmäßig zu sagen, wie sich das Teilchen bei Abwesenheit der Wechselwirkung bewegt. Man benötigt also den Begriff des wechselwirkungsfreien – oder kurz „*freien Teilchens*". Um die Bewegung eines freien Teilchens untersuchen zu können, muß man nicht nur alle Wechselwirkungen kennen, sondern sie auch sämtlich »abschalten« können. Die Schwierigkeit in der Begründung der Mechanik liegt darin, daß gerade dies nicht möglich ist und damit der Ausgangspunkt der Mechanik in einer fiktiven, nicht realisierbaren Situation liegt. Verantwortlich für diesen Mißstand ist die Gravitation, die sich – im Gegensatz zu anderen langreichweitigen Wechselwirkungen – weder »abschirmen« noch »abschalten« läßt. Überdies hat sie eine *unbegrenzte Reichweite* und wirkt auf *alle* Arten von Materie. Es gibt also keine freien Teilchen und es ist daher eigentlich müßig, ein Bewegungsgesetz für sie aufstellen zu wollen, denn ein solches würde sich nicht nachprüfen lassen. Und da es keine freien

Teilchen gibt, kann man mit ihnen auch keine „freien" Bezugssysteme verbinden, d. h. es gibt, streng genommen, keine Inertialsysteme.

Die Sonderstellung der Gravitation macht es daher eigentlich nötig, bei der Begründung der Mechanik sogleich eine Theorie der Gravitationswechselwirkung »mitzufabrizieren«. Die Bezugssysteme können dann mit frei fallenden (gravisch wechselwirkenden) Teilchen verbunden werden. Um dies zu ermöglichen, muß die Raumzeit allerdings mit einer *nichteuklidischen Geometrie* ausgestattet werden. Diese wird so festgelegt, daß die Weltlinie frei fallender Teilchen *geodätische* Kurven bezüglich der geometrischen Struktur sind, durch welche die Gravitationswechselwirkung nun mitbeschrieben wird. Dieser Weg ist bereits im Jahre 1867 von *B. Riemann* angedeutet worden. Die entsprechende Theorie der Gravitation unter Berücksichtigung der Fakten über die Lichtausbreitung wurde 1916 von *A. Einstein* vorgelegt und ist seither unter dem nicht ganz sachgemäßen, sondern eher irreführenden Namen *„Allgemeine Relativitätstheorie"* bekannt. Für die *Newtonsche* Gravitationstheorie wurde die geometrische Beschreibung bereits im Jahre 1923/24 von *E. Cartan* und 1926 von *K. Friedrichs* gegeben.

Die somit notwendige „Geometrisierung" einer physikalischen Theorie, die von dem Studenten der Mechanik zunächst einmal verlangen würde, sich mit der nichteuklidischen Geometrie einen neuen Zweig der Mathematik anzueignen, möglichst mitsamt den Theorien über *differenzierbare Mannigfaltigkeiten* und *Lie-Gruppen*, stellt den Physiker (und den Autor eines einführenden Lehrbuches) vor das Dilemma „soll er oder soll er nicht"? Die Antwort lautet hier: Nein.

Wir folgen hier (aus pädagogischen Gründen und entgegen der perfektionistischen Neigung von Theoretikern) einer Auffassung, die von der Mehrheit der Physiker geteilt wird und ihrer Vorliebe für einfache Mathematik entspringt.

Der Ausweg besteht darin, die störende Gravitationswechselwirkung entweder zu *ignorieren* oder, wo das nicht geht, zu *kompensieren*. Diese Betrachtungsweise ist den Verhältnissen auf der Erde durchaus angemessen, wo nur die Schwere (d. h. also die Wechselwirkung mit der Erdkugel) der Körper von Bedeutung ist, die Gravitation *zwischen* ihnen im allgemeinen aber keine Rolle spielt. Zur Veranschaulichung der letzten Bemerkung betrachten wir zwei Massenpunkte von je 1 kg, die anfangs im Abstand von einem Meter ruhen und dann unter ihrer wechselseitigen Gravitation reibungsfrei aufeinander fallen. Der »Fall« dieser Punktmassen aufeinander zu wird schon verhindert, wenn im Ruhezustand eine Haftreibung (vgl. 3.4.4) besteht, deren Koeffizient den Wert 10^{-11} hat (Haftreibung von Stahl auf Eis: 0,1). Die Fallzeit bis zum Zusammenstoß beträgt ca. $26\frac{1}{2}$ Stunden!

Nicht zu vernachlässigen ist dagegen die *Schwere* der Körper, also deren gravische Wechselwirkung mit der *Erde*. Diese kann jedoch leicht durch nichtgravische Wechselwirkung kompensiert werden. Dadurch kann man freie Teilchen wenigstens näherungsweise simulieren. Ein Beispiel dafür ist eine Kugel, die auf einer glatten horizontalen Fläche rollt. Wir sprechen von einer Simulation freier Teilchen, weil diese ja in Wahrheit einer zweifachen Wechselwirkung unterworfen sind. Die Freiheit der Teilchen ist zudem auf die Bewegung in einer Fläche senkrecht zum Gravitationsfeld beschränkt und besteht darüber hinaus nur *näherungsweise*, da die kompensierende nichtgravische Wechselwirkung sich auf die „horizontale" Bewegung hemmend auswirkt (Reibung).

3.1.2 Nichtrotierende Bezugssysteme

Um sicherzustellen, daß ein mit einem Teilchen verbundenes Bezugssystem sich nicht dreht, legt man seine Achsenrichtung am einfachsten durch Fixsterne fest, wie es die Seefahrer schon immer getan haben. Zwar bewegen sich die Fixsterne gegeneinander mit beträchtlichen Geschwindigkeiten, jedoch ist ihre Winkelgeschwindigkeit (die sog. Eigenbewegung) für irdische Beobachter wegen des großen Abstandes stets klein.

Für einen Stern, der am Orte $\boldsymbol{r}$ die Geschwindigkeit $\boldsymbol{v}$ hat, ist nach (2.15) der Betrag der Winkelgeschwindigkeit (s. Abb. 3.1)

$$\omega = \frac{1}{r^2}|\boldsymbol{r} \times \boldsymbol{v}| = \frac{1}{r} v \sin\alpha \leqslant \frac{v}{r}.$$

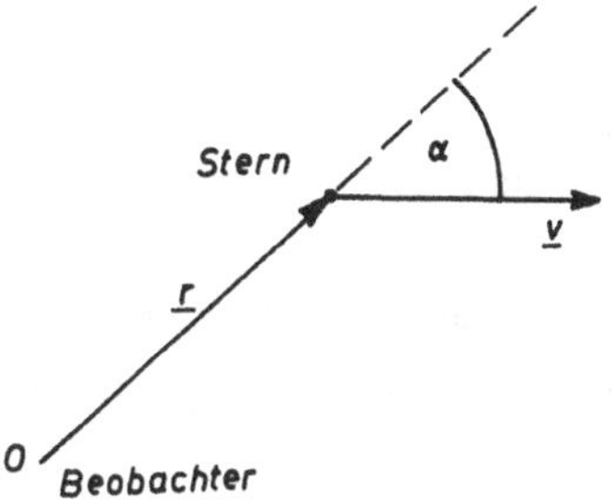

Abb. 3.1. Zur approximativen Festlegung nichtrotierender Bezugssysteme. Die Winkelgeschwindigkeit eines »Fix«sternes verhält sich wie der reziproke Wert des Abstandes r

Ein Stern mit $v = 100\,\text{km/s}$ und $r = 10\,\text{lj} \cong 9{,}46 \times 10^{13}\,\text{km}$ hat also für uns eine Winkelgeschwindigkeit

$$\omega \leqslant \frac{100}{9{,}46 \times 10^{13}}\,\text{rad} \cdot S^{-1} \simeq \frac{100 \times 10^{-13}}{9{,}46} \times \frac{360}{2\pi} \times 3600 \frac{\text{Winkelsek.}}{\text{Zeitsek.}}$$
$$= 1{,}9 \times 10^{-2}\,\text{Winkelsek./Tag}\,.$$

In vielen Fällen ist es sogar ausreichend, das Bezugssystem fest mit dem Erdkörper zu verbinden, d. h. dessen Eigenrotation zu vernachlässigen. Dies trifft z. B. auf die meisten Experimente und Demonstrationen zur Mechanik im Labor zu. Wichtige Ausnahmen hiervon sind das *Foucault*-Pendel, das seine Schwingungsebene beibehält, während die Erde sich darunter weiterdreht und der freie Fall, in dem bei großen Fallhöhen der fallende Körper vor dem Fußpunkt des Lotes aufschlägt („vor" im Sinne der Erddrehung). Für manche Bewegungen ist dagegen selbst die Festlegung der Achsenrichtung durch Fixsterne zu ungenau, wie z. B. bei der Beschreibung der Rotation des Milchstraßensystems um das „galaktische Zentrum". Von diesem aus gesehen vollzieht sich die mittlere Bewegung der Sterne in der Umgebung der Sonne mit einer Winkelgeschwindigkeit von $1{,}5 \times 10^{-5}$ Winkelsek./Tag. Es ist klar, daß man zur Beschreibung dieser Rotation die Achsenrichtungen des Bezugssystems durch extragalaktische Objekte, also z. B. durch Spiralnebel festlegen muß. Der Leser muß sich an dieser Stelle bewußt sein, daß auch die Festlegung eines nichtrotierenden Systems ein *approximativer Prozeß* ist, in dem *dynamische* Gesetze bereits eine Rolle spielen. Bei unserer Betrachtung ist im wesentlichen das 3. Keplersche Gesetz von Bedeutung. Es besagt, daß für zwei gravitationell gebundene Körper die Umlaufzeit $T \sim \frac{a^{3/2}}{M^{1/2}}$ ist, wobei a der mittlere Abstand der Körper und M ihre Gesamtmasse ist. Danach ist die Winkelgeschwindigkeit ($\omega = 2\pi/T$) der Umlaufbewegung bei festgehaltenen Massen um so kleiner, je größer der mittlere Abstand ist.

3.1.3 Inertialsysteme und Galilei-Transformationen

Wir kommen nunmehr zur folgenden approximativen Erklärung:

Ein *Inertialsystem* ist ein nichtrotierendes Bezugssystem, welches mit einem freien Teilchen verbunden ist.

Weiter formulieren wir, als Erfahrungssatz, das

Bewegungsgesetz für freie Teilchen:
In einem Inertialsystem bewegen sich freie Teilchen mit konstanter Geschwindigkeit, also geradlinig und gleichförmig.

Hierin ist die wichtige Aussage enthalten, daß freie Teilchen – und damit auch Inertialsysteme – sich mit konstanter Relativgeschwindigkeit gegeneinander bewegen.

Wir wollen die Transformation beschreiben, die zwischen den Ortsvektoren $\boldsymbol{r}$ und $\boldsymbol{r}'$ eines Punktes in zwei verschiedenen Inertialsystemen Σ und Σ' bestehen.

Wenn wir zwei achsenparallele Inertialsysteme Σ und Σ' mit zwei freien Teilchen T und T' verbinden, so gelten für die Koordinaten eines Punktes die Transformationsgleichungen

$$\boldsymbol{r}' = \boldsymbol{r} - \boldsymbol{v}t\,, \qquad [3.1.1]$$

wobei $\boldsymbol{v}$ die Geschwindigkeit von T' in bezug auf T ist.

Betrachten wir nun Systeme Σ und Σ', die außerdem so gegeneinander verdreht sind, daß die Basisvektoren $(\boldsymbol{e}'_1, \boldsymbol{e}'_2, \boldsymbol{e}'_3)$ von Σ' in die Basisvektoren $(\boldsymbol{e}_1, \boldsymbol{e}_2, \boldsymbol{e}_3)$ von Σ durch eine Drehung $\boldsymbol{D}$ übergeführt werden:

$$\boldsymbol{D}\boldsymbol{e}'_1 = \boldsymbol{e}_1,\ \boldsymbol{D}\boldsymbol{e}'_2 = \boldsymbol{e}_2,\ \boldsymbol{D}\boldsymbol{e}'_3 = \boldsymbol{e}_3\,.$$

Für die Komponenten eines ungebundenen Vektors $\boldsymbol{v}$ oder $\boldsymbol{a}$ gilt dann $\boldsymbol{v}' = \boldsymbol{D}\boldsymbol{v}$ oder $\boldsymbol{a}' = \boldsymbol{D}\boldsymbol{a}$, und für den Ortsvektor eines Punktes:

$$\boldsymbol{r}' = \boldsymbol{D}(\boldsymbol{r} - \boldsymbol{v}t)\,. \qquad [3.1.2]$$

Man nennt dies eine *homogene Galilei-Transformation.* Will man sie für Ereignisse (x, y, z, t) der (4-dimensionalen) Raumzeit schreiben, so füge man die Gleichung $t' = t$ hinzu.

Es ist leicht zu zeigen, daß die Gesamtheit aller Galilei-Transformationen $G := (\boldsymbol{D}, \boldsymbol{v})$ eine Gruppe bilden: die *homogene Galilei-Gruppe* $\mathfrak{G}$. Hierzu ist zu demonstrieren:

1. Die identische Transformation G_0 ist in $\mathfrak{G}$ enthalten. Das ist klar, denn es ist $G_0 = (\mathbf{1}, \mathbf{0})$, mit $\mathbf{1}$ = Einheitsmatrix, $\mathbf{0}$ = Nullvektor.
2. Die inverse einer Transformation ist in $\mathfrak{G}$ enthalten. Die Umkehrung von (3.1.2), d. h. die Auflösung nach $\boldsymbol{r}$ ergibt

$$\boldsymbol{r} = \boldsymbol{D}^T(\boldsymbol{r}' + \boldsymbol{D}\boldsymbol{v}t) = \boldsymbol{D}^T(\boldsymbol{r}' + \boldsymbol{v}'t), \text{ also } G^{-1} = (\boldsymbol{D}^T, -\boldsymbol{v}') \in \mathfrak{G}.$$

3. Die Zusammensetzung durch Hintereinanderschalten zweier Galilei-Transformationen G_1 und G_2 ist in $\mathfrak{G}$ enthalten.
Aus $\boldsymbol{r}' = \boldsymbol{D}_1(\boldsymbol{r} - \boldsymbol{v}_1 t)$ und $\boldsymbol{r}'' = \boldsymbol{D}_2(\boldsymbol{r}' - \boldsymbol{v}_2' t)$ folgt durch Einsetzen:

$$\boldsymbol{r}'' = \boldsymbol{D}_2 \boldsymbol{D}_1 [\boldsymbol{r} - (\boldsymbol{v}_1 + \boldsymbol{v}_2) t],$$

wobei $\boldsymbol{v}_2 := \boldsymbol{D}_1^T \boldsymbol{v}_2'$ der Geschwindigkeitsvektor von Σ'' relativ zu Σ' im System Σ ist. Man kann auch schreiben

$$G_1 = (\boldsymbol{D}_1, \boldsymbol{v}_1),\ G_2 = (\boldsymbol{D}_2, \boldsymbol{v}_2') \to G_2 G_1 = (\boldsymbol{D}_2 \boldsymbol{D}_1, \boldsymbol{v}_2 + \boldsymbol{v}_1).$$

4. Die Zusammensetzung dreier Galilei-Transformationen ist *assoziativ*.
Das folgt aus der Erweiterung obiger Formel,

$$G_3 G_2 G_1 = (\boldsymbol{D}_3 \boldsymbol{D}_2 \boldsymbol{D}_1, \boldsymbol{v}_3 + \boldsymbol{v}_2 + \boldsymbol{v}_1),$$

zusammen mit der Tatsache, daß die Multiplikation von Matrizen und die Addition von Vektoren assoziative Operationen sind.

Es ist klar, daß sowohl die Transformationen [3.1.1] („Boosts") als auch die Drehungen $(\boldsymbol{D}, \boldsymbol{0})$ jeweils Untergruppen von $\mathfrak{G}$ sind.

3.2 Grundbegriffe der Dynamik

3.2.1 Träge Masse

Alle im folgenden zu besprechenden Experimente werden in einem Inertialsystem ausgeführt.

Unter der *Trägheit* (auch: Beharrungsvermögen) eines Körpers versteht man allgemein sein Vermögen, sich einer Beschleunigung zu widersetzen. Zum Beispiel lehrt die Erfahrung, daß es schwieriger ist, einen Eisenbahnwaggon anzuschieben, als ein Personenauto.

Als Maß für das Beharrungsvermögen soll eine dem Körper zugehörende Eigenschaft gelten, die wir *„träge Masse"* nennen. Wir wollen den Versuch machen, die träge Masse zugleich als Maß für die *Substanzmenge* aufzufassen. Das heißt: Wenn wir einen Körper der trägen Masse m_1 mit einem anderen Körper der trägen Masse m_2 zusammenfügen, so soll der dadurch entstandene Körper die träge Masse

$$m = m_1 + m_2 \qquad [3.2.1]$$

haben.

Um diese vage Vorstellung vom Begriff „träge Masse" in eine physikalisch meßbare Größe umzusetzen, müssen wir Meßvorschriften angeben. Dazu betrachten wir zwei Experimente.

Experiment 1: Ein Körper, der an einer Spiralfeder befestigt ist und reibungsfrei kleine, horizontale Schwingungen um seine Gleichgewichtslage ausführt, habe eine Schwingungsdauer T (s. Abb. 3.2). Befestigt man an derselben Feder noch drei weitere, gleichartige Körper (also insgesamt deren vier), so verlangsamt sich die Schwingung zu einer Dauer $T_4 = 2T$.

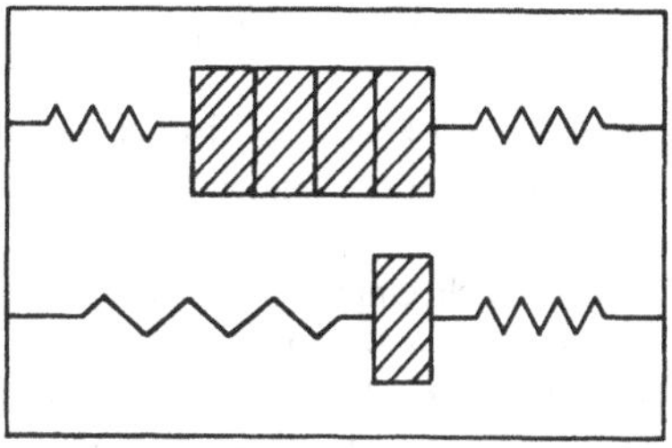

Abb. 3.2. Zur Bestimmung des Massenverhältnisses durch harmonische Schwingungen

Macht man den Versuch mit 9 bzw. 16 Körpern, so wird die Schwingungsdauer $T_9 = 3T$ bzw. $T_{16} = 4T$.

Entsprechend der mit [3.2.1] gemachten Hypothese hatten die trägen Massen in den vier Messungen die Werte m, $4m$, $9m$, $16m$. Die entsprechenden Schwingungszeiten (auch Perioden) waren T, $2T$, $3T$, $4T$. Die Perioden verhalten sich also wie die Quadratwurzeln aus den Werten der trägen Massen und wir können festsetzen:

Wenn zwei Körper unter gleichen Bedingungen Federschwingungen mit den Perioden T_1 und T_2 ausführen, so stehen ihre trägen Massen im Verhältnis

$$\frac{m_1}{m_2} = \frac{T_1^2}{T_2^2}. \qquad [3.2.2]$$

Experiment 2: Wir lassen einen Körper mit der Geschwindigkeit v auf einen gleichartigen, in Ruhe befindlichen Körper stoßen, so daß die zwei Körper nach dem Zusammenstoß aneinander haften bleiben und sich mit der gemeinsamen Geschwindigkeit v' weiterbewegen. Vor und nach dem Stoß soll keiner der Körper eine Drehung ausführen. Man nennt das einen „*total inelastischen* Stoß“.

Der Versuch (z. B. zwei Eisenbahnwaggons beim Rangieren, mit selbständigem Zusammenkuppeln beim Stoß) ergibt

$$v' = v/2.$$

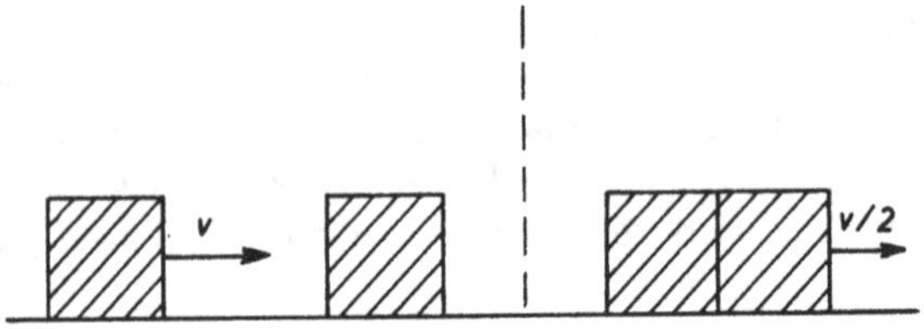

Abb. 3.3. Zur Bestimmung des Massenverhältnisses durch inelastische Stöße

Wir wiederholen nun das Experiment, jedoch nehmen wir als Zielkörper den im vorigen Versuch entstandenen Körper. Das Ergebnis ist $v' = v/3$.

Machen wir dasselbe noch einmal mit dem nunmehr entstandenen Zielkörper, so finden wir $v' = v/4$, usw.

In jedem der Versuche waren die träge Masse und die Geschwindigkeit des stoßenden Teilchens m und v. Die trägen Massen der Zielkörper waren m, $2m$, $3m$ und die durch den Stoß entstandenen trägen Massen waren also $2m$, $3m$, $4m$.

Die entsprechenden Geschwindigkeiten waren $v/2$, $v/3$, $v/4$.

Wir sehen also, daß die Endgeschwindigkeit der entstandenen Körper sich verhalten wie die reziproken Werte ihrer trägen Massen.

Wir können also anstelle von [3.2.2] auch folgende Definition aussprechen:

Sind beim total inelastischen Stoß von anfangs ruhenden Körpern die Endgeschwindigkeiten v_1' und v_2', so stehen die trägen Massen der dabei gebildeten Körper im Verhältnis

$$\frac{m_1}{m_2} = \frac{v_2'}{v_1'}.$$

Wir sind also imstande, durch verschiedenartige physikalische Experimente die Verhältnisse der trägen Massen von Körpern zu messen.

Alles was noch zu tun bleibt, um jeden Körper einen bestimmten Zahlenwert als Maß seiner trägen Masse zuordnen zu können, ist zweierlei:

a) Festlegung einer Maßeinheit.

Dazu braucht man nur irgendeinen (möglichst gut reproduzierbaren) Vergleichskörper zu nehmen und ihn zur Einheit der trägen Masse zu erklären.

Als solchen Vergleichskörper hat man aufgrund einer internationalen Vereinbarung einen kleinen Platin-Zylinder auserwählt, der ungefähr dieselbe träge Masse besitzt wie 1 dm^3 Wasser bei 4°C und als „Normalkilogramm“ beim BPM (Bureau International des Poids et Mésures) in Sèvres bei Paris aufbewahrt wird. Die träge Masse dieses Zylinders wurde als 1 kg festgesetzt.

b) Erweiterung des Maßbereiches.

Ein Elektron hat eine träge Masse von $9{,}109 \times 10^{-31}$ kg und die Sonne hat eine Masse von $1{,}993 \times 10^{30}$ kg, und weder der eine noch der andere dieser beiden Gegenstände eignet sich für Experimente der oben besprochenen Art. Wie findet man also ihre träge Masse? Das Verfahren besteht natürlich darin, zur Bestimmung der Masse andere physikalische Gesetze heranzuziehen. Im Falle des Elektrons ist dieses das Gesetz für die Bewegung eines elektrisch geladenen Teilchens in einem Magnetfeld, im Falle der Sonne ist es das Bewegungsgesetz der Planeten unter der Gravitationseinwirkung der Sonne.

3.2.2 Massendichte

Daß Materie den Raum nicht gleichmäßig ausfüllt, folgt schon aus ihrer atomistischen Struktur. Dennoch ist es vielfach bequem, sie sich gleichförmig ausgebreitet zu denken („*Kontinuums-Modell*“ der Materie).

Einem Körper des Volumens V und der trägen Masse m ordnet man die („durchschnittliche“) *Massendichte*

$$\rho := \frac{m}{V} \left[\frac{\text{kg}}{\text{m}^3}\right]$$

zu.

Man nehme nun eine räumliche Unterteilung des Körpers in Zellen mit den Inhalten V_1, V_2 und den Massen m_1, m_2 vor und bilde für den i-ten Teil die Dichte

$$\rho_i := \frac{m_i}{V_i}.$$

Bemerkung: Die Volumina V_i dürfen nicht zu klein genommen werden, denn sie müssen immer noch „sehr viele“ Moleküle enthalten, um die Bildung eines von der Form der Zelle i unabhängigen Mittelwertes ρ_i zu gestatten. Beispielsweise würde es für die Untersuchung der Massenverteilung des Wassers ausreichen, das Volumen in Würfel von $1\,\mu$ $(= 10^{-6}\,\text{m})$ Kantenlänge zu zerlegen.

Solch ein winziges Wasserwürfelchen enthält noch mehr als 3×10^{10} H_2O-Wassermoleküle!

Um Masseverteilungen zu beschreiben, wähle man also einen Punkt P (Ortsvektor $\boldsymbol{r}$) und dazu eine (kleine, aber nicht *zu* kleine) P enthaltende Zelle des Volumens ΔV und der Masse Δm. Der Quotient

$$\frac{\Delta m}{\Delta V} =: \rho(\boldsymbol{r})$$

repräsentiert dann die „*Massendichte im Punkte P*". Von der solchermaßen zellenweise definierten Dichtefunktion $\rho(\boldsymbol{r})$ nimmt man im allgemeinen an, daß sie stetig und sogar differenzierbar ist. Hierin zeigt sich der *Modellcharakter* der Beschreibung von Materie als Kontinuum.

3.2.3 Massenmittelpunkt

Häufig ist es angebracht, die Position eines räumlich ausgedehnten Körpers durch einen einzigen Punkt festzulegen, um seine Bewegung durch eine Bahnkurve beschreiben zu können. Zu diesem Zweck ordnet man dem Körper (in eindeutiger Weise) einen Punkt zu, der durch die Massendichte $\rho(\boldsymbol{r})$ und die Gesamtmasse M bestimmt ist:

$$\boldsymbol{R} := \frac{1}{M} \int \rho(\boldsymbol{r}) \boldsymbol{r} \, d^3 x ,$$

wobei das Integral natürlich über den Inhalt des Körpers zu nehmen ist. Er heißt Massenmittelpunkt des Körpers. Die Gesamtmasse ist dabei durch

$$M = \int \rho(\boldsymbol{r}) d^3 x$$

gegeben.

Für einen *homogenen* Körper des Volumens V, also für $\rho = \text{const.}$, hat man $M = \rho V$ und

$$\boldsymbol{R} = \frac{1}{\rho V} \int \rho \boldsymbol{r} \, d^3 x = \frac{1}{V} \int \boldsymbol{r} \, d^3 x ,$$

d.h., $\boldsymbol{R}$ ist der „*geometrische* Mittelpunkt" des Körpers. Bei einem zentralsymmetrischen Körper ist dieser Punkt das Symmetriezentrum. Hat man ein System von N Körpern der Massen M_i und der Massenmittelpunkte $\boldsymbol{R}_i$, so ist der Massenmittelpunkt des Systems gegeben durch

$$\boldsymbol{R} = \frac{1}{M} \sum_{i=1}^{N} M_i \boldsymbol{R}_i , \quad M = \sum_{i=1}^{N} M_i .$$

Ob dieser Begriff des Massenmittelpunktes sinnvoll ist, muß an der Erfahrung geprüft werden.

3.2.4 Impuls

Wir betrachten ein System von n Teilchen, die miteinander wechselwirken, nach außen aber isoliert sind. Die Massen der Teilchen seien $m_l \dots m_n$ und ihre Bahnen sind beschrieben durch die $3n$ Funktionen $\boldsymbol{r}_l(t) \dots \boldsymbol{r}_n(t)$.

Für die Gesamtmasse und den Massenmittelpunkt gilt

$$\begin{aligned} M &= m_1 + \cdots + m_n, \\ M\boldsymbol{R} &= m_1 \boldsymbol{r}_1 + \cdots + m_n \boldsymbol{r}_n. \end{aligned} \qquad [3.2.3]$$

Differenzieren wir die zweite Gleichung nach der Zeit, so erhalten wir

$$M\boldsymbol{V} = m_1 \boldsymbol{v}_1 + \cdots m_n \boldsymbol{v}_n, \qquad [3.2.4]$$

wobei der links auftretende Vektor $\boldsymbol{V}$ die *Schwerpunktsgeschwindigkeit* ist.

Die Bedeutung dieser Gleichung und damit der Definition des Massenmittelpunktes folgt aus der *Erfahrung* welche besagt:

„*Schwerpunktsatz*“: Für ein isoliertes System ist die Schwerpunktsgeschwindigkeit konstant.

Dieser empirische Sachverhalt erlaubt die folgende Beschreibung: Ein aus n (Sub-)Teilchen bestehendes System kann selbst als ein »Teilchen« betrachtet werden. Wenn es *als System isoliert* ist, so ist es ein *freies Teilchen*. Die Bewegung der Subteilchen bewirkt zwar eine Änderung der »inneren Konfiguration«, beeinflußt aber *nicht* die Schwerpunktsbewegung.

Wie sich also zeigt, gibt es außer der Masse noch eine weitere Größe, die sich beim Zusammenfügen der Bestandteile eines Systems additiv verhält. Dies ist die „*Bewegungsgröße*“ $\boldsymbol{p} = m\boldsymbol{v}$, für die sich (leider) die Bezeichnung „*Impuls*“ eingebürgert hat. In [3.2.4] bezeichnet man also die linke Seite als *Impuls des Systems* (oder *Gesamtimpuls*) und die Terme rechts als Einzelimpulse.

3.2.5 Der Impulserhaltungssatz

Die Umformulierung des Schwerpunktsatzes ergibt den

„*Impulserhaltungssatz*": Der Gesamtimpuls eines isolierten Systems ist konstant.

Da ein Teilchen seiner wahren Natur nach möglicherweise ein System sein kann, ist dieser Satz nicht allgemeiner als die Feststellung, daß der Impuls eines freien Einzelteilchens konstant ist.

Eine besonders wichtige Anwendung des Impulserhaltungssatzes liegt in der Beschreibung von Stoßexperimenten. Wir betrachten hier folgende einfache Prozesse (für eine umfassendere Behandlung s. 8.2), bei denen die Gleichwertigkeit der Begriffe »System« und »Teilchen« besonders klar in Erscheinung tritt:

1. *Total inelastischer Stoß:* Ein Stoßteilchen der Masse m trifft mit der Geschwindigkeit $\boldsymbol{v}$ auf ein ruhendes Teilchen der Masse m_0. Nach dem Stoß haften die Teilchen zusammen und bilden ein neues Teilchen der Masse $m + m_0$ und der Geschwindigkeit $\boldsymbol{v}'$. Es gilt

$$m\boldsymbol{v} + m_0 \cdot \boldsymbol{o} = (m + m_0)\boldsymbol{v}'\,,$$

also

$$\boldsymbol{v} = \left(1 + \frac{m_0}{m}\right)\boldsymbol{v}'\,. \qquad [3.2.5]$$

Da $\boldsymbol{v}$ und $\boldsymbol{v}'$ collinear sind, machen wir die Bewegungsrichtung zur x-Achse eines Koordinatensystems. Dann reduziert sich [3.2.5] auf

$$v_x = \left(1 + \frac{m_0}{m}\right)v'_x\,.$$

Wenn irgendwelche drei der Größen m, m_0, v_x, v'_x bekannt sind, kann aus dieser Beziehung die vierte Größe berechnet werden.

2. *Zerfall eines Teilchens* (Umkehrung des 1. Prozesses): Bei der Betrachtung dieses Prozesses, bei dem ein Teilchen der Masse m und der Geschwindigkeit $\boldsymbol{v}$ in zwei Teile zerfällt, beschränken wir uns auf den eindimensionalen Fall. Hierbei bewegen sich die Bruchstücke 1 und 2 in bzw. entgegen der anfänglichen Bewegungsrichtung.

Es gilt also

$$(m_1 + m_2)\boldsymbol{v} = m_1\boldsymbol{v}_1 + m_2\boldsymbol{v}_2\,,$$

und, indem wir wieder die x-Achse in die Bewegungsrichtung legen

$$(m_1 + m_2)v_x = m_1 v_{1x} + m_2 v_{2x}\,.$$

Bei bekannten Massen m_1 und m_2 kann man nach Messung von v_x und z. B. v_{1x} die Geschwindigkeit v_{2x} berechnen.

Wir betrachten nun ein Teilchen, das im Ruhezustand zerfällt. Es gilt also $v_x = 0$ und für die Geschwindigkeit v_{1x} und v_{2x} der Bruchstücke gilt

$$\frac{v_{1x}}{v_{2x}} = -\frac{m_2}{m_1}.$$

Wenn eines der Fragmente sehr viel massiver als das andere ist, z. B. $m_1 \gg m_2$, so betrachtet man zuweilen das ursprüngliche Teilchen (der Masse $m_1 + m_2$) und das Bruchstück der Masse m_1 als »*dasselbe*« Teilchen. Man sagt, m_1 habe m_2 emittiert und bezeichnet die Tatsache, daß m_1 sich durch den Ausstoß von m_2 in Bewegung setzt, als *Rückstoß* (z. B. Gewehr und Kugel).

3.2.6 Bahn-Drehimpuls

Ein punktförmiges Teilchen, welches sich am Orte $\boldsymbol{r}$ befindet und dort den Impuls $\boldsymbol{p}$ hat, besitzt den

„*Bahndrehimpuls*" $\boldsymbol{l} := \boldsymbol{r} \times \boldsymbol{p}$.

Der so definierte Vektor $\boldsymbol{l}$ hängt von der Lage des Ursprungs O des Koordinatensystems ab und ist genauer als „*Bahndrehimpuls des Teilchens in bezug auf O*" zu bezeichnen. In vielen wichtigen Fällen wird ein durch die Bahn geometrisch ausgezeichneter Punkt als Ursprung des Koordinatensystems gewählt. Es wird dann stillschweigend vorausgesetzt, daß der Leser sich dieser Wahl des Bezugspunktes bewußt ist. Bei der kreisförmigen Bewegung etwa wählt man den Mittelpunkt als Ursprung des Koordinatensystems.

Unter Benutzung der Formel [2.1.14] erhält man

$$\boldsymbol{l} = m\boldsymbol{r} \times \boldsymbol{v} = mr^2\boldsymbol{\omega}. \qquad [3.2.6]$$

Der Bahndrehimpuls ist also ein Vielfaches des Winkelgeschwindigkeitsvektors. Die Größe

$$I := mr^2$$

nennt man das „Trägheitsmoment des Teilchens in bezug auf den Ursprung des Koordinatensystems". Damit hat man in $\boldsymbol{l} = I\boldsymbol{\omega}$ einen

Ausdruck für den Drehimpuls gefunden, der eine formale Ähnlichkeit mit der Formel $\boldsymbol{p} = m\boldsymbol{v}$ für den Impuls aufweist, wobei I mit m und $\boldsymbol{\omega}$ mit $\boldsymbol{v}$ in Analogie gesetzt sind. Man beachte jedoch, daß I im Gegensatz zu m im allgemeinen nicht konstant ist und auch keine *intrinsische* Eigenschaft des Teilchens darstellt.

Ein wichtiger Zusammenhang des Drehimpulses mit dem Linearimpuls ergibt sich, wenn man den Letzteren in einen *radialen* und einen *angularen* Anteil (bezüglich des Koordinatenursprungs) zerlegt. Mit „*Radialimpuls*“ $\boldsymbol{p}_r$ ist die Projektion von $\boldsymbol{p}$ auf $\boldsymbol{r}$ gemeint:

$$\boldsymbol{p}_r := (\boldsymbol{p} \cdot \boldsymbol{r}_0)\boldsymbol{r}_0 = m\dot{r}\boldsymbol{r}_0 .$$

Dann erhält man aus [2.1.12] und [3.2.6]

$$\boldsymbol{p} = \boldsymbol{p}_r + \frac{1}{r^2}\boldsymbol{l} \times \boldsymbol{r}, \qquad [3.2.7]$$

und, als Quadrat dieses Ausdrucks,

$$p^2 = p_r^2 + l^2/r^2 . \qquad [3.2.8]$$

Die Größe $\boldsymbol{p}_r$ und die Zerlegung [3.2.8] sind allgemein bei der Behandlung von Bewegungen in Zentralkraftfeldern von Bedeutung.

Inwieweit ist der Bahndrehimpuls für die Physik eine interessante Größe? Berechnen wir die zeitliche Ableitung von $\boldsymbol{l}$, also $\dot{\boldsymbol{l}} = \boldsymbol{r} \times \dot{\boldsymbol{p}} + \dot{\boldsymbol{r}} \times \boldsymbol{p}$. Da $\boldsymbol{p} = m\dot{\boldsymbol{r}}$ ist, verschwindet der zweite Term rechts und es folgt $\dot{\boldsymbol{l}} = \boldsymbol{r} \times \dot{\boldsymbol{p}}$. Wie aus Abschnitt 3.3.1 hervorgehen wird, gilt in den wichtigen „Zentralkraftfeldern“ $\dot{\boldsymbol{p}} \sim \boldsymbol{r}$, und damit $\dot{\boldsymbol{l}} = 0$. Das heißt, daß der Bahndrehimpuls eines Teilchens in einem Zentralkraftfeld konstant ist. Damit hat man eine nützliche Handhabe zur Bestimmung der Bahn des Teilchens. Dieser Sachverhalt allein erklärt allerdings noch nicht die Wichtigkeit des Drehimpulses für die Physik. Diese kann erst eingesehen werden, wenn Systeme von Teilchen bzw. ausgedehnte Körper betrachtet werden. Hier sei nur bemerkt, daß man dem Bahndrehimpuls eines Teilchens noch seinen Eigendrehimpuls hinzufügen muß, um mit dem Gesamtdrehimpuls eine Größe zu erhalten, die bei isolierten Systemen konstant ist. Wir kommen darauf in 5.2.2 zurück.

3.3 Wechselwirkungen

3.3.1 Kräfte

Wechselwirkungen sind die Ursache dafür, daß Teilchen oder Körper in einem Inertialsystem beschleunigt werden. Wir unterscheiden folgende Arten klassischer Wechselwirkung:

a) Fundamentale Wechselwirkungen, das sind solche, die sich über den leeren Raum hinweg auszubreiten vermögen: Gravitation und Elektromagnetismus.

b) Wechselwirkungen durch »Kontakt« unter Beteiligung von Medien wie Gase, Flüssigkeiten oder Festkörper: z. B. bei Explosionsmotoren, Hydraulik, Pleuelstange, und allgemein den Phänomenen »Stoß«, »Schub«, »Zug«.

Was auch immer die Natur der Wechselwirkung sei, an einem Massenpunkt äußert sie sich in einer Beschleunigung, und an einem Körper womöglich noch zusätzlich in der Winkelbeschleunigung einer Drehung um den Massenmittelpunkt*). Dagegen bewirken *innere* Wechselwirkungen *keine* Schwerpunktsbeschleunigung eines isolierten Systems, denn nach [3.2.4] ist (wir setzen $m_l \boldsymbol{v}_l =: \boldsymbol{p}_l$ usw.)

$$\dot{\boldsymbol{p}}_1 + \cdots \dot{\boldsymbol{p}}_n = 0\,.$$

Daher ist es sinnvoll, das Bewegungsgesetz für einen Massenpunkt in der Form

$$\dot{\boldsymbol{p}} = \boldsymbol{F} \qquad [3.3.1]$$

zu schreiben, oder, bei konstanter Masse,

$$m \cdot \ddot{\boldsymbol{r}} = \boldsymbol{F}\,,$$

wobei man $\boldsymbol{F}$ die auf das Teilchen einwirkende „*Kraft*" nennt. Die Kraft ist ein Vektor, der am Orte des Massenpunktes die Wechselwirkung repräsentiert. Wenn sie sich von Ort zu Ort und auch mit der Zeit ändert, so wird die Kraft durch ein „Vektorfeld" dargestellt, d. i. ein Vektor, dessen Koordinaten von x, y, z, t abhängen. Man schreibt dann $\boldsymbol{F} = \boldsymbol{F}(\boldsymbol{r}, t)$.

Um bei gegebener Wechselwirkung die Bewegung des Teilchens zu bestimmen, muß man folgendes kennen:

a) Die drei Funktionen $\boldsymbol{F}(\boldsymbol{r}, t)$,

---

*) Dabei ist natürlich vorausgesetzt worden, daß die Wechselwirkung nicht durch weitere Einwirkungen kompensiert wird.

b) die Masse m entweder als Funktion der Zeit und/oder der Geschwindigkeit (»meistens« ist m konstant),

c) die Geschwindigkeit und den Ort des Teilchens zu irgendeiner Zeit t_0 („Anfangsdaten").

Dann lassen sich die Lösungen $\boldsymbol{r}(t)$ der Differentialgleichungen [3.3.1] (im Prinzip) eindeutig bestimmen.

Andererseits kann man aus der Kenntnis der Bewegung, also bei bekannten Funktionen $\boldsymbol{r}(t)$ und, wenn nötig, $m(t)$, die Kraft $\boldsymbol{F}$ entlang der Bahn bestimmen. Weiß man etwa, daß $\boldsymbol{p}$ konstant ist, so folgt aus [3.3.1]: $\boldsymbol{F} = 0$. Das heißt: Die *gesamte* auf das Teilchen ausgeübte Kraft ist Null. Es ist dabei natürlich möglich, daß mehrere Kräfte auf das Teilchen einwirken, sich aber kompensieren.

Aufgrund von [3.3.1] hat die Kraft als Maßeinheit $\mathrm{kg \cdot m \cdot s^{-2} = N}$ (Newton). Ein Newton ist also diejenige Kraft, welche einem Körper der Masse 1 kg die Beschleunigung 1 $\mathrm{m/s^2}$ erteilt.

In den folgenden Abschnitten betrachten wir die für die klassische Mechanik wichtigsten Arten von Kräften.

3.3.2 Die fundamentalen Wechselwirkungen

Die Wechselwirkung zwischen Körpern über den leeren Raum hinweg ist eine der faszinierendsten Naturerscheinungen überhaupt. Das Wechselwirkungsmodell der klassischen Physik besteht darin, daß die auf ein Teilchen wirkende Kraft entsprechend dem Schema

Kraft = Kopplungskonstante × Feldstärke

zerlegt wird. Hierbei ist die Kopplungskonstante eine Teilcheneigenschaft, welche die Wechselwirkung ermöglicht, während die Feldstärke diejenige Eigenschaft der »restlichen Welt« ist, auf die das Teilchen reagiert.

Zur Beschreibung der Wechselwirkung ist es notwendig, sowohl die *Kopplungskonstante* als auch die *Feldstärke* zu kennen.

Zur Vervollständigung des Bildes muß sodann noch gesagt werden, wie das Feld zustande kommt, d.h. auf welche Weise es durch seine „*Quellen*" bestimmt wird. Als Regel gilt dabei, *daß diejenige Qualität, mit der ein Teilchen an ein Feld ankoppelt, ein Feld solcher Art auch erzeugt.*

1. *Das Gravitationsfeld*

Die *Gravitation* ist neben dem Magnetismus das am leichtesten beobachtbare und am weitesten bekannte Beispiel einer fundamentalen

Wechselwirkung. Von ihr macht man sich im Rahmen der klassischen Physik folgende Modellvorstellung (entsprechend dem eingangs beschriebenen Schema):

Die Gravitationskraft auf ein Teilchen der Masse m ist

$$\boldsymbol{F} = g(m)\boldsymbol{G}(\boldsymbol{r},t),$$

mit einer Kopplungskonstante $g(m)$ (auch gravische Ladung genannt) und einer Feldstärke $\boldsymbol{G}$.

Experimente im »luftleeren« Raum zeigen bereits, daß alle Körper im Schwerefeld der Erde gleich schnell fallen, und zwar unabhängig vom Material, der Masse, und sonstiger Eigenschaften. Messungen mit der Drehwaage von *Eötvös* (1890) und *Dicke* (1959) haben mit großer Genauigkeit (bei *Dicke* besser als 10^{-10}) bestätigt, daß die Bewegung eines „*Probeteilchens*" im Gravitationsfeld eines »schweren« Körpers von der Masse des Teilchens unabhängig ist.

Die Folgerung ist ganz einfach, daß sich aus der Bewegungsgleichung

$$m\ddot{\boldsymbol{r}} = g(m)\boldsymbol{G}(\boldsymbol{r},t)$$

die Masse des Teilchens »herauskürzen« muß und daß also $g(m) = \alpha m$ ist, mit einer universellen Konstanten α, die wir sogleich in $\boldsymbol{G}$ absorbieren. Damit ist die Gravitationsfeldstärke in einem Punkt als diejenige Beschleunigung definiert, die ein Teilchen dort erfährt. Die Kopplungskonstante für ein Teilchen im Gravitationsfeld ist also seine Masse. Man bezeichnet die Gleichheit von Masse und Gravitationsladung gelegentlich auch als „*Aquivalenzprinzip* für träge und schwere Masse".

Es muß betont werden, daß die Gleichheit von träger Masse und Gravitationsladung keineswegs als »gottgegeben« angesehen werden sollte, sondern als Erfahrungssatz sehr wohl einer Erklärung bedarf. Auch die *Einsteinsche Gravitationstheorie* (in der älteren Literatur meist „Allgemeine Relativitätstheorie" genannt) *bedient* sich ihrer nur, ohne sie jedoch zu begründen. Eine Erklärung des „*Äquivalenzprinzips*" scheint jedoch noch in der Ferne zu liegen.

Die Gravitationsfeldstärke $\boldsymbol{G}$ des Körpers K in einem Punkt P (Ortsvektor $\boldsymbol{r}$) ist durch K folgendermaßen bestimmt:

$$\boldsymbol{G}(\boldsymbol{r},t) = \gamma \int_K \frac{\rho(\boldsymbol{r}',t)}{|\boldsymbol{r}' - \boldsymbol{r}|^3}(\boldsymbol{r}' - \boldsymbol{r})d^3x'. \qquad [3.3.2]$$

Hierbei bedeutet $\rho(\boldsymbol{r},t)$ die Massendichte in dem Körper und γ die Gravitationskonstante. Sie hat den Wert $\gamma = 6{,}67 \times 10^{-11}\,\mathrm{m^3 s^{-2} kg^{-1}}$.

Das Integral ist über das Volumen von K zu erstrecken. Man nennt K auch die „Quelle des Feldes $\boldsymbol{G}$".

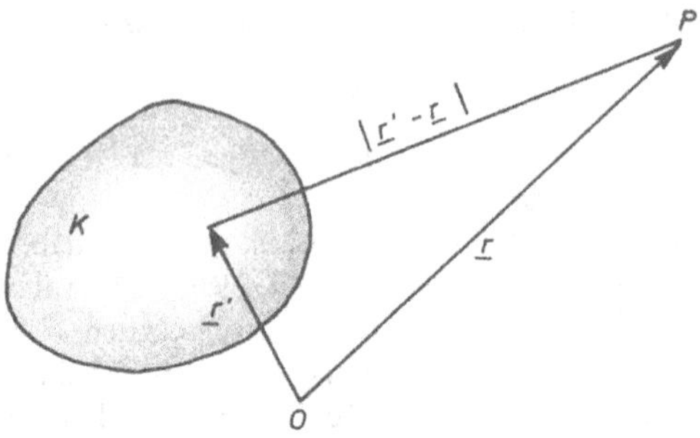

Abb. 3.4. Berechnung der Gravitationsfeldstärke des Körpers K im Punkt P

Für einen kugelsymmetrischen Körper (ρ hängt nur von $|\boldsymbol{r}'|$ ab) kann man die Integration von [3.3.2] geschlossen ausführen und man findet (für das Feld im Außenraum der Kugel)

$$\boldsymbol{G} = -\frac{\gamma M}{r^3}\boldsymbol{r}. \qquad [3.3.3]$$

Der Wert von $|\boldsymbol{G}|$ an der Erdoberfläche beträgt 9,81 m/s^2. Die Kraft, die vom Gravitationsfeld der Erde an der Erdoberfläche auf einen Körper ausgeübt wird, heißt sein »Gewicht«.

2. *Das elektrische Feld*

Die Verhältnisse liegen hier ähnlich: Das statische elektrische Feld wird durch den Feldvektor $\boldsymbol{E}(\boldsymbol{r})$ beschrieben und die Kopplung eines Teilchens an das Feld erfolgt durch die elektrische Ladung q, von der es zwei verschiedene Arten gibt, genannt positive ($q > 0$) und negative ($q < 0$) Ladung. Das Feld bestimmt man wiederum durch Messung der Beschleunigung des Probeteilchens (Teilchen mit hinreichend kleiner elektrischer Ladung):

$$m\ddot{\boldsymbol{r}} = q\boldsymbol{E}. \qquad [3.3.4]$$

Die Parameter *Masse m* und *elektrische Ladung q* sind voneinander weitgehend unabhängig, jedoch ist elektrische Ladung stets an Masse gebunden: Es ist bis heute kein elektrisch geladenes Teilchen mit verschwindender Masse bekannt geworden. Dasjenige Teilchen mit dem größten Verhältnis von elektrischer Ladung zur Masse ist das (ruhende) Elektron mit

$$\frac{q}{m} = 1.8 \times 10^{11}\,\mathrm{C/kg}\,.$$

Der Zusammenhang zwischen dem elektrischen Feld $\boldsymbol{E}$ und seinen Quellen (beschrieben durch die elektrische Ladungsdichte) ist durch eine Formel der Art [3.3.2] gegeben.

3. *Das Magnetfeld*

Im Gegensatz zu den soeben besprochenen Wechselwirkungsfeldern, die dem Vorhandensein von Quellen (gravischer und elektrischer Ladung) zuzuschreiben sind, besitzen magnetische Felder keine Quellen. Es gibt also nichts dergleichen wie „magnetische Ladung", vielmehr hat ein magnetisches Feld seinen Ursprung in der *Bewegung* elektrischer Ladungen.

Anders als im gravischen und elektrischen Feld hängt die Beschleunigung, die einem elektrisch geladenen Probeteilchen im Magnetfeld $\boldsymbol{B}$ erteilt wird, außer von der Position noch von seiner Geschwindigkeit ab (*H. A. Lorentz* 1853–1928)

$$m\ddot{\boldsymbol{r}} = q\boldsymbol{v} \times \boldsymbol{B}\,. \qquad [3.3.5]$$

Wir verzichten hier auf weitere Einzelheiten, bemerken aber, daß die in [3.3.4] und [3.3.5] zutage tretende Asymmetrie zwischen dem elektrischen und magnetischen Feld in der vierdimensionalen Schreibweise der speziellen Relativitätstheorie formal aufgehoben wird. Dabei wird auch klargestellt, daß ein zugleich anwesendes elektrisches und magnetisches Feld zwei Aspekte eines übergeordneten Feldes (des elektromagnetischen) sind, die ihm von einem Beobachter in Abhängigkeit von seinem Bewegungszustand zugeschrieben werden.

Überlagerung der Felder: Wenn die hier besprochenen Felder zugleich wirksam sind, so addieren sich die von ihnen am Probeteilchen bewirkten Beschleunigungen:

$$m\ddot{\boldsymbol{r}} = m\boldsymbol{G} + q\boldsymbol{E} + q\boldsymbol{v} \times \boldsymbol{B}\,. \qquad [3.3.6]$$

Die soeben besprochenen Bewegungsgesetze haben eine doppelte Funktion:

Einerseits erlauben sie ein Ausmessen von Feldern mit Hilfe des Probeteilchens (daher dessen Name): Wenn man in einem Punkt P

mehrere Sätze der Parameter *m*, *q*, ***v***, ***a*** durch Messung bestimmt, kann man die Felder ***G***, ***E***, ***B*** ausrechnen.

Andererseits kann man den Fall betrachten, in dem die Felder ***G***, ***E***, ***B*** als Funktionen von ***r*** und *t* gegeben sind. Dann benutzt man die Gesetze für die Bestimmung der Bahn des Probeteilchens. [3.3.6] ist nämlich ein System von drei linearen Differentialgleichungen zweiter Ordnung für die drei Funktionen ***r***(*t*), das bei geeigneten Anfangsbedingungen (Vorgabe von ***r*** und ***v*** zur Anfangszeit t_0) gelöst werden kann.

Fernwirkung und Nahewirkung

Wir haben eingangs Wechselwirkungen besprochen, die sich über den leeren Raum erstrecken, gemäß dem Schema

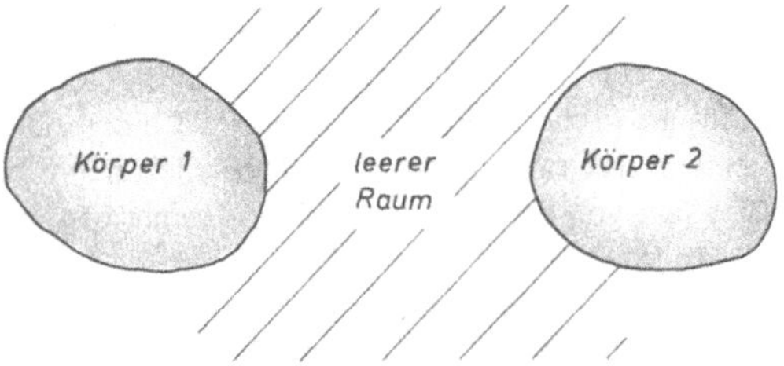

Abb. 3.5. Eine der faszinierendsten Naturerscheinungen: Zwei Körper, die über den leeren Raum hinweg wechselwirken

Die Wechselwirkung bewirkt, daß Körper 2 eine Störung seines Bewegungszustandes erfährt, wenn Körper 1 in seiner Bewegung gestört wird. Nach dem *Nahewirkungsmodell* der Wechselwirkungen hat man sich vorzustellen, daß die Störung am Körper 1 eine Störung des Feldes in seiner Umgebung bewirkt, die sich dann bis zum Körper 2 fortpflanzt und die Störung auf diesen überträgt. Man nimmt dabei eine endliche Ausbreitungsgeschwindigkeit der Störung des Feldes an.

Demgegenüber beruht die Formel [3.3.2] auf der Annahme, daß eine Störung in der Materieverteilung der Quelle sich augenblicklich in einer Veränderung des Feldes an jedem Punkte des Raumes widerspiegelt, ungeachtet dessen Entfernung. Die Ausbreitungsgeschwindigkeit für eine Feldstörung hätte danach den Wert unendlich. Dieses *Fernwirkungsmodell* der Wechselwirkungen kann nur als Approximation angesehen werden, denn es widerspricht den Prinzipien der Speziellen Relativitätstheorie ebenso wie der Erfahrung.

3.3.3 Elastische Kräfte

Wenn man an ein Gummiband, eine Spiralfeder oder einen Stahldraht ein Gewicht hängt, so werden diese Gegenstände gedehnt. Ist die Dehnung hinreichend klein, so ist sie *elastisch*, d. h. sie wird rückgängig gemacht, wenn man das Gewicht wegnimmt. Die *elastische Grenze* der Dehnung, die man durch die dimensionslose Zahl $\Delta l_{max}/l$ angibt, hängt natürlich vom Material ab. Sie ist für das Gummiband größer als für den Draht. Für kleine Dehnungen kann man durch Messungen zeigen, daß sie dem angehängten Gewicht, d. h. der Kraft proportional sind. Man hat also

$$F = k(l - l_0), \qquad [3.3.7]$$

wobei l_0 die Länge ohne Belastung ist.

Bei einer Spiralfeder nennt man die Größe k die „Federkonstante". Für einen zylindrischen Festkörper (Draht) mit dem Querschnitt A ist $k = EA/l$, wobei E eine Materialkonstante ist, die als „Elastizitätsmodul" bezeichnet wird. Es gilt also das Hookesche Gesetz (R. Hooke 1679)

$$\frac{F}{A} = E\frac{\Delta l}{l}, \qquad [3.3.8]$$

in Worten: Die Spannung F/A bewirkt eine „spezifische Längenänderung"

$$\frac{\Delta l}{l} = \frac{1}{E} \cdot \frac{F}{A}.$$

Der reziproke Wert des Elastizitätsmoduls wird auch als „Elastizitätskonstante" bezeichnet.

Da die zur Dehnung $x = l - l_0$ erforderliche Kraft F zumindest innerhalb der elastischen Grenze als eine strikt monotone Funktion $F = f(x)$ angesehen werden kann, gilt in linearer Näherung wegen $f(0) = 0$

$$F = f(x) = f(0) + \left(\frac{df}{dx}\right)_{x=0} x + 0(x^2) \cong k(l - l_0) \qquad [3.3.9]$$

mit $\left(\frac{df}{dx}\right)_{x=0} = k.$

Hat man eine Kraft F angewandt, um die Dehnung x zu erzielen, so besteht in dem Zugpunkt eine „rücktreibende Kraft", die gleich $-F$ ist. Ihre Wirkung sieht man, wenn man die Zugkraft wegnimmt.

Wenn man nun am Ende des elastischen Körpers einen Gegenstand der Masse m befestigt, gegenüber dessen Masse diejenige des Körpers vernachlässigbar ist, so gilt für die rückführende Kraft bei einer Dehnung um die Länge x:

$$m\ddot{x} = -F,$$

also wegen [3.3.9]

$$m\ddot{x} = -kx. \qquad [3.3.10]$$

Dies ist die Differentialgleichung der *harmonischen Schwingung*, deren Bedeutung weit über die eben besprochenen Beispiele hinausreicht. Sie ist *typisch für alle Systeme, die sich in einer stabilen Gleichgewichtslage befinden und eine kleine Störung erfahren.*

Damit eine Schwingung zustandekommt, muß wenigstens das Gummiband schon vorgespannt sein. Dies erreicht man z. B. dadurch, daß man das Gewicht daran *aufhängt*. Bei der Spiralfeder kommt es darauf an, daß die Drahtwindungen sich im Zustand der Entspannung nicht berühren. Anderenfalls wäre ein Rückschwingen durch die Null-Lage nicht möglich.

3.3.4 Reibungskräfte

Reibung entsteht an der Berührungsfläche von Materialien, die gegeneinander bewegt werden. Sie wirkt hemmend auf die Bewegung und kann daher als eine Kraft repräsentiert werden.

Es ist nicht das Ziel dieses Paragraphen, alle in der Natur vorkommenden Arten von Reibung zu besprechen oder gar eine Theorie des Phänomens zu entwickeln. Ein solches Unterfangen wäre gemessen an dem hier vorausgesetzten Kenntnisstand zu schwierig und würde auch den Rahmen eines Buches über Mechanik sprengen. Reibungsvorgänge beruhen auf der Wirkung von Molekularkräften und hängen von der Mikro-Geometrie der Kontaktflächen und den thermischen Eigenschaften der Materialien ab. Da uns hier nur der mechanische (und nicht der physikalische) Aspekt des Phänomens interessiert, beschränken wir uns auf wenige Bemerkungen.

Gleitreibung tritt z. B. auf, wenn ein Körper mit der Auflagefläche S_1 im Gravitationsfeld der Erde über eine Fläche S gezogen wird. Die Reibungskraft kann im einfachsten Fall als von der Geschwindigkeit v und der Auflagefläche unabhängig angesetzt werden (s. Abb. 3.6):

$$F = \mu_d N, \qquad [3.3.11]$$

wobei N der Betrag der Normalkomponente des Gewichtes bezüglich der Fläche S ist. Den Proportionalitätsfaktor μ_d nennt man den „dynamischen Reibungskoeffizienten". Die Reibungskraft wirkt *entgegen* der Bewegungsrichtung.

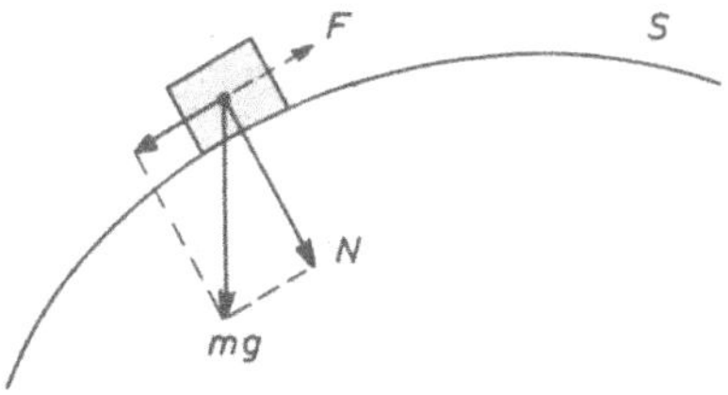

Abb. 3.6. Normalkraft N und Reibungskraft F eines Körpers, der sich auf einer Fläche S bewegt

Haftreibung (statische Reibung) bewirkt, daß ein Körper überhaupt erst in gleitende Bewegung versetzt werden kann, wenn eine *Mindestzugkraft* des Betrages F angewandt wird. Dann ist F die *maximale* Haftkraft; für sie gilt analog zur gleitenden Reibung

$$F = \mu_s N, \qquad [3.3.12]$$

wobei μ_s als „statischer Reibungskoeffizient" bezeichnet wird. Sie wirkt entgegen der Zugrichtung.

Genau genommen ist die Bezeichnung „Reibung" hier nicht gerechtfertigt, denn wo keine Bewegung ist, kann sich nichts reiben. Sachgemäßer wäre es, die „Haftreibungs"-Kraft mit einer elastischen Kraft bei großer Elastizitätskonstante zu vergleichen, wobei beim Übergang zur Gleitreibung die elastische Grenze überschritten wurde.

Reibung in Flüssigkeiten und Gasen:

Wir betrachten nur den besonderen Fall einer Kugel (Radius R), die sich mit der (hinreichend kleinen) Geschwindigkeit v in einer Flüssigkeit oder einem Gas bewegt, dessen Viskositätskoeffizienten η sei. Die Reibungskraft ist dann gegeben durch die Formel von Stokes

$$F = 6\pi\eta R v; \qquad [3.3.13]$$

sie ist, im Gegensatz zur Gleitreibung, proportional zur *Geschwindigkeit.*

3.4 Die Newtonschen Axiome

Wir haben in den vorhergehenden Abschnitten versucht, die Grundbegriffe der Dynamik etwas »reinzuwaschen« und das Mittel dazu waren viele Worte. Es ist klar, daß man sich beim Lösen physikalischer Aufgaben nicht ständig dieses sprachlichen Beiwerks erinnern kann, Sondern knappe und direkt verwertbare Ausgangssätze benötigt. Dies sind dann die Newtonschen „Gesetze“.

Lex prima. Jeder Körper verharrt im Zustand der Ruhe oder der gleichförmigen geradlinigen Bewegung, falls keine Kraft auf ihn einwirkt.

Lex secunda. Ein Körper bewegt sich unter der Einwirkung einer Kraft dergestalt, daß die zeitliche Ableitung des Impulses gleich der Kraft ist.

Lex tertia. Wenn zwei Körper miteinander in Wechselwirkung stehen, so haben die entsprechenden Kräfte gleiche Beträge und sind einander entgegengerichtet („Actio = Reactio“).

Die »Fachleute« sind sich bis heute nicht darüber einig geworden, welcher logische und funktionelle Status einzelnen dieser „Gesetze“ in der Begründung der Mechanik zuerkannt werden soll. Sie werden von einigen Autoren teilweise als Gesetze, von anderen als Axiome und verschiedentlich auch als bloße Definitionen eingestuft, je nachdem welche Betrachtungsweise zugrundegelegt wurde.

Wir verstehen ihren Inhalt so:

Die lex prima sagt, daß mit einem freien Teilchen ein Inertialsystem verbunden ist.

Die lex secunda setzt die physikalische Kraft der zeitlichen Ableitung des Impulses gleich.

Die lex tertia (»Actio = Reactio«) schließlich bezieht sich auf die besonderen physikalischen Vorgänge, in denen zwei verschiedene Körper (z. B. durch Molekularkräfte) miteinander wechselwirken. Sie besagt, daß eine Kraft $\boldsymbol{F}_{AB}$, die von einem Körper A auf einen anderen Körper B ausgeübt wird, in B eine Gegenkraft $\boldsymbol{F}_{BA}$ bewirkt, die gleich $-\boldsymbol{F}_{AB}$ ist. Wegen dieses Sachverhalts ist es möglich, ein System von zwei Körpern als einen einzigen Körper aufzufassen (vgl. 5.3.1).

Indem der Begriff „Kraft“ durch die Newtonschen »Gesetze« in den Vordergrund der dynamischen Szenerie gerückt ist, wird ihm eine Bedeutung beigemessen, die nicht gerechtfertigt ist. Die Weiterentwicklung der Physik nach Newton hat nämlich gezeigt, daß der Kraftbegriff praktisch nur innerhalb der nichtrelativistischen Mechanik verwendbar ist. Schon in der relativistischen Mechanik führt er zu Schwierigkeiten, die daher kommen, daß das Prinzip »Actio = Reactio« mit dem Begriff der absoluten Zeit verbunden ist. In der

Quantenmechanik kommt „Kraft" schließlich kaum noch vor, ebensowenig wie in der relativistischen Gravitationstheorie. Dagegen hat sich der Begriff „Impuls" als weitaus »tragfähiger« erwiesen, denn er wird – in angepaßter Form – in allen weiterführenden Theorien verwendet.

3.5 Arbeit und Energie

3.5.1 Arbeit

Wir betrachten ein Teilchen, das sich längs eines Weges von einem Punkt $\boldsymbol{r}_1$ zu einem Punkt $\boldsymbol{r}_2$ bewegt und an dem eine Kraft $\boldsymbol{F}$ angreift. Der Weg sei gegeben in Parameterform durch die drei Funktionen $\boldsymbol{r}(\lambda)$. Anfangs- und Endpunkt des Weges sind $\boldsymbol{r}_1 = \boldsymbol{r}(\lambda_1)$ und $\boldsymbol{r}_2 = \boldsymbol{r}(\lambda_2)$. Als Bahnparameter λ eignen sich z. B. die Zeit, die zurückgelegte Wegstrecke oder, beim Automobil, die verbrauchte Treibstoffmenge.

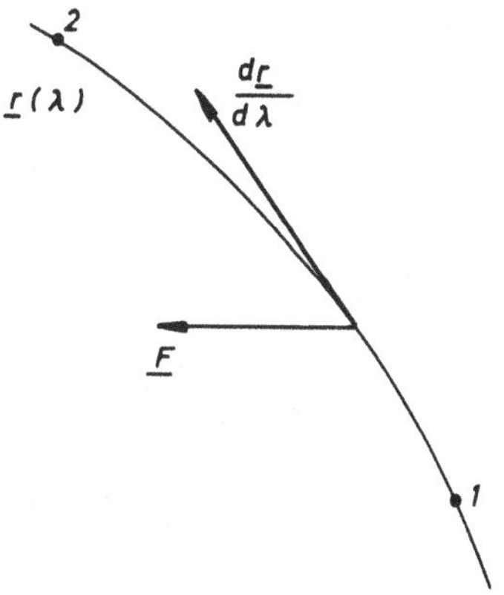

Abb. 3.7. Zur Arbeit, die von einer Kraft $\boldsymbol{F}$ verrichtet wird, wenn sich ein Teilchen auf der Bahn $\boldsymbol{r}(\lambda)$ bewegt

Zur Berechnung des Integrals setzen wir die Differenzierbarkeit von $\boldsymbol{r}(\lambda)$ voraus.

Das Wegintegral der Kraft,

$$W := \int_{\boldsymbol{r}_1}^{\boldsymbol{r}_2} \boldsymbol{F} \cdot \mathrm{d}\boldsymbol{r}, \qquad [3.5.1]$$

heißt „die von $\boldsymbol{F}$ an dem Teilchen längs des Weges geleistete Arbeit“ *).

Unter Benutzung der Parameterform des Weges, die in $\boldsymbol{F}$ einzusetzen ist, erhalten wir dann

$$W = \int_{\lambda_1}^{\lambda_2} \boldsymbol{F} \cdot \frac{\mathrm{d}\boldsymbol{r}}{\mathrm{d}\lambda} \mathrm{d}\lambda .$$

Die geleistete Arbeit W hängt (für gegebenen Anfangs- und Endpunkt) im allgemeinen Fall von der Wahl des durchlaufenen Weges ab (für ein Beispiel s. 3.5.2).

Die Maßeinheit der Arbeit heißt „*Joule*“ und nach [3.5.1] ist $1\,\mathrm{J} = 1\,\mathrm{N} \cdot \mathrm{m} = 1\,\mathrm{kg\,m^2/s^2}$.

3.5.2 Kinetische Energie

Da eine Kraft nach dem 2. Newtonschen Gesetz eine Geschwindigkeitsänderung bewirkt, kann man den Ausdruck für die Arbeit auch folgendermaßen umformen (wir benutzen jetzt der Einfachheit halber die Zeit als Parameter)

$$W = \int_{t_1}^{t_2} \boldsymbol{F} \cdot \frac{\mathrm{d}\boldsymbol{r}}{\mathrm{d}t} \mathrm{d}t = \int_{t_1}^{t_2} m\dot{\boldsymbol{v}} \cdot \boldsymbol{v} \mathrm{d}t = \frac{m}{2} \int_{t_1}^{t_2} (v^2)^{\cdot} \mathrm{d}t$$
$$= \frac{m}{2} v(t_2)^2 - \frac{m}{2} v(t_1)^2 = \frac{m}{2} v_2^2 - \frac{m}{2} v_1^2 .$$

Wenn die Bewegung durch die Kraft $\boldsymbol{F}$ *verursacht* wird, ist die geleistete Arbeit also gleich dem Zuwachs der Größe

$$T := \frac{m}{2} v^2 \qquad [3.5.2]$$

zwischen Anfangs- und Endpunkt der Bahn:

$$W = T(2) - T(1) .$$

---

*) Man findet gelegentlich die Formulierung: »Wenn eine Kraft $\boldsymbol{F}$ längs eines Weges verschoben wird, so ist die Arbeit gleich $\int \boldsymbol{F} \cdot \mathrm{d}\boldsymbol{s}$«. Sie ist irreführend, weil bei einer Bewegung ein *Teilchen* oder ein *Körper* verschoben wird, aber *keine Kraft*. Das Teilchen findet hingegen an jeder Stelle einen durch die physikalische Situation bestimmten Kraftvektor vor.

Die Größe $mv^2/2 =: T$ heißt *„kinetische Energie"*. Offenbar ist sie die Arbeit, welche erforderlich ist, um ein Teilchen der Masse m aus dem Ruhezustand ($v_1 = 0$) bis zur Geschwindigkeit v ($v_2 = v$) zu beschleunigen.

Die Maßeinheit der kinetischen Energie ist – wie die der Arbeit – das Joule. Arbeit und Energie haben zwar dieselbe Maßeinheit, werden aber in leicht verschiedenem Sinne gebraucht: Man benutzt das Wort *Energie* im Sinne einer *Zustandsgröße* eines Teilchens oder Systems, während man als *Arbeit* den Energiebetrag bezeichnet, der beim *Übergang zwischen zwei Energiezuständen* umgesetzt wird.

3.5.3 Reibungsarbeit

Nach der Definition

$$W = \int_{\boldsymbol{r}_1}^{\boldsymbol{r}_2} \boldsymbol{F} \cdot \mathrm{d}\boldsymbol{r}$$

läßt sich die Arbeit ausrechnen, wenn die vom Teilchen durchlaufene Bahn und die längs der Bahn einwirkende Kraft bekannt sind. Die Kenntnis des Geschwindigkeitablaufes ist dazu nicht erforderlich.

Wie bereits bemerkt, wird die am Teilchen geleistete Arbeit im allgemeinen von dem zwischen Anfangs- und Endpunkt durchlaufenen Weg abhängen. Als Beispiel hierfür betrachten wir einen Schrank, der von einer Stelle des Zimmers zu einer anderen geschoben wird. Nach [3.3.11] ist die Arbeit gegeben durch

$$W = -\mu_d N \int_{\boldsymbol{r}_1}^{\boldsymbol{r}_2} \frac{\boldsymbol{v}}{v} \cdot \mathrm{d}\boldsymbol{r} \,^{*)},$$

wobei μ_d den Reibungskoeffizient und N das Gewicht bedeuten. Die Auswertung des Integrals ergibt

$$\int_{\boldsymbol{r}_1}^{\boldsymbol{r}_2} \frac{\boldsymbol{v}}{v} \cdot \mathrm{d}\boldsymbol{r} = \int_{t_1}^{t_2} \frac{\boldsymbol{v} \cdot \boldsymbol{v} \cdot \mathrm{d}t}{v} = \int_{t_1}^{t_2} v \,\mathrm{d}t = \int_{s_1}^{s_2} \mathrm{d}s = L,$$

d. i. die Länge des zurückgelegten Weges.

Die Arbeit ist dann

$$W = -\mu_d N \cdot L,$$

also proportional der zurückgelegten Wegstrecke.

Das negative Vorzeichen bedeutet, daß beim Schieben des Schrankes wegen der Reibung kinetische Energie verloren geht. Sie wird beim

---

*) Der Einheitsvektor $-\boldsymbol{v}/v$ gibt die Richtung der Reibungskraft an.

Reibungsprozeß in Wärme umgewandelt. Zur Aufrechterhaltung der Bewegung muß also von außen mechanische Energie zugeführt werden. Andernfalls nimmt die kinetische Energie im Laufe der Bewegung ab.

3.5.4 Konservative Kraftfelder

In vielen wichtigen Fällen hängt die bei der Verschiebung eines Teilchens zu leistende Arbeit nur vom Anfangs- und Endpunkt der Bahn ab, nicht aber vom durchlaufenen Weg. Hierfür genügt, daß die Kraft sich als Gradient einer Funktion der Ortskoordinaten schreiben läßt:

$$\boldsymbol{F} = -\operatorname{grad} V, \quad V = V(x, y, z). \qquad [3.5.3]$$

Man nennt V dann „das Potential der Kraft". Für die Arbeit gilt

$$W = -\int_{\boldsymbol{r}_1}^{\boldsymbol{r}_2} \operatorname{grad} V \cdot \mathrm{d}\boldsymbol{r} = -\int_{V_1}^{V_2} \mathrm{d}V = V_1 - V_2, \qquad [3.5.4]$$

Dabei ist $V_1 = V(\boldsymbol{r}_1)$, $V_2 = V(\boldsymbol{r}_2)$ der Wert des Potentials im Anfangs- bzw. Endpunkt. Eine Fläche V = const. heißt Äquipotentialfläche.

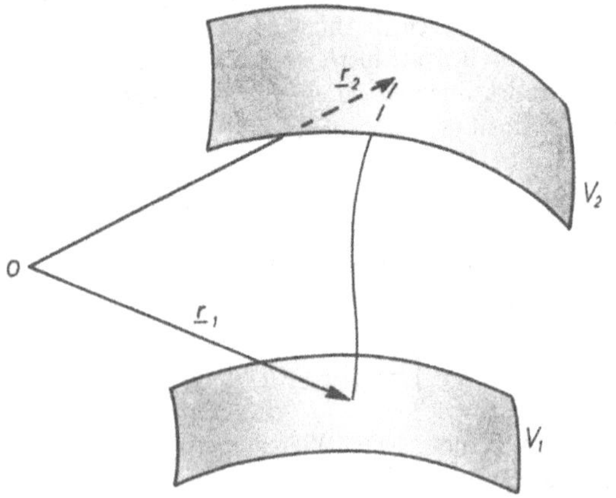

Abb. 3.8. Zwei Äquipotentialflächen. Bei der Verschiebung eines Teilchens auf einer Äquipotentialfläche wird keine Arbeit verrichtet

Die Arbeit, die beim Verschieben eines Teilchens von der Äquipotentialfläche V_1 nach V_2 umgesetzt wird, hängt nicht von der Lage der Punkte auf der jeweiligen Äquipotentialfläche ab. Man nennt V

„die potentielle Energie" des Teilchens im Punkte $\boldsymbol{r}$. Kombiniert man die beiden Ergebnisse [3.5.2] und [3.5.4], so ergibt sich

$$W = T_2 - T_1 = V_1 - V_2 ,$$

d. h. also

$$T_1 + V_1 = T_2 + V_2 . \qquad [3.5.5]$$

Da Anfangs- und Endpunkt des Bahnstückes beliebig gewählt worden sind, bedeutet diese Beziehung, daß die Summe aus kinetischer Energie und potentieller Energie entlang der Bahn konstant ist:

$$E := T + V = \text{const} . \qquad [3.5.6]$$

E ist die mechanische „*Gesamtenergie* des Teilchens".

Eine physikalische Größe, die entlang der Bahn konstant ist, heißt *Erhaltungsgröße*. Kraftfelder, in denen die Gesamtenergie eine Erhaltungsgröße ist, nennt man *konservativ*.

Der durch [3.5.6] ausgedrückte Sachverhalt ist der *Energiesatz* der klassischen Mechanik. Man beachte, daß die Gesamtenergie

$$E = \frac{m}{2} v^2 + V(x,y,z)$$

eine quadratische Funktion der Geschwindigkeitskomponenten und irgendeine Funktion der Koordinaten ist.

Beispiele für konservative Kraftfelder sind u. a. das statische (d. h. zeitlich unveränderliche) Gravitationsfeld, das elektrostatische Feld, und das Kraftfeld des harmonischen Oszillators.

3.6 Zusammenfassung

Wechselwirkungen äußern sich in Relativbeschleunigungen zwischen Körpern. Da die Gravitation nicht »abgeschaltet« oder »abgeschirmt« werden kann, nimmt sie eine Sonderstellung unter den Wechselwirkungen ein. Wechselwirkungsfreie Teilchen existieren infolgedessen nicht, sondern können nur näherungsweise realisiert bzw. simuliert werden, indem die Gravitation durch andere Wechselwirkungen kompensiert wird. Ein reibungsfrei in einer horizontalen Fläche gleitender Körper kann in dieser Fläche als »frei« angesehen werden.

Die Rotationsfreiheit von Bezugssystemen (oder Körpern) läßt sich durch einen approximativen Prozeß verwirklichen, bei dem die Achsenrichtungen durch immer weiter entfernt gelegene astrale Systeme (Sonne, Fixsterne, Spiralnebel) fixiert werden.

Inertialsysteme sind rotationsfreie Bezugssysteme, die mit »freien« Teilchen verbunden sind. Die Erfahrung zeigt, daß freie Teilchen sich gegeneinander mit konstanter Relativgeschwindigkeit bewegen. Die Inertialsysteme bilden also eine Familie von Bezugssystemen, die sich rein translatorisch gegeneinander bewegen.

Das Trägheitsverhalten eines Teilchens wird durch seine Masse bestimmt, die auch als Maß für die Substanzmenge angesehen werden kann. Das Produkt aus Masse und Geschwindigkeit heißt Impuls (auch „Bewegungsgröße"). Es ist ein Vektor. Vereinigt man mehrere Teilchen zu einem System, welches man ebenso als Teilchen ansehen kann, so addieren sich die Impulse. Angewandt auf ein isoliertes System von Teilchen, in dem sich die Einzelimpulse noch ändern können, der Gesamtimpuls aber konstant ist, bezeichnet man diesen Sachverhalt als *Impulserhaltungssatz.*

Das vektorielle Produkt aus dem Ortsvektor und dem Impulsvektor heißt Bahndrehimpuls in bezug auf den Koordinatenursprung.

Im Hinblick auf das Verhalten freier Teilchen wird der Gattungsbegriff „Kraft" als die zeitliche Ableitung des Impulses definiert. Indem wir den Kraftvektor für bestimmte Wechselwirkungen angeben, erhalten wir aus der Definition physikalische Gesetze: Die *Bewegungsgleichungen.*

Die fundamentalen Wechselwirkungen, die innerhalb der klassischen (d. h. nicht quantisierten) Mechanik behandelt werden können, sind die Gravitation, die Elektrizität und der Magnetismus. Für die Quellen dieser Felder gilt: Masse erzeugt ein Gravitationsfeld, el. Ladung erzeugt ein elektrisches Feld, elektrischer Ladungsstrom erzeugt ein Magnetfeld. Umgekehrt gilt, daß Materie mit derjenigen Eigenschaft auf ein Feld reagiert (an das Feld ankoppelt), die das Feld auch erzeugt: Masse koppelt ans Gravitationsfeld, elektrische Ladung koppelt ans elektrische Feld, elektrischer Ladungsstrom koppelt ans Magnetfeld.

Weniger fundamental, aber nicht weniger wichtig sind *elastische Kräfte*, wie sie beispielsweise bei der (nicht zu großen) Dehnung eines Festkörper auftreten. Nach dem Hookeschen Gesetz ist für einen Zylinder des Querschnitts A die spezifische Längenänderung $\Delta l/l$ proportional zur Spannung F/A. Die Dehnung muß unterhalb der »elastischen Grenze« bleiben, damit sie rückgängig gemacht werden kann. Auch Butter hat eine elastische Grenze, unterhalb deren die Deformation liegt, die eine sich darauf setzende Fliege verursacht. Andernfalls müßte die Fliege in der Butter versinken!

Elastische Kräfte, die durch das Hookesche Gesetz gegeben sind (also linear in der Deformation) führen zu den sogenannten „harmonischen Schwingungen". Sie sind typisch für Systeme, die eine geringe Störung einer *stabilen* Gleichgewichtslage erfahren. Da die hiermit zusammenhängende Theorie mathematisch einfach und wegen ihrer vielen Anwendungen physikalisch wichtig ist, findet man sie in der Literatur breit dargestellt.

Reibungskräfte sind es, welche „die Freude am Fahren" ermöglichen (Haftreibung → Fahrstabilität) und auch wieder zunichte machen (Gleitreibung → Materialverschleiß). Sie treten an der Grenzfläche zweier Körper auf, die mit einer bestimmten Kraft gegeneinander »gepreßt« werden und sind der Normalkomponente der Kraft proportional.

Unter der *Arbeit*, die von einer Kraft $\boldsymbol{F}(\boldsymbol{r})$ an einem Teilchen geleistet wird, das sich längs eines bestimmten Weges bewegt, versteht man $\int \boldsymbol{F} \cdot d\boldsymbol{r}$. Für ein Teilchen der Masse m, welches durch die Kraft vom Zustand der Ruhe aus bis zur Geschwindigkeit v beschleunigt wird, ist die dafür aufgebrachte Arbeit gleich der *kinetischen Energie* $T = mv^2/2$.

Konservative Kraftfelder sind durch die Eigenschaft $\boldsymbol{F} = -\operatorname{grad} V(\boldsymbol{r})$ gekennzeichnet. Die Arbeit, die für die Verschiebung eines Teilchens von $\boldsymbol{r}_1$ nach $\boldsymbol{r}_2$ erforderlich ist, hängt nicht vom durchlaufenen Weg ab und ist gleich $V(\boldsymbol{r}_1) - V(\boldsymbol{r}_2)$.

3.7 Aufgaben

3.1 Ein Paket gleitet aus der Ruheposition heraus eine unter einem Winkel von 45° aufgestellte Rutsche hinunter. Wie groß ist der Koeffizient der Gleitreibung, wenn das Paket bei einer Höhendifferenz h eine Endgeschwindigkeit v hat?

3.2 Durch Anwendung der Formel [3.3.2] auf eine kugelsymmetrische statische Massenverteilung $\rho(r')$ bestätige man die Formel [3.3.3] für das Feld außerhalb des Körpers.

3.3 Man zeige, daß die Gravitationsfeldstärke [3.3.2] im Innern einer Hohlkugel verschwindet.

3.4 Man berechne die Gravitationsfeldstärke im Inneren und Äußeren einer homogenen Vollkugel der Dichte ρ und des Radius R.

3.5 Man gebe das „Gravitationspotential" U an, aus dem sich der Ausdruck in [3.2.2] gemäß der Formel $\boldsymbol{G} = -\operatorname{grad} U$ herleitet.

3.6 Radiale (»vertikale«) Bewegung im kugelsymmetrischen Gravitationsfeld eines Körpers der Masse M und des Radius R.

a) Stelle die Differentialgleichung für diese Bewegung auf.

b) Bestimme durch Integration die Radialgeschwindigkeit als Funktion von r. Man spezialisiere auf den Fall, in dem das Teilchen »gerade noch« das »Unendliche« erreicht und gebe die „Entweichgeschwindigkeit" v_e (d. i. die zugehörige Anfangsgeschwindigkeit an der Kugeloberfläche) an.

c) Bestimme den Wertebereich von R, für den $v_e < c$ herauskommt und berechne dessen untere Grenze, den »kritischen Radius« R_s, für einen Körper, der die Masse der Sonne hat.

3.7 Beschleunigung eines elektrisch geladenen Teilchens, das sich im homogenen elektrischen Feld in Richtung der Feldlinien bewegt (eindimensionaler Fall).

a) Welche Geschwindigkeit hat ein anfänglich ruhendes Teilchen, nachdem es die Strecke x durchlaufen hat?

b) Welche Beschleunigungsstrecke müßte ein Elektron bis zum Erreichen der Lichtgeschwindigkeit in einem „Linearbeschleuniger" durchlaufen, wenn die Feldstärke 10^4 V/m beträgt? Schlußfolgerung hieraus mit Rücksicht auf die Grundgedanken der speziellen Relativitätstheorie?

3.8 Zerfall eines Teilchens (eindimensional). Ein Körper der Masse m und der Geschwindigkeit v (in x-Richtung) emittiert ein Projektil der Masse m', das im „Ruhsystem" des Körpers die Geschwindigkeit w hat. Für Emission in Bewegungsrichtung sei $w > 0$, in umgekehrter Richtung ist $w < 0$. Man zeige, daß zwischen der Geschwindigkeitsänderung Δv des Körpers und den übrigen Größen die Beziehung $(m - m')\Delta v + m'w = 0$ besteht.

3.9 Horizontale Rakete. Man denke sich die Raketenbeschleunigung als Folge des »kontinuierlichen Zerfalls« eines Körpers. Aus dem Resultat von Aufgabe 3.8 leite man die „Raketengleichung" her. Dabei ist w die Austrittsgeschwindigkeit des Treibgases (relativ zur Rakete). Die Geschwindigkeitsänderung $\mathrm{d}V$ wird durch die Massenänderung $\mathrm{d}M$ (< 0) während der Zeit $\mathrm{d}t$ bewirkt. Für den Fall konstanter Ausströmgeschwindigkeit und gleichförmigen Gas-Ausstoßes bestimme man die Geschwindigkeit V, welche die Rakete erreicht, wenn ihre Masse gleich M ist (Anfangsgeschwindigkeit V_0, Anfangsmasse M_0).

3.10 Benutze den „Schwerpunktssatz" für Raketenkörper und Treibstoff, um die allgemeine Differentialgleichung der Raketenbewegung im Gravitationsfeld aufzustellen.

3.11 Man drücke die kartesischen Koordinaten des Drehimpulsvektors sowie sein Betragsquadrat durch Kugelkoordinaten aus.

3.12 „Kräftefreier Rotor". Ein Teilchen bewegt sich kräftefrei auf der Oberfläche einer Kugel. Man bestimme die Konstanten der Bewegung und zeige, daß zwischen dem Quadrat des Drehimpulses und der Energie die Beziehung $L^2 = 2ma^2E$ besteht. Wie sehen die Bahnen aus?

4. Beispiele von Kraftfeldern

In diesem Kapitel wollen wir die bisher besprochenen Begriffe und Gesetze benutzen, um die Bewegung von Teilchen in einigen wichtigen Kraftfeldern zu bestimmen.

4.1 Das homogene Gravitationsfeld

Ein Kraftfeld nennt man homogen, wenn $\boldsymbol{F}$ ein konstanter Vektor ist. Das Gravitationsfeld der Erde kann in hinreichend kleinen Raumbereichen (einige km Breite und Höhe) an der Erdoberfläche als annähernd homogen angesehen werden.

In kartesischen Koordinaten, in denen die xy-Ebene die Erdoberfläche bedeutet und die z-Achse nach oben weist, ist der Kraftvektor

$$\boldsymbol{F} = -mg\boldsymbol{e}_z . \qquad [4.1.1]$$

Die Konstante g heißt die Erdbeschleunigung, $\boldsymbol{e}_z$ ist der Einheitsvektor in $+z$-Richtung, m ist die Gravitationsladung des Teilchens, die nach 3.3 gleich der trägen Masse ist.

4.1.1 Die Bewegungsgleichung

$$m\ddot{\boldsymbol{r}} = -mg\boldsymbol{e}_z$$

nimmt nach Division durch m die einfache Form

$$\ddot{\boldsymbol{r}} = -g\boldsymbol{e}_z$$

an. Integration nach der Zeit ergibt

$$\dot{\boldsymbol{r}} = -gt\boldsymbol{e}_z + \boldsymbol{v}_0 ,$$

wobei $\boldsymbol{v}_0$ offensichtlich die Geschwindigkeit des Teilchens zur Zeit $t = 0$ bedeutet (Anfangsgeschwindigkeit). Durch nochmalige Integration erhalten wir die Bahngleichung (in „Parameterform“, mit t als Parameter)

$$\boldsymbol{r} = -1/2gt^2\boldsymbol{e}_z + \boldsymbol{v}_0 t + \boldsymbol{r}_0 .$$

Die anfängliche Position des Teilchens war also der Punkt $\boldsymbol{r}_0$. Da die Wahl dieses Punktes für die Eigenschaften der Bahnkurve ohne Bedeutung ist, setzen wir einfach $\boldsymbol{r}_0 = 0$. Die Formel

$$\boldsymbol{r} = -1/2gt^2\boldsymbol{e}_z + t\boldsymbol{v}_0 \qquad [4.1.2]$$

besagt nun, daß die Bahnkurve von den Vektoren $\boldsymbol{e}_z$ und $\boldsymbol{v}_0$ aufgespannt wird. Sie ist also eine *ebene* Kurve.

Machen wir durch eine Drehung des Koordinatensystems um die z-Achse die Bahnebene zur xz-Ebene. Dann zerlegt sich die Bahngleichung in

$$x = v_{0x}t\,, \quad y = 0$$
$$z = -1/2gt^2 + v_{0z}t\,.$$

Durch Elimination von t erhalten wir die Gleichung für eine zur negativen z-Richtung hin geöffnete Parabel, deren Scheitel bei $x_s = v_{0x}v_{0z}/g$ liegt und deren Scheitelhöhe $z_s = \frac{1}{2g}v_{0z}^2$ ist. Die »Wurfweite« ist gleich $2x_s$ (vgl. Abb. 4.1).

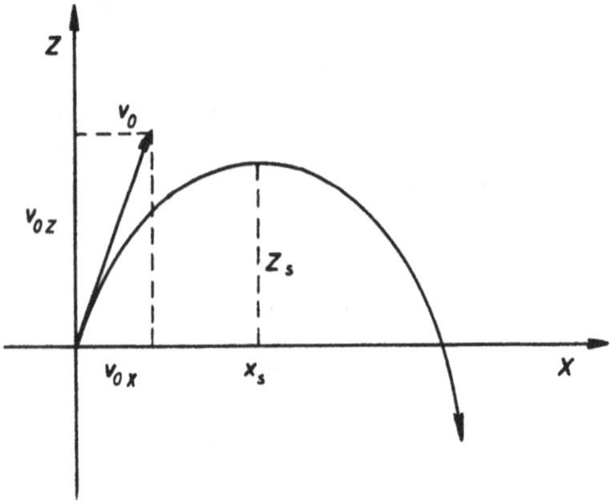

Abb. 4.1. Wurfparabel mit Anfangsgeschwindigkeit v_0, Wurfhöhe z_s und Wurfweite $2x_s$

Übungsaufgabe: Man bestätige diese Aussagen durch Aufsuchen des Extremums der »Wurfparabel«. ■

Die Bahngleichung zeigt, daß die Bewegung des Teilchens als die Überlagerung einer gleichförmigen Bewegung in horizontaler (x-)Richtung und einer senkrechten Wurfbewegung angesehen werden kann.

4.1.2 Potentielle Energie

Aus dem Ausdruck [4.1.1] für das Kraftfeld ersehen wir, daß es ein Potential

$$V = mgz$$

besitzt. V ist die potentielle Energie. Eine willkürliche additive Konstante ist dabei gleich Null gesetzt worden. Da V nicht von der Zeit abhängt, liegt ein konservatives Kraftfeld vor und die Gesamtenergie muß eine Erhaltungsgröße sein. Wir haben

$$E = T + V = \frac{m}{2} v^2 + mgz . \qquad [4.1.3]$$

Der Wert von E kann durch die Anfangsgeschwindigkeit folgendermaßen ausgedrückt werden:

$$E = \frac{m}{2} v_0^2 .$$

Dies folgt aus dem Energie-Erhaltungssatz zusammen mit der Anfangsbedingung

$$z(0) = 0 .$$

Das hier Gesagte gilt sinngemäß natürlich auch für die Bewegung eines elektrisch geladenen Teilchens in einem homogenen elektrostatischen Feld.

4.2 Das sphärisch-symmetrische Gravitationsfeld

4.2.1 Erhaltung von Energie und Drehimpuls

Das Kraftfeld einer kugelsymmetrischen Materieverteilung der Gesamtmasse M ist im Außenraum gegeben durch

$$\boldsymbol{F} = -\gamma \frac{mM}{r^3} \boldsymbol{r} .$$

Dabei ist γ die Gravitationskonstante.

Der Ursprung des Koordinatensystems liegt im Mittelpunkt des felderzeugenden Körpers. $\boldsymbol{F}$ leitet sich aus dem Potential

$$V = -\gamma \frac{mM}{r}$$

her, es handelt sich also um ein konservatives Kraftfeld. Die Äquipotentialflächen sind konzentrische Kugeln. V ist die potentielle Energie eines Teilchens der Masse m im Abstand r vom Zentrum. Neben dem Kraftfeld und seinem Potential betrachtet man auch die Gravitationsfeldstärke

$$\boldsymbol{G} = -\gamma \frac{M}{r^3} \boldsymbol{r}$$

und das „Potential des Feldes“

$$U = -\gamma \frac{M}{r}.$$

Diese Größen unterscheiden sich von den obigen nur durch den Faktor m; also $\boldsymbol{F} = m\boldsymbol{G}$, $V = mU$.

Wie wir wissen, ist das Potential durch die Beziehung $\boldsymbol{F} = -\operatorname{grad} V$ (oder auch $\boldsymbol{G} = -\operatorname{grad} U$) nur bis auf eine additive Konstante bestimmt, über die wir nach Belieben verfügen können:

$$V = -\frac{\gamma m M}{r} + K.$$

Die Wahl $K = 0$ entspricht offenbar der Forderung, daß V im Unendlichen verschwindet:

$$V(\infty) = 0.$$

Damit ist das Potential eindeutig festgelegt. Da ein konservatives Kraftfeld vorliegt, ist die Gesamtenergie

$$E = T + V = \frac{m}{2} v^2 - \frac{\gamma m M}{r}$$

konstant. Wegen

$$\dot{\boldsymbol{l}} = \boldsymbol{r} \times \boldsymbol{F} = 0$$

ist auch der Bahndrehimpuls konstant. Diese beiden Erhaltungssätze sind übrigens eine allgemeine Eigenschaft *jedes* Zentralkraftfeldes $V = V(r)$. Aus der Erhaltung des Drehimpulses,

$$m\boldsymbol{r} \times \boldsymbol{v} = \boldsymbol{l} = \text{const}$$

ersieht man zudem, daß die Vektoren $\boldsymbol{r}$ und $\boldsymbol{v}$ in der zu $\boldsymbol{l}$ senkrechten Ebene liegen, die den Koordinatenursprung enthält. Die Bahn ist also eben.

4.2.2 Berechnung der Bahn

Wegen der besonderen Form des Potentials,

$$V(r) = -\frac{k}{r}, \quad k := \gamma m M,$$

gibt es eine weitere Erhaltungsgröße. Es ist dies der „Runge-Lenz-Vektor"

$$\boldsymbol{w} := \boldsymbol{l} \times \boldsymbol{v} + \frac{k}{r}\boldsymbol{r}. \qquad [4.2.1]$$

Offensichtlich liegt dieser Vektor in der Bahnebene.

Übungsaufgabe: Man zeige $\dot{\boldsymbol{w}} = 0$ und beweise dazu die Identität

$$\left(\frac{\boldsymbol{r}}{r}\right)^{\cdot} = \frac{\boldsymbol{v}}{r} - \frac{\boldsymbol{v}\cdot\boldsymbol{r}}{r^3}\boldsymbol{r}. \quad \blacksquare$$

Für das Betragsquadrat des Vektors $\boldsymbol{w}$ finden wir

$$w^2 = l^2 v^2 + k^2 + 2\frac{k}{r}\boldsymbol{r}\cdot(\boldsymbol{l} \times \boldsymbol{v}).$$

Da das Skalarprodukt im dritten Term rechts den Wert

$$-\boldsymbol{l}\cdot(\boldsymbol{r} \times \boldsymbol{v}) = -\frac{l^2}{m}$$

hat, folgt

$$w^2 = 2\frac{l^2}{m}\left(\frac{m}{2}v^2 - \frac{k}{r}\right) + k^2.$$

Der Inhalt der Klammer ist gleich der Gesamtenergie E des Teilchens. Daß w^2 sich mittels der Formel

$$w^2 = \frac{2l^2 E}{m} + k^2$$

durch die bereits bestimmten Konstanten der Bewegung ausdrücken läßt, bedeutet, daß die eigentliche, neue Information des Runge-Lenz-Vektors in der Angabe seiner *Richtung* enthalten ist. Da der Vektor $\boldsymbol{w}$ in der Bahnebene liegt, nehmen wir ihn als Richtung $\varphi = \pi$ eines ebenen Polarkoordinatensystems (r, φ). Multiplizieren wir dann [4.2.1] skalar mit $\boldsymbol{r}$, so folgt $\boldsymbol{w}\cdot\boldsymbol{r} = \boldsymbol{r}\cdot(\boldsymbol{l} \times \boldsymbol{v}) + kr$, also

$$-wr\cos\varphi = -\frac{l^2}{m} + kr,$$

und dann durch Auflösen nach r,

$$r = \frac{l^2/km}{1 + \dfrac{w}{k}\cos\varphi}.$$

Mit $\frac{w}{k} = \sqrt{1 + \frac{2l^2 E}{k^2 m}}$ erhalten wir schließlich, indem wir $k = \gamma m M$ berücksichtigen,

$$r = \frac{l^2/\gamma m^2 M}{1 + \sqrt{1 + \frac{2l^2 E}{\gamma^2 m^3 M^2}} \cos\varphi} .$$

Dies ist die Bahngleichung für ein Teilchen im kugelsymmetrischen Gravitationsfeld. Die Bahn ist ein Kegelschnitt, in dessen einem Brennpunkt die Quelle mit dem Koordinatenursprung liegt. Die numerische Exzentrizität der Bahn ist gegeben durch

$$\varepsilon = \sqrt{1 + \frac{2l^2 E}{\gamma^2 m^3 M^2}} .$$

Für $E > 0$ (kinetische Energie überwiegt den Betrag der potentiellen Energie) ist $\varepsilon > 1$, d. h. die Bahn ist eine *Hyperbel*. Für $E = 0$ $(T \triangleq |V|)$ ist $\varepsilon = 1$ und es liegt eine *Parabel* vor.

Im Falle $E < 0$ $(T < |V|)$ ist $\varepsilon < 1$ und die Bahnkurve ist eine *Ellipse*. Dies ist ein sogenannter *gebundener Zustand*, bei dem die Entfernung des Teilchens vom Kraftzentrum einen bestimmten endlichen Wert nicht überschreitet.

Insbesondere liegt im Falle $\varepsilon = 0$ eine Kreisbahn vor. Die Gesamtenergie nimmt hier (bei gegebenem Drehimpuls) ihren Minimalwert

$$E_{\text{Min}} = -\frac{\gamma^2 m^3 M^2}{2l^2}$$

an.

Übungsaufgabe:

Berechne den zugelassenen Wertebereich für das Quadrat des Bahnimpulses bei vorgegebener Energie $E < 0$.

Berechne im Falle $E < 0$ den Maximalabstand (Perihel) und Minimalabstand (Aphel) des Teilchens vom Kraftzentrum. ■

4.2.3 Der zeitliche Ablauf der Bewegung

Wir untersuchen nun den zeitlichen Ablauf der Bewegung. Hierzu berechnen wir

$$l^2 = m^2 |r \times v|^2 = m^2 r^4 \dot{\varphi}^2 ,$$

und finden für den Betrag des Drehimpulses

$$l = mr^2 \dot{\varphi}\,. \qquad [4.2.2]$$

Zusammen mit der Bahngleichung $r = r(\varphi)$ liefert diese Beziehung die Differentialgleichung

$$\frac{\mathrm{d}\varphi}{\mathrm{d}t} = \frac{l}{m \cdot r(\varphi)^2}$$

zur Bestimmung der Funktionen $\varphi(t)$. Einsetzen dieser Funktion in die Bahngleichung ergibt dann $r(t)$.

Die Formel [4.2.2] drückt den von Kepler bei der Untersuchung der Planetenbewegung entdeckten *Flächensatz* aus, nach dem der Fahrstrahl Sonne–Planet in gleichen Zeiten gleiche Flächen überstreicht (2. Keplersches Gesetz).

Hiervon überzeugt man sich anhand von Abb. 4.2. Die Fläche des durch $\mathrm{d}\varphi$ bestimmten Bahnsektors ist gegeben durch

$$\mathrm{d}S = \tfrac{1}{2} r \cdot r\,\mathrm{d}\varphi = \tfrac{1}{2} r^2 \dot{\varphi}\,\mathrm{d}t\,,$$

d. h.

$$\frac{\mathrm{d}S}{\mathrm{d}t} = \frac{l}{2m}\,.$$

Dies ergibt eine lineare Beziehung zwischen der Fläche S und der Zeit t.

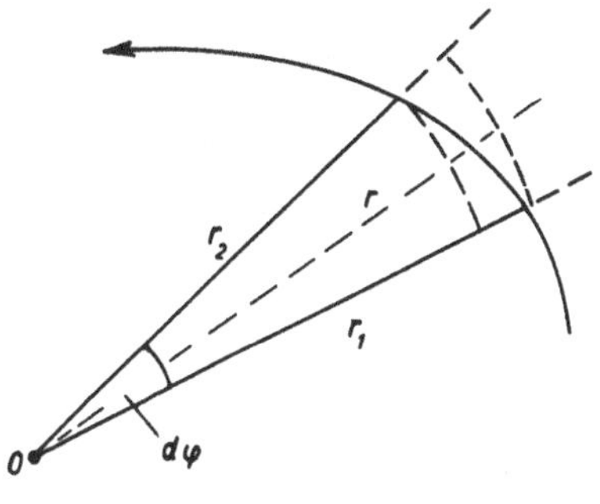

Abb. 4.2. Zum „Flächensatz". Für jeden (hinreichend kleinen) Wert von $\mathrm{d}\varphi$ gibt es ein r mit $r_1 \leqslant r \leqslant r_2$, so daß $\mathrm{d}S = \frac{1}{2} r^2 \mathrm{d}\varphi$ die Fläche des Bahnsektors ist

4.2.4 Das dritte Keplersche Gesetz

Wir beschränken uns jetzt auf den Fall $E < 0$, also geschlossener Bahnkurven. Vergleichen wir die Bahngleichung mit der polaren Form der Gleichung einer Ellipse,

$$r = \frac{a(1-\varepsilon^2)}{1+\cos\varphi},$$

so bemerken wir, daß die große Halbachse durch

$$a = \frac{\gamma m M}{2|E|}$$

gegeben ist. Ihr Wert hängt also nicht vom Drehimpuls ab.

Die kleine Halbachse b ist durch den Ausdruck $b^2 = a^2(1-\varepsilon^2)$ gegeben. Wir erhalten

$$b = \frac{l}{\sqrt{2m|E|}}$$

und bemerken beiläufig, daß b nicht von der Masse des Zentralkörpers abhängt.

Aus dem Flächensatz folgt für die Umlaufzeit T:

$$\frac{\pi a b}{T} = \frac{l}{2m},$$

also

$$T = \frac{2\pi a b m}{l}.$$

Setzt man hier die obigen Ausdrücke für a und b ein, so ergibt sich

$$T = \frac{2\pi\gamma M}{\left(2\frac{|E|}{m}\right)^{3/2}}$$

und wegen

$$\frac{2|E|}{m} = \frac{\gamma M}{a}$$

folgt

$$T = \frac{2\pi a^{3/2}}{\sqrt{\gamma M}}.$$

Diese Beziehung ergibt das 3. Keplersche Gesetz, nach dem das Verhältnis von T^2/a^3 für je zwei Planeten übereinstimmt.

Bemerkung: Die Überlegungen und Ergebnisse von 4.2 übertragen sich auf die Bewegung elektrisch geladener Teilchen im *Coulombfeld* $V = \frac{qQ}{4\pi\varepsilon_0 r}$. Wir haben $k = \frac{-qQ}{4\pi\varepsilon_0}$ zu setzen.

4.3 Der harmonische Oszillator

4.3.1 Der lineare Oszillator

Wir kommen zurück auf die elastischen Kräfte bei kleinen Dehnungen (oder Biegungen) fester Körper, die in 3.4.3 angesprochen wurden, und betrachten einen an einer Spiralfeder befestigten Körper der Masse m. Die Bewegungsgleichung ist

$$m\ddot{x} + kx = 0 \qquad [4.3.1]$$

und hat die allgemeine Lösung

$$x = A\sin\omega(t - t_0).$$

Es handelt sich also um eine harmonische Schwingung mit der Frequenz $\omega = \sqrt{\frac{k}{m}}$ und der Amplitude A.

Die Größe k nennt man Federkonstante. Man beachte, daß ω durch die physikalischen Eigenschaften des Oszillators bestimmt ist, während die Amplitude A aufgrund von [4.3.1] nicht festgelegt ist. Bei physikalischen Anwendungen hat man zu berücksichtigen, daß auch die Amplituden harmonischer Schwingungen durch physikalische Gegebenheiten eingeschränkt sind, und zwar durch den Gültigkeitsbereich der Differentialgleichung. Z. B. kann man eine Feder eben nur bis zur sog. Elastizitätsgrenze dehnen, ohne daß es zu irreversiblen Deformationen kommt.

Das Potential der Kraft $F = -kx$ ist gegeben durch

$$V = \frac{k}{2}x^2$$

und der Energiesatz besagt

$$\frac{m}{2}\dot{x}^2 + \frac{k}{2}x^2 = E.$$

In den Umkehrpunkten $x = \pm A$ ist $\dot{x} = 0$ und die potentielle Energie ist gleich der Gesamtenergie, d. h.

$$\frac{k}{2} A^2 = E .$$

Wegen $k = m\omega^2$ hat man also

$$E = \frac{m}{2} \omega^2 A^2 .$$

Wir betrachten noch die Arten des Zusammenkoppelns verschiedener Federn.

Parallelgekoppelte Federn (Abb. 4.3a):

Die Kraft ist offenbar

$$F = F_1 + F_2 = -k_1 x - k_2 x = -(k_1 + k_2) x .$$

Die beiden Federn wirken also wie eine Feder der Stärke $k = k_1 + k_2$.

Hintereinander gekoppelte Federn (Abb. 4.3b):

Die Gesamtdehnung durch die Kraft F ist

$$x = x_1 + x_2 = -\frac{F}{k_1} - \frac{F}{k_2}$$

$$= -\left(\frac{1}{k_1} + \frac{1}{k_2}\right) F .$$

Die Stärke der gekoppelten Federn ist also gegeben durch

$$\frac{1}{k} = \frac{1}{k_1} + \frac{1}{k_2} .$$

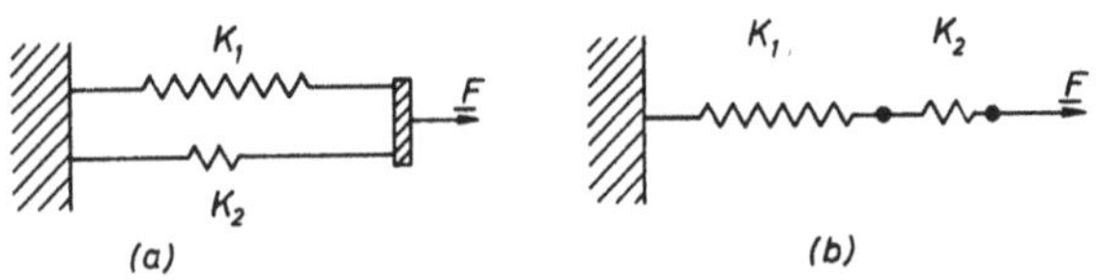

Abb. 4.3. Parallel- und hintereinandergekoppelte Federn

4.3.2 Der dreidimensionale isotrope harmonische Oszillator

Die Differentialgleichung der Bewegung lautet

$$m\ddot{\boldsymbol{r}} = -k\boldsymbol{r}.$$

Da die Kraft das Potential

$$V = \frac{k}{2} r^2$$

hat, liegt ein zentralsymmetrisches, konservatives Kraftfeld vor. Sowohl der Drehimpuls als auch die Gesamtenergie sind also Erhaltungsgrößen:

$$\boldsymbol{r} \times \boldsymbol{p} = \boldsymbol{l} = \text{const},$$

$$\frac{m}{2} v^2 + \frac{k}{2} r^2 = E = \text{const}.$$

Die Bewegung verläuft in einer Ebene, die wir durch Anpassung des Koordinatensystems zur Ebene $z = 0$ machen. In dieser Ebene lauten die Bewegungsgleichungen (wir setzen wieder $\omega := \sqrt{k/m}$):

$$\ddot{x} + \omega^2 x = 0, \qquad \ddot{y} + \omega^2 y = 0.$$

Die allgemeine Lösung lautet

$$x = A\cos(\omega t + \alpha), \qquad y = B\sin(\omega t + \beta). \qquad [4.3.2]$$

Berechnen wir auch den Geschwindigkeitsvektor

$$\dot{x} = -\omega A\sin(\omega t + \alpha), \qquad \dot{y} = \omega B\cos(\omega t + \beta),$$

Berechnen wir auch den Geschwindigkeitsvektor

$$\dot{x} = -\omega A\sin(\omega t + \alpha), \qquad \dot{y} = \omega B\cos(\omega t + \beta),$$

so bemerken wir, daß Ort und Geschwindigkeit periodische Funktion der Zeit mit der Periode $2\pi/\omega$ sind. Die Bahnen sind also geschlossene Kurven. Wir zeigen nun, daß es sich um Ellipsen handelt. Dazu schreiben wir unter Anwendung geläufiger trigonometrischer Formeln

$$\cos\alpha\cos\omega t - \sin\alpha\sin\omega t = \frac{x}{A}$$

$$\sin\beta\cos\omega t + \cos\beta\sin\omega t = \frac{y}{B}.$$

Dieses Gleichungssystem dient zur Elimination von $\cos\omega t$ und $\sin\omega t$ unter Benutzung der Identität

$$\cos^2\omega t + \sin^2\omega t = 1\,.$$

Man erhält dann die quadratische Gleichung

$$\frac{x^2}{A^2} + \frac{y^2}{B^2} + \frac{2xy}{AB}\sin(\alpha - \beta) = \cos^2(\alpha - \beta)\,,$$

die also einen Kegelschnitt beschreibt.

Da wegen [4.3.2] die Bahnkurve im Endlichen bleibt, muß sie also eine Ellipse sein. Ein Sonderfall liegt vor, wenn $\alpha - \beta = \pi/2$ bzw. $3\pi/2$ beträgt. In diesem Fall ist $\cos(\alpha - \beta) = 0$ und $\sin(\alpha - \beta) = \pm 1$.

Die Bahn ist also durch die Bedingung

$$\left(\frac{x}{A} \pm \frac{y}{B}\right)^2 = 0$$

gegeben, was bedeutet, daß sie eine Gerade ist. Es handelt sich um den Entartungsfall, in dem ein 3-dimensionaler Oszillator von seinen Freiheitsgraden keinen Gebrauch macht und sich damit begnügt, eindimensional zu schwingen.

Ein weiterer Sonderfall liegt vor, wenn $\alpha = \beta$ und zugleich $A = B$ ist. Die Bahn ist dann ein Kreis.

Übungsaufgabe:

Man drücke die Gesamtenergie und den Betrag des Drehimpulses durch die in [4.3.2] auftretenden Konstanten aus.

4.4 Bewegung im Magnetfeld

In den vorausgegangenen Beispielen haben wir Kraftfelder betrachtet, die sich aus einem zeitunabhängigen Potential herleiten ließen, und bei denen infolgedessen die Summe aus kinetischer und potentialer Energie konstant war.

Bei der Bewegung elektrisch geladener Teilchen im Magnetfeld werden wir ganz andere Verhältnisse antreffen.

4.4.1 Die Bewegungsgleichung

Die Bewegungsgleichung lautet

$$m\dot{\boldsymbol{v}} = q\boldsymbol{v} \times \boldsymbol{B}$$

und besagt, daß die Beschleunigung stets senkrecht zur Bewegungsrichtung und zur Richtung des Magnetfeldes erfolgt. Hieraus ergibt sich, daß die kinetische Energie eine Konstante der Bewegung ist:

$$T = \frac{m}{2} v^2 = \text{const},$$

oder, anders ausgedrückt, daß der Betrag der Geschwindigkeit konstant ist.

4.4.2 Homogenes Magnetfeld

Im Falle $\boldsymbol{B} = \text{const}$ läßt sich die Bewegung eines Teilchens leicht bestimmen. Wir legen die z-Achse des Koordinatensystems in die Richtung von $\boldsymbol{B}$ und erhalten mit

$$B_x = B_y = 0 \text{ und } B_z = B:$$

$$\dot{v}_x = \frac{qB}{m} v_y = \frac{qB}{m} \dot{y}$$

$$\dot{v}_y = -\frac{qB}{m} v_x = -\frac{qB}{m} \dot{x}$$

$$\dot{v}_z = 0.$$

Integration ergibt bei passender Benennung der Integrationskonstanten

$$v_x = \frac{qB}{m}(y - y_0)$$

$$v_y = -\frac{qB}{m}(x - x_0)$$

$$v_z = \text{const}.$$

Die ersten beiden Gleichungen kann man auch in der Form

$$(x - x_0)^{\cdot} = \frac{qB}{m}(y - y_0)$$

$$(y - y_0)^{\cdot} = -\frac{qB}{m}(x - x_0)$$

schreiben. Hieraus folgt

$$(x - x_0)^2 + (y - y_0)^2 =: R^2 = \text{const};$$

andererseits ergeben dieselben Gleichungen

$$v_1^2 := v_x^2 + v_y^2 = \frac{q^2 B^2}{m^2} [(x - x_0)^2 + (y - y_0)^2] = \frac{q^2 B^2}{m^2} R^2 .$$

Die Bahn in der xy-Ebene ist also ein Kreis mit dem Radius

$$R = \frac{m v_1}{q B} \qquad [4.4.1]$$

und dem (beliebigen) Mittelpunkt (x_0, y_0). Die Bahn wird mit konstanter Geschwindigkeit durchlaufen. Insgesamt hat man also eine (kreisförmige) Schraubenbewegung mit konstanter z-Komponente.

Wird das Teilchen mit der Geschwindigkeit v *senkrecht* zur Feldrichtung in das Magnetfeld hineingeschossen, so führt es eine ebene gleichförmige Kreisbewegung mit der Winkelgeschwindigkeit

$$\omega = \frac{v}{R} = \frac{qB}{m}$$

aus (Abb. 4.4).

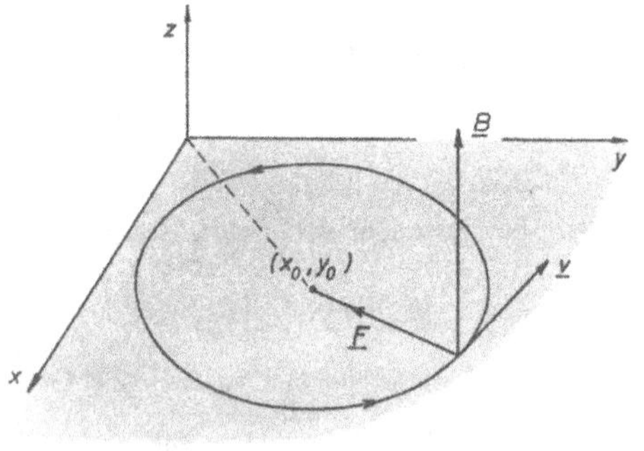

Abb. 4.4 Richtung von Geschwindigkeit und Beschleunigung ($\sim \boldsymbol{F}$) eines elektrisch geladenen Teilchens im homogenen Magnetfeld

Übungsaufgabe:

Prüflinge offerieren in Examina gelegentlich die folgende (fehlerhafte)

Herleitung von (4.4.1): $m\ddot{\boldsymbol{r}} = q\dot{\boldsymbol{r}} \times \boldsymbol{B}$,

Betragsbildung: $m\ddot{r} = q\dot{r}B$,

Integration: $m\dot{r} = qrB$,

mit $\dot{r} = v$ und Auflösen nach r: $r = \frac{mv}{qB}$.

Man analysiere diese „Herleitung“ und zeige wenigstens zwei darin enthaltene Fehler und Widersprüche auf.

4.5 Zusammenfassung

Das Gravitationsfeld der Erde kann in hinreichend kleinen Raumbereichen als homogen angesehen werden. Alle Massenpunkte erfahren dieselbe konstante Fallbeschleunigung. Die allgemeine Bewegung im homogenen Fald kann aufgefaßt werden als die Überlagerung einer gleichförmig beschleunigten Bewegung in Richtung des Feldes und einer gleichförmigen Bewegung senkrecht dazu. Die Bahn ist eine („Wurf"-)Parabel. Reichweite und Wurfhöhe sind durch die Anfangsgeschwindigkeit bestimmt. Da sich das Kraftfeld durch Gradientenbildung aus einem zeitunabhängigen Potential herleitet, ist die Gesamtenergie eines Teilchens konstant, d. h. die vom Gravitationsfeld geleistete Arbeit ist gleich dem Zuwachs an kinetischer Energie. Die Äquipotentialflächen sind Ebenen parallel zur Erdoberfläche (bei Vernachlässigung der Rotation).

Das kugelsymmetrische Gravitationsfeld ist ein konservatives Kraftfeld, dessen Äquipotentialflächen Kugeln sind. Die potentielle Energie eines Teilchens der Masse m im Feld eines kugelsymmetrischen Körpers der Masse M ist gegeben durch $V = -\gamma m M/r$, wobei γ die universelle Gravitationskonstante und r der Abstand vom Kugelmittelpunkt bedeuten. Neben dem Bahndrehimpuls und der Gesamtenergie gibt es noch eine weitere Erhaltungsgröße, den Runge-Lenz-Vektor, der nur bei Potentialen der Form $\sim 1/r$ auftritt. Diese Konstanten der Bewegung genügen zur Bestimmung der Teilchenbahnen. Je nachdem, ob die Gesamtenergie negativ, Null, oder positiv ist, hat die Bahn die Form einer Ellipse, Parabel oder einer Hyperbel. Wenn eine Bahn im Endlichen bleibt („gebundener Zustand"), so ist sie also eine Ellipse. Dies ist das erste Keplersche Gesetz. Die Erhaltung des Drehimpulses bedeutet, daß die „Flächengeschwindigkeit" konstant ist, d. h. also das zweite Keplersche Gesetz. Aus der Formel, welche die Umlaufzeit durch die große Halbachse und die Masse des Zentralkörpers ausdrückt, folgt das dritte Keplersche Gesetz, wonach sich die Quadrate der Umlaufzeiten wie die dritten Potenzen der großen Halbachsen verhalten.

Die Annahme, daß der Zentralkörper ruht („Einkörper-Problem"), kann – streng genommen – nur im Grenzfall $m/M \to 0$ gerechtfertigt werden. Es zeigt sich jedoch, daß sich das Zweikörperproblem auf das Einkörperproblem reduziert werden kann, und zwar sogar auf zweierlei Weise: Entweder in einem Inertialsystem, das an den MMP gebunden ist, oder im (nichtinertialen) Bezugssystem eines der beiden Körper.

Diese „Reduktion des Zweikörperproblems" wird dem Leser als Übungsaufgabe überlassen.

Harmonische Schwingungen spielen in der Physik eine große Rolle. Sie treten dann auf, wenn ein System (nicht nur ein mechanisches!) in seiner stabilen Gleichgewichtslage gestört wird und die in der Störung enthaltene Energie überhaupt nicht oder nur langsam dissipiert. Das System führt dann eine periodische Bewegung in der Nähe seiner Gleichgewichtslage aus. Wir beschränken uns auf den einfachen Fall des isotropen Oszillators ohne Dämpfung, dessen Bewegung als Überlagerung von je einer harmonischen Schwingung der gleichen Frequenz in jeder der drei Achsenrichtungen des Koordinatensystems angesehen werden kann. Die allgemeine Bahnkurve ist eine raumfeste Ellipse, die insbesondere in einen Kreis oder ein Geradenstück entarten kann.

Die Bewegung eines elektrisch geladenen Teilchens im Magnetfeld wird durch das *Lorentz*sche Kraftgesetz bestimmt. Da diese Kraft stets senkrecht zur Geschwindigkeit wirkt, ist die kinetische Energie eine Konstante der Bewegung. Im homogenen Magnetfeld ist die Projektion der Bahn auf eine Ebene senkrecht zu den Feldlinien ein Kreis des Radius $r = mv/qB$.

4.6 Aufgaben

4.1 »*Geonauten*«-*Problem.* Die Erde, approximiert als homogene Kugel der Masse M, des Radius R, und der Massendichte ρ, wird längs eines Durchmessers durchbohrt. Ein »Geonaut« springt in das Bohrloch. Unter Vernachlässigung von Erdrotation und Reibung stelle man die Bewegungsgleichung für den Geonauten auf. Nach welcher Zeit erscheint der Geonaut beim Antipoden an der Oberfläche? ($M_\oplus = 6 \cdot 10^{24}$ kg, $R = 6.378 \cdot 10^6$ m).

4.2 Berechne die Umlaufzeit eines Satelliten, der eine Kreisbahn (Radius R) im Gravitationsfeld einer Kugel (Masse M) beschreibt.

4.3 *Zweikörperproblem.* Die Bewegungsgleichungen für zwei durch Gravitation wechselwirkende Massenpunkte lauten

$$m_1 \ddot{\boldsymbol{r}}_1 = -\gamma \frac{m_1 m_2}{r_{12}^3} \boldsymbol{r}_{12} \quad \text{und} \quad m_2 \ddot{\boldsymbol{r}}_2 = \gamma \frac{m_1 m_2}{r_{12}^3} \boldsymbol{r}_{12},$$

wobei $\boldsymbol{r}_{12} := \boldsymbol{r}_1 - \boldsymbol{r}_2$ ist. Man führe das Zweikörperproblem durch die Wahl zweier verschiedener Bezugssysteme auf das Einkörperproblem von Kap. 4.2 zurück. Insbesondere gebe man für ein gebundenes System die Formel für die Umlaufzeit an. Die Bezugssysteme sind a) nichtinertiales System, verknüpft mit Massenpunkt 2, b) das Schwerpunktssystem.

4.4 Ein sich entlang der x-Achse bewegendes elektrisch geladenes Teilchen treffe auf ein homogenes elektrisches Feld der Stärke E, dessen Feldlinien parallel zur y-Achse sind und das von den Flächen $x = 0$ und $x = a$ begrenzt wird. Man drücke den Ablenkungswinkel durch E, v, m, q, und a aus.

4.5 Auf ein homogenes Magnetfeld der Stärke B mit rechteckigem »Querschnitt« treffe senkrecht ein elektrisch geladenes Teilchen auf, das an der gegenüberliegenden Seite wieder austritt. Man drücke den Ablenkungswinkel durch B, v, m, q, und die »Dicke« a des vom Magnetfeld durchsetzten Gebietes aus.

4.6 Für die Kreisbahn eines elektrisch geladenen Teilchens im homogenen Magnetfeld berechne man die Energie und den Drehimpuls.

4.7 Für den dreidimensionalen isotropen harmonischen Oszillator bestimme man den Variabilitätsbereich des Drehimpulsquadrates bei gegebener Gesamtenergie. Welchen physikalischen Situationen entsprechen die Grenzfälle, in denen der Drehimpuls seine Extremalwerte annimmt?

5. Systeme von Teilchen

5.1 Motivation

Wir benutzen im folgenden das Wort „Teilchen" im Sinne von punktförmiger und „System" im Sinne von räumlich ausgedehnter Materie.

Bei der Einführung der Grundbegriffe der Dynamik beginnt man mit der Betrachtung von Massenpunkten. Damit meint man punktförmige Teilchen, die nur mit einer einzigen Eigenschaft, ihrer Masse, ausgestattet sind. Man tut dies, weil man bei der Beschreibung der Bewegung dann mit den drei Funktionen $\boldsymbol{r}(t)$ auskommt. Natürlich weiß jeder, daß es keine Teilchen gibt, die punktförmig sind. Jedes Objekt, und sei es noch so klein, hat eine endliche räumliche Ausdehnung, ist also ein „System".

Vielfach ist es wünschenswert, auch *Systeme* als Teilchen beschreiben zu können, allein schon wegen der damit einhergehenden mathematischen Vereinfachungen. Auch ist man an der Ausdehnung und inneren Struktur eines Systems oft nicht interessiert, wie z. B. bei der Bahn der Erde um die Sonne (der mittlere Abstand Erde – Sonne ist ca. $1{,}5 \times 10^8$ km, der Erddurchmesser dagegen nur $1{,}27 \times 10^4$ km).

Wenn man ein System durch das Modell „Teilchen" beschreiben will, muß man ihm Teilcheneigenschaften zuordnen können, wie etwa „Ort" und „Geschwindigkeit" und weiter die dynamischen Größen „Masse", „Impuls" und „Drehimpuls". Wie sich zeigen wird, tritt zum Begriff „Bahndrehimpuls" in natürlicher Weise der „Eigendrehimpuls" („Spin") hinzu. Daneben muß die räumliche Verteilung der Materie genauer beschrieben werden, als es bisher durch den Pauschalbegriff „Masse" getan wurde. Hierzu benötigen wir die „Momente" der Materieverteilung. Alle diese Größen sind dem System zugeordnet. Wir sagen, daß ihre Gesamtheit den *Teilchen-Aspekt des Systems* wiedergibt.

In 3.2.3 und 3.2.4 haben wir bereits über „Masse", „Massenmittelpunkt" und „Gesamtimpuls" gesprochen. Im folgenden behandeln wir die sich daran anschließenden weiteren Begriffe.

5.2 Gesamtwerte physikalischer Größen

5.2.1 Systeme von Massenpunkten

Wir betrachten ein System, welches aus n Teilchen besteht. Das System sei vollständig dadurch beschrieben, daß für jedes Teilchen α ($\alpha = 1 \dots n$) die Masse m_α und der Ortsvektor $\boldsymbol{r}_\alpha(t)$ angegeben werden. Der Einfachheithalber nehmen wir an, daß die Teilchen keinen Eigendrehimpuls besitzen *).

Dem System als Ganzem ordnet man zu:

Gesamtmasse	$M = \Sigma m_\alpha$,
Gesamtimpuls	$\boldsymbol{P} = \Sigma \boldsymbol{p}_\alpha = \Sigma m_\alpha \boldsymbol{v}_\alpha$,
Gesamtdrehimpuls	$\boldsymbol{J} = \Sigma \boldsymbol{l}_\alpha = \Sigma \boldsymbol{r}_\alpha \times \boldsymbol{p}_\alpha$,
Kinetische Energie	$T = \Sigma T_\alpha = \Sigma \frac{m_\alpha}{2} v_\alpha^2$,
Gesamtenergie	$E = \Sigma E_\alpha$.

Ferner betrachten wir den Massenmittelpunkt (MMP), gegeben durch

$$M\boldsymbol{R} = \Sigma m_\alpha \boldsymbol{r}_\alpha. \qquad [5.2.1]$$

Differenzieren wir diese Gleichung nach der Zeit, so erhalten wir

$$M\dot{\boldsymbol{R}} = \Sigma m_\alpha \dot{\boldsymbol{r}}_\alpha = \Sigma m_\alpha \boldsymbol{v}_\alpha,$$

mit $\dot{\boldsymbol{R}} =: \boldsymbol{V}$ also

$$M\boldsymbol{V} = \Sigma \boldsymbol{p}_\alpha = \boldsymbol{P}. \qquad [5.2.2]$$

Danach ist der *Gesamtimpuls* gleich dem Produkt aus *Gesamtmasse* und *Schwerpunktsgeschwindigkeit*.

5.2.2 Schwerpunkts- und Relativkoordinaten

Im folgenden wird es sich als zweckmäßig erweisen, die Koordinaten eines Teilchens relativ zum MMP zu benutzen. Neben dem Inertialsystem betrachten wir also ein (i. a. nichtinertiales) achsenparalleles Koordinatensystem, dessen Ursprung der MMP ist. Für die Relativkoordinaten gilt

$$\boldsymbol{d}_\alpha = \boldsymbol{r}_\alpha - \boldsymbol{R}.$$

Die Relativgeschwindigkeit ist dann

$$\dot{\boldsymbol{d}}_\alpha =: \boldsymbol{w}_\alpha = \boldsymbol{v}_\alpha - \boldsymbol{V}.$$

---

*) Erklärung von „Eigendrehimpuls“ („Spin“): s. 5.2.2.

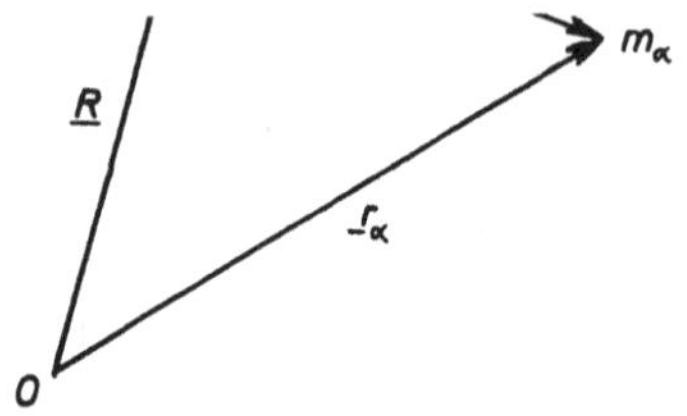

Abb. 5.1. Schwerpunkts- und Relativkoordinaten eines Massenpunktes m_α

Aufgrund von (5.2.1) und (5.2.2) gelten die Identitäten

$$\Sigma m_\alpha \boldsymbol{d}_\alpha = 0 \text{ und } \Sigma m_\alpha \boldsymbol{w}_\alpha = 0, \qquad [5.2.3]$$

die man durch Einsetzen leicht bestätigt.

Nun wird

$$\begin{aligned}\boldsymbol{J} &= \Sigma(\boldsymbol{R} + \boldsymbol{d}_\alpha) \times (m_\alpha \boldsymbol{V} + m_\alpha \boldsymbol{w}_\alpha) \\ &= \Sigma m_\alpha \boldsymbol{R} \times \boldsymbol{V} + \boldsymbol{R} \times \Sigma m_\alpha \boldsymbol{w}_\alpha + (\Sigma m_\alpha \boldsymbol{d}_\alpha) \times \boldsymbol{V} + \Sigma \boldsymbol{d}_\alpha \times m_\alpha \boldsymbol{w}_\alpha .\end{aligned}$$

Der erste Term rechts,

$$\Sigma m_\alpha \boldsymbol{R} \times \boldsymbol{V} = \boldsymbol{R} \times \boldsymbol{P} =: \boldsymbol{L},$$

heißt *Bahndrehimpuls des Systems.*

Der zweite und dritte Term verschwinden wegen der Identitäten [5.2.3]. Im letzten Term bedeutet $\boldsymbol{d}_\alpha \times m_\alpha \boldsymbol{w}_\alpha$ den Bahndrehimpuls des Teilchens α bezüglich des MMP.

Die Summe dieser Drehimpulse,

$$\boldsymbol{S} := \Sigma \boldsymbol{d}_\alpha \times m_\alpha \boldsymbol{w}_\alpha ,$$

heißt *Eigendrehimpuls* („Spin") des Systems. Wir haben also für den *Gesamtdrehimpuls* des Systems die wichtige Beziehung

$$\boldsymbol{J} = \boldsymbol{L} + \boldsymbol{S}, \qquad [5.2.4]$$

d. h. er ist die Summe aus Bahndrehimpuls und Eigendrehimpuls.

5.2.3 Kinetische Energie

Die kinetische Energie des Systems ist

$$T = \sum \frac{m_\alpha}{2} v_\alpha^2 = \sum \frac{m_\alpha}{2} (\boldsymbol{V} + \boldsymbol{w}_\alpha)^2$$

$$= \sum \frac{m_\alpha}{2} (V^2 + 2\boldsymbol{V} \cdot \boldsymbol{w}_\alpha + w_\alpha^2),$$

$$T = \frac{M}{2} V^2 + \sum \frac{1}{2} m_\alpha w_\alpha^2 = T_{\text{MMP}} + T_{\text{rel.}} \qquad [5.2.5]$$

Der erste Term rechts bedeutet die kinetische Energie eines Teilchens der Gesamtmasse M, das sich mit der Geschwindigkeit V des MMP bewegt. Der zweite Term ist die gesamte kinetische Energie der Relativbewegung der Teilchen in bezug auf den MMP.

5.3 Erhaltungssätze für isolierte Systeme

5.3.1 Impulserhaltung

Unter einem *isolierten* (oder abgeschlossenen) System versteht man ein solches, dessen Bestandteile keine Wechselwirkung mit dem Außenraum haben.

Wir werden für das System von Teilchen annehmen, daß die Wechselwirkung zwischen je zwei Teilchen durch einen Kraftvektor beschrieben wird, der in der Verbindungslinie der beiden Teilchen liegt *). Die auf Teilchen α von Teilchen β ausgeübte Kraft $\boldsymbol{F}_{\alpha\beta}$ erfüllt also die Bedingung

$$(\boldsymbol{d}_\alpha - \boldsymbol{d}_\beta) \times \boldsymbol{F}_{\alpha\beta} = 0. \qquad [5.3.1]$$

Außerdem ist wegen des Gesetzes „Actio = Reactio"

$$\boldsymbol{F}_{\alpha\beta} = -\boldsymbol{F}_{\beta\alpha}.$$

Da die auf das Teilchen α ausgeübte Gesamtkraft durch

$$\boldsymbol{F}_\alpha = \sum_\beta \boldsymbol{F}_{\alpha\beta}$$

gegeben ist, gilt für die zeitliche Änderung seines Impulses

$$\dot{\boldsymbol{p}}_\alpha = \sum_\beta \boldsymbol{F}_{\alpha\beta}.$$

*) Ein Beispiel hierfür ist die „Zentralkraft".

Damit wird

$$\dot{\boldsymbol{P}} = \Sigma\ \dot{\boldsymbol{p}}_\alpha = \sum_{\alpha,\beta} \boldsymbol{F}_{\alpha\beta} = \tfrac{1}{2} \sum_{\alpha,\beta} (\boldsymbol{F}_{\alpha\beta} + \boldsymbol{F}_{\beta\alpha}) = 0\,,$$

d. h. der Gesamtimpuls eines isolierten Systems von Teilchen des beschriebenen Typs der Wechselwirkung ist konstant.

Wenn wir *nichtisolierte* Systeme betrachten, d. h. wenn wir annehmen, daß auf Teilchen α noch eine äußere Kraft $\boldsymbol{K}_\alpha$ einwirkt, so haben wir

$$\dot{\boldsymbol{p}}_\alpha = \sum_\beta \boldsymbol{F}_{\alpha\beta} + \boldsymbol{K}_\alpha\,,$$

d. h. also

$$\dot{\boldsymbol{P}} = \Sigma\, \boldsymbol{K}_\alpha =: \boldsymbol{K}\,.$$

Für die Schwerpunktsbewegung des System gilt also ein Bewegungsgesetz wie für ein Teilchen.

5.3.2 Drehimpulserhaltung

Die zeitliche Änderung des *Gesamtdrehimpulses* [5.2.4] ist gegeben durch

$$\dot{\boldsymbol{J}} = \dot{\boldsymbol{L}} + \dot{\boldsymbol{S}} = \boldsymbol{R} \times \dot{\boldsymbol{P}} + \Sigma\, \boldsymbol{d}_\alpha \times m_\alpha \dot{\boldsymbol{w}}_\alpha\,.$$

Wegen $m_\alpha \dot{\boldsymbol{w}}_\alpha = \dot{\boldsymbol{p}}_\alpha - m_\alpha \dot{\boldsymbol{V}}$ und $\Sigma\ m_\alpha \boldsymbol{d}_\alpha = 0$ folgt

$$\dot{\boldsymbol{J}} = \boldsymbol{R} \times \dot{\boldsymbol{P}} + \Sigma\, \boldsymbol{d}_\alpha \times \dot{\boldsymbol{p}}_\alpha\,,$$

und daraufhin, mit $\dot{\boldsymbol{p}}_\alpha = \sum_\beta \boldsymbol{F}_{\alpha\beta} + \boldsymbol{K}_\alpha$,

$$\dot{\boldsymbol{J}} = \boldsymbol{R} \times \dot{\boldsymbol{P}} + \sum_\alpha \boldsymbol{d}_\alpha \times \sum_\beta \boldsymbol{F}_{\alpha\beta} + \Sigma\ \boldsymbol{d}_\alpha \times \boldsymbol{K}_\alpha\,. \qquad [5.3.2]$$

Im zweiten Term rechts kann die Doppelsumme über alle Werte von α und β genommen werden, da die Werte $\boldsymbol{F}_{11}$, $\boldsymbol{F}_{22}$ etc. verschwinden. Durch Umformung erhalten wir

$$\sum_{\alpha,\beta} \boldsymbol{d}_\alpha \times \boldsymbol{F}_{\alpha\beta} = \tfrac{1}{2}\Big(\sum_{\alpha,\beta} \boldsymbol{d}_\alpha \times \boldsymbol{F}_{\alpha\beta} + \sum_{\alpha,\beta} \boldsymbol{d}_\beta \times \boldsymbol{F}_{\beta\alpha}\Big)$$
$$= \tfrac{1}{2}\Big(\sum_{\alpha,\beta} \boldsymbol{d}_\alpha \times \boldsymbol{F}_{\alpha\beta} - \sum_{\alpha,\beta} \boldsymbol{d}_\beta \times \boldsymbol{F}_{\alpha\beta}\Big)\,.$$

Damit wird

$$\dot{\boldsymbol{J}} = \dot{\boldsymbol{L}} + \dot{\boldsymbol{S}} = \boldsymbol{R} \times \dot{\boldsymbol{P}} + \tfrac{1}{2} \sum_{\alpha,\beta} (\boldsymbol{d}_\alpha - \boldsymbol{d}_\beta) \times \boldsymbol{F}_{\alpha\beta} + \Sigma\ \boldsymbol{d}_\alpha \times \boldsymbol{K}_\alpha$$

Da wegen [5.3.1] der zweite Term rechts verschwindet, haben wir also

$$\dot{\boldsymbol{J}} = \boldsymbol{R} \times \boldsymbol{K} + \Sigma \boldsymbol{d}_\alpha \times \boldsymbol{K}_\alpha .$$

Hieraus folgt:

Drehimpuls-Erhaltungssatz. Der Drehimpuls eines freien Systems ($\boldsymbol{K}_\alpha = 0$) ist eine Erhaltungsgröße.

Bei dem hier betrachteten einfachen Typ der Wechselwirkung sind sogar der Bahndrehimpuls und der Eigendrehimpuls des Systems jeder für sich konstant. Bei allgemeineren Wechselwirkungen hat man jedoch mit veränderlichem Bahn- und Eigendrehimpuls zu rechnen.

5.3.3 Energieerhaltung

Zusätzlich zu den Annahmen, die wir in (5.3.1) über die Wechselwirkung gemacht haben, setzen wir nunmehr voraus, daß diese ein Potential besitzt:

$$\boldsymbol{F}_{\alpha\beta} = -\operatorname{grad}_\alpha V_{\alpha\beta} .$$

Durch die Bezeichnung $\operatorname{grad}_\alpha$ sei angedeutet, daß der Gradient bezüglich der Koordinaten von Teilchen α zu nehmen ist. Das Potential soll ferner nur vom Abstand der betreffenden Teilchen abhängen:

$$V_{\alpha\beta} = V_{\alpha\beta}(|r_\alpha - r_\beta|) .$$

Wegen der Beziehungen $\boldsymbol{F}_{\alpha\beta} = -\boldsymbol{F}_{\alpha\beta}$ (»actio = reactio«), d. h. also $\operatorname{grad}_\alpha V_{\alpha\beta} = -\operatorname{grad}_\beta V_{\alpha\beta}$, unterscheiden sich die Potentiale $V_{\alpha\beta}$ und $V_{\beta\alpha}$ nur um eine Konstante, die physikalisch bedeutungslos ist. Wir dürfen daher $V_{\alpha\beta} = V_{\beta\alpha}$ setzen.

Für die gesamte auf das Teilchen α ausgeübte Kraft gilt

$$m_\alpha \dot{\boldsymbol{v}}_\alpha = \sum_\beta \boldsymbol{F}_{\alpha\beta} ,$$

also ist

$$\frac{d}{dt}\left(\frac{1}{2} m_\alpha \boldsymbol{v}_\alpha^2\right) = \boldsymbol{v}_\alpha \cdot \sum_\beta \boldsymbol{F}_{\alpha\beta} = \sum_\beta \boldsymbol{v}_\alpha \cdot \boldsymbol{F}_{\alpha\beta} .$$

Bilden wir die Summe dieser Ausdrücke über alle Teilchen des Systems, so haben wir

$$\frac{d}{dt}\left(\sum \frac{1}{2} m_\alpha v_\alpha^2\right) = \sum_{\alpha,\beta} \boldsymbol{v}_\alpha \cdot \boldsymbol{F}_{\alpha\beta} .$$

Da die Summation über α und β in beliebiger Reihenfolge ausgeführt werden kann, läßt sich die rechte Seite auch in der Form $\sum_{\alpha,\beta} \boldsymbol{v}_\beta \cdot \boldsymbol{F}_{\beta\alpha}$ schreiben, d. h. die rechte Seite der vorhergehenden Gleichung ist

$$\begin{aligned}\sum_{\alpha,\beta} \boldsymbol{v}_\alpha \cdot \boldsymbol{F}_{\alpha\beta} &= \tfrac{1}{2} \sum_{\alpha,\beta} (\boldsymbol{v}_\alpha \cdot \boldsymbol{F}_{\alpha\beta} + \boldsymbol{v}_\beta \cdot \boldsymbol{F}_{\beta\alpha}) \\ &= \tfrac{1}{2} \sum_{\alpha,\beta} (\boldsymbol{v}_\alpha - \boldsymbol{v}_\beta) \cdot \boldsymbol{F}_{\alpha\beta} .\end{aligned}$$

Andererseits ergibt sich durch Differentiation von $V_{\alpha\beta}$ nach der Zeit

$$\begin{aligned}\frac{\mathrm{d}V_{\alpha\beta}}{\mathrm{d}t} &= \boldsymbol{v}_\alpha \cdot \operatorname{grad}_\alpha V_{\alpha\beta} + \boldsymbol{v}_\beta \cdot \operatorname{grad}_\beta V_{\alpha\beta} \\ &= -\boldsymbol{v}_\alpha \cdot \boldsymbol{F}_{\alpha\beta} - \boldsymbol{v}_\beta \cdot \boldsymbol{F}_{\beta\alpha} = -(\boldsymbol{v}_\alpha - \boldsymbol{v}_\beta) \cdot \boldsymbol{F}_{\alpha\beta} .\end{aligned}$$

und damit wird

$$\sum_{\alpha,\beta} \boldsymbol{v}_\alpha \cdot \boldsymbol{F}_{\alpha\beta} = -\frac{1}{2} \frac{d}{\mathrm{d}t} \Big(\sum_{\alpha \neq \beta} V_{\alpha\beta}\Big) .$$

Also folgt

$$\frac{d}{\mathrm{d}t} \left(\sum \frac{1}{2} m_\alpha v_\alpha^2 + \frac{1}{2} \sum_{\alpha \neq \beta} V_{\alpha\beta} \right) = 0 .$$

Die Summe aus den Gesamtwerten von *kinetischer* und *potentieller Energie* des Systems ist also konstant:

$$\sum T_\alpha + \tfrac{1}{2} \sum_{\alpha \neq \beta} V_{\alpha\beta} = E .$$

Man bestätigt durch Berechnung des Ausdruckes

$$\sum_{\alpha,\beta} \int_1^2 \boldsymbol{F}_{\alpha\beta} \cdot \mathrm{d}\boldsymbol{r}_\alpha$$

für die Gesamtarbeit, daß diese durch die potentielle Energie

$$V := \tfrac{1}{2} \sum_{\alpha,\beta} V_{\alpha\beta}$$

bestimmt ist. Und zwar ist die Arbeit, die zur Verschiebung der Teilchen von den Anfangspositionen $\boldsymbol{r}_\alpha(1)$ zu den Endpositionen $\boldsymbol{r}_\alpha(2)$ aufgebracht werden muß, gegeben durch $V(2) - V(1)$.

Die Integration ist natürlich entlang der Teilchenbahnen zu nehmen, d. h. unter Berücksichtigung der Beziehung $\mathrm{d}\boldsymbol{r}_\alpha = \boldsymbol{v}_\alpha \mathrm{d}t$.

Speziell gilt für ein System gravisch wechselwirkender Massenpunkte (z. B. für einen Sternhaufen) folgendes: Die Kraft, die von Teilchen β auf Teilchen α ausgeübt wird, ist gegeben durch

$$\boldsymbol{F}_{\alpha\beta} = \gamma m_\alpha m_\beta \frac{\boldsymbol{r}_\beta - \boldsymbol{r}_\alpha}{|\boldsymbol{r}_\beta - \boldsymbol{r}_\alpha|^3} .$$

Das Potential dieser Kraft ist

$$V_{\alpha\beta} = - \frac{\gamma m_\alpha m_\beta}{|\boldsymbol{r}_\alpha - \boldsymbol{r}_\beta|}$$

und die Gesamtenergie

$$\sum \tfrac{1}{2} m_\alpha v_\alpha^2 - \tfrac{1}{2} \sum_{\alpha \neq \beta} \frac{\gamma m_\alpha m_\beta}{|\boldsymbol{r}_\alpha - \boldsymbol{r}_\beta|} = E$$

ist konstant.

Übrigens läßt sich die gesamte potentielle Energie („Bindungsenergie") des Systems in eine für praktische Zwecke bequeme Form bringen: Der Massenpunkt α befindet sich im Feld der übrigen Teilchen und ist einer Feldstärke $\boldsymbol{G}_\alpha$ ausgesetzt, deren Potential durch

$$U_\alpha = - \sum_{\beta(\neq\alpha)} \frac{\gamma m_\beta}{|\boldsymbol{r}_\beta - \boldsymbol{r}_\alpha|}, \qquad (\boldsymbol{G}_\alpha = -\mathrm{grad}_\alpha U_\alpha)$$

gegeben ist. Damit wird: $V = \frac{1}{2} \sum_\alpha m_\alpha U_\alpha$, eine Formel, die sich leicht auf den Fall kontinuierlicher Materie verallgemeinern läßt.

5.4 Kontinuierliche Materie

5.4.1 Die Beschreibung kontinuierlicher Materie

Wenn man ein System durch das Kontinuum-Modell beschreiben will, so benötigt man dazu die Massendichte $\rho(\boldsymbol{r}, t)$ und das *Geschwindigkeitsfeld* $\boldsymbol{v}(\boldsymbol{r}, t)$.

Dies bedeutet: Ein Volumenelement $\mathrm{d}\tau$ am Orte $\boldsymbol{r}$ und zur Zeit t enthält die Masse $\mathrm{d}m = \rho\, \mathrm{d}\tau$, und die Geschwindigkeit des Massenelementes ist gegeben durch $\boldsymbol{v}(\boldsymbol{r}, t)$. Wenn man diese Beschreibung mit der vorher besprochenen für diskret verteilte Materie vergleichen will, so stelle man sich vor, daß der „diskrete" Index α durch einen „kontinuierlichen" Index $\boldsymbol{r}$ ersetzt worden ist. Die Gesamtwerte physikalischer Größen werden durch Integration über die Massenelemente berechnet. Da der Übergang von der Summierung zur Integration offensichtlich ist, beschränken wir uns auf die Angabe der entsprechenden Formeln.

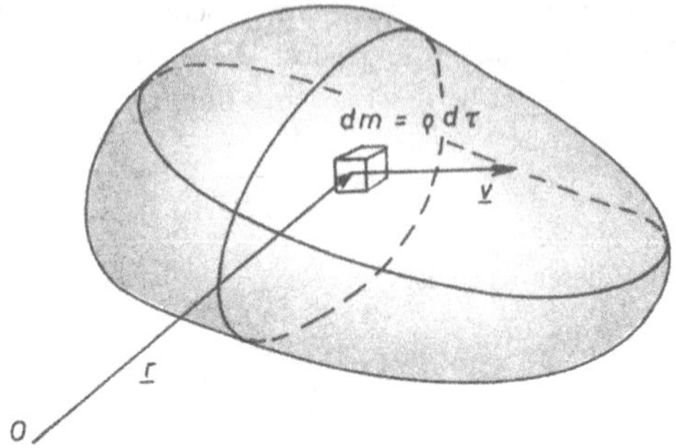

Abb. 5.2. Zum Kontinuums-Modell der Materie: Ein Massenelement dm der Dichte ρ mit der Geschwindigkeit $\boldsymbol{v}$ am Orte $\boldsymbol{r}$

Masse	$M := \int \mathrm{d}m = \int \rho \,\mathrm{d}\tau$	
Impuls	$\boldsymbol{P} := \int \boldsymbol{v} \,\mathrm{d}m = \int \rho \boldsymbol{v} \,\mathrm{d}\tau$	[5.4.1]
Drehimpuls	$\boldsymbol{J} := \int \boldsymbol{r} \times \boldsymbol{v} \,\mathrm{d}m = \int \rho \boldsymbol{r} \times \boldsymbol{v} \,\mathrm{d}\tau$	
Kinetische Energie	$T := \int \frac{v^2}{2} \,\mathrm{d}m = \int \rho \frac{v^2}{2} \,\mathrm{d}\tau$	
Massenmittelpunkt	$M\boldsymbol{R} = \int \boldsymbol{r} \,\mathrm{d}m = \int \rho \boldsymbol{r} \,\mathrm{d}\tau \,.$	[5.4.2]

Die Integrationen sind zu fester Zeit über das Volumen des Systems aufzuführen.

5.4.2 Die Kontinuitätsgleichung

Im allgemeinen hängt die Massendichte von der Zeit explizit ab $\left(\frac{\partial \rho}{\partial t} \neq 0\right)$ und die in einem Teilvolumen V_p des Systems enthaltene Masse $\int\limits_{V_p} \rho(\boldsymbol{r}, t) \,\mathrm{d}\tau$ ist eine Funktion der Zeit. Die Zunahme dieser Masse, bestimmt durch

$$\frac{\mathrm{d}}{\mathrm{d}t} \int\limits_{V_p} \rho \,\mathrm{d}\tau = \int\limits_{V_p} \frac{\partial \rho}{\partial t} \,\mathrm{d}\tau \,,$$

wird durch den Zufluß von Substanz in das Teilvolumen bewirkt. Der Zufluß ist gegeben durch

$$\int\limits_{\partial V_p} \rho \boldsymbol{v} \cdot \mathrm{d}\boldsymbol{S} \,,$$

d. h. also durch das Integral der Materieflußdichte $\rho \boldsymbol{v}$ über die Oberfläche ∂V_p des Volumens.

Da $\mathrm{d}\boldsymbol{S}$ nach außen weist, ergibt sich für das Integral bei Zufluß ein negativer Wert (bei Abfluß: positiv).

Die Bilanzgleichung für die Masse lautet also

$$\int_{V_p} \frac{\partial \rho}{\partial t} \mathrm{d}\tau + \int_{\partial V_p} \rho \boldsymbol{v} \cdot \mathrm{d}\boldsymbol{S} = 0 .$$

Schreibt man den zweiten Term vermittels des *Gauß*schen Integralsatzes in die Form

$$\int_{V_p} \operatorname{div}(\rho \boldsymbol{v}) \mathrm{d}\tau$$

um, so folgt die Beziehung

$$\int_{V_p} \left(\frac{\partial \rho}{\partial t} + \operatorname{div}(\rho \boldsymbol{v}) \right) \mathrm{d}\tau = 0 ,$$

und da das Teilvolumen beliebig gewählt werden kann, erhält man die

„*Kontinuitätsgleichung*“

$$\frac{\partial \rho}{\partial t} + \operatorname{div}(\rho \boldsymbol{v}) = 0 . \qquad [5.4.3]$$

Diese Gleichung drückt die *Erhaltung der Masse* bei einem Strömungsprozeß aus. Man bezeichnet die vektorielle Größe

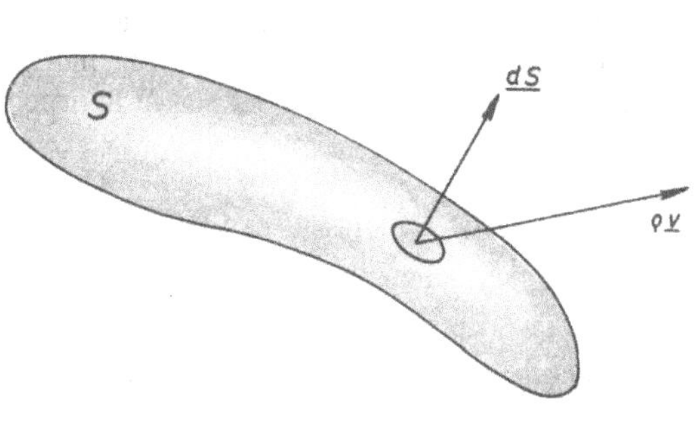

Abb. 5.3. Zur Berechnung des Materiestroms durch eine Fläche S

als Materiestromdichte. Sie bedeutet den Materiestrom (d. h. die Masse pro Zeiteinheit), der durch die Flächeneinheit hindurchtritt. Um den Materiestrom durch eine Fläche S zu bestimmen, berechne man

$$\int_S \boldsymbol{j}\cdot \mathrm{d}\boldsymbol{S} = \int_S \rho \boldsymbol{v}\cdot \mathrm{d}\boldsymbol{S}\,.$$

Währenddessen kann man $\boldsymbol{j}$ auch als Volumendichte des Impulses ansehen: Ein Massenelement $\mathrm{d}m$ hat bei der Geschwindigkeit $\boldsymbol{v}$ den Impuls

$$\mathrm{d}\boldsymbol{p} = \boldsymbol{v}\,\mathrm{d}m = \boldsymbol{v}\rho\,\mathrm{d}\tau\,.$$

Die (räumliche) Impulsdichte ist also

$$\frac{\mathrm{d}\boldsymbol{p}}{\mathrm{d}\tau} = \boldsymbol{v}\rho = \boldsymbol{j}\,.$$

5.4.3 Die Schwerpunktsgeschwindigkeit

In Analogie zu der Betrachtung in 5.2.1 wollen wir hier den Schwerpunktsatz für ein System *kontinuierlicher* Materie besprechen. Dazu bilden wir die Zeitableitung der Schwerpunktskoordinaten, d. h.

$$M\dot{\boldsymbol{R}} = \frac{d}{\mathrm{d}t}\int \rho(\boldsymbol{r},t)\boldsymbol{r}\,\mathrm{d}\tau = \int \frac{\partial\rho}{\partial t}\boldsymbol{r}\,\mathrm{d}\tau\,.$$

Wir haben dabei berücksichtigt, daß die Gesamtmasse M nicht von der Zeit t abhängt. Zur Ausführung der Differentiation nach der Zeit sei angemerkt, daß dabei $\boldsymbol{r}$ nicht etwa als Funktion von t anzusehen ist. Es tritt nur die partielle Ableitung von ρ nach t auf. Man halte sich dabei vor Augen, daß das Geschwindigkeitsfeld $\boldsymbol{v}(\boldsymbol{r},t)$ für die Bestimmung des (momentanen) Schwerpunktes bedeutungslos ist.

Wir gehen der Bequemlichkeit halber jetzt zur Indexschreibweise über und benutzen für die Umformung der obigen Beziehung die Kontinuitätsgleichung

$$\frac{\partial\rho}{\partial t} = -\operatorname{div}(\rho\boldsymbol{v}) = -\partial_k(\rho v^k)\,.$$

Dann wird

$$\begin{aligned} M\dot{\boldsymbol{R}}^i &= \int \frac{\partial\rho}{\partial t}x^i\,\mathrm{d}\tau = -\int x^i\partial_k(\rho v^k)\,\mathrm{d}\tau \\ &= -\int \partial_k(\rho x^i v^k)\,\mathrm{d}\tau + \int \rho v^k \partial_k x^i\,\mathrm{d}\tau\,. \end{aligned}$$

Der erste Term rechts kann mit Hilfe des Gaußschen Satzes in ein Oberflächenintegral umgeschrieben werden. Im zweiten Term berücksichtigen wir die Identität $\partial_k x^i = \delta^i_k$ (Kronecker-Symbol). Damit wird

$$M\dot{R}^i = -\int_{\partial V} \rho x^i v^k \mathrm{d}S_k + \int \rho v^i \mathrm{d}\tau\,.$$

Da die Integrationsfläche ∂V so gewählt werden kann, daß auf ihr überall $\rho = 0$ ist, verschwindet das Oberflächenintegral. Der Term rechts ist der Gesamtimpuls [5.4.1]. Es bleibt

$$M\dot{\boldsymbol{R}} = \int \rho \boldsymbol{v} \mathrm{d}\tau = \boldsymbol{P}\,. \qquad [5.4.4]$$

Auch hier ist also der Gesamtimpuls gleich dem Produkt aus Gesamtmasse und Schwerpunktsgeschwindigkeit.

5.4.4 Schwerpunkts- und Relativkoordinaten

Wie in 5.2.2 führen wir jetzt die Relativkoordinaten

$$\boldsymbol{d} := \boldsymbol{r} - \boldsymbol{R}$$

und Relativgeschwindigkeiten

$$\boldsymbol{w} := \boldsymbol{v}(\boldsymbol{r}, t) - \boldsymbol{V}(t), \quad \boldsymbol{V} := \dot{\boldsymbol{R}}$$

in bezug auf den MMP ein.

Mit [5.4.2] folgt unmittelbar

$$\int \rho \boldsymbol{d} \mathrm{d}\tau = 0\,.$$

Aus [5.4.1] erhalten wir für den Impuls:

$$\boldsymbol{P} = \int \rho(\boldsymbol{w} + \boldsymbol{V}) \mathrm{d}\tau = \int \rho \boldsymbol{w} \mathrm{d}\tau + \boldsymbol{V} \int \rho \mathrm{d}\tau\,,$$

wegen [5.4.4] also

$$\int \rho \boldsymbol{w} \mathrm{d}\tau = 0\,.$$

Diese zwei Identitäten entsprechen den Formeln [5.2.1].

Für den Drehimpuls ergibt sich dann

$$\begin{aligned}\boldsymbol{J} &= \int (\boldsymbol{R} + \boldsymbol{d}) \times (\boldsymbol{V} + \boldsymbol{w}) \rho \mathrm{d}\tau \\ &= \boldsymbol{R} \times \boldsymbol{V} \int \rho \mathrm{d}\tau + \int \boldsymbol{d} \times \boldsymbol{w} \rho \mathrm{d}\tau + \boldsymbol{R} \times \int \boldsymbol{w} \rho \mathrm{d}\tau + \left(\int \boldsymbol{d} \rho \mathrm{d}\tau\right) \times \boldsymbol{V}\end{aligned}$$

und, da der dritte und vierte Term rechts verschwinden,

$$\boldsymbol{J} = \boldsymbol{R} \times \boldsymbol{P} + \int \boldsymbol{d} \times \boldsymbol{w} \rho \, \mathrm{d}\tau .$$

Diese Zerlegung entspricht der Formel [5.2.4].

Für die kinetische Energie erhalten wir

$$T = \int \frac{\rho}{2} (V^2 + 2\boldsymbol{V} \cdot \boldsymbol{w} + w^2) \mathrm{d}\tau$$

$$= \tfrac{1}{2} V^2 \int \rho \, \mathrm{d}\tau + \int \frac{\rho}{2} w^2 \mathrm{d}\tau + \boldsymbol{V} \cdot \int \rho \boldsymbol{w} \, \mathrm{d}\tau ,$$

also

$$T = \frac{M}{2} V^2 + \int \frac{\rho}{2} w^2 \mathrm{d}\tau ,$$

entsprechend [5.2.5].

5.5 Verschiedene Momente einer Massenverteilung

5.5.1 Definition der Momente. Änderung des Bezugspunktes

Wir betrachten zu fester Zeit eine Materieverteilung, die durch ihre momentane Massendichte $\rho(\boldsymbol{r})$ beschrieben ist.

Als Moment s-ten Grades der Materieverteilung in bezug auf den Punkt P_0 bezeichnet man den Tensor mit den Komponenten

$$M^{k_1 k_2 \dots k_s} := \int (x^{k_1} - x_0^{k_1})(x^{k_2} - x_0^{k_2}) \cdots (x^{k_s} - x_0^{k_s}) \rho(\boldsymbol{r}) \mathrm{d}\tau . \quad [5.5.1]$$

Diese Größen sind Funktionen des Bezugspunktes $\boldsymbol{r}_0$ und der Zeit t. Wir verwenden hier eine gemischte Bezeichnungsweise, indem wir den Punkt P durch seinen Ortsvektor $\boldsymbol{r}$ oder seine Koordinaten x^k kennzeichnen. Entsprechend für den Punkt P_0. Aufgrund ihrer Definition sind die Momente sämtlich durch symmetrische Tensoren repräsentiert: Es gilt

$$M^{\dots kl \dots} = M^{\dots lk \dots} .$$

Für die Momente der Grade 0 bis 2 haben wir

$$M := \int \rho \, \mathrm{d}\tau = \text{Gesamtmasse}$$

$$M^k := \int (x^k - x_0^k) \rho \, \mathrm{d}\tau = \int x^k \rho \, \mathrm{d}\tau - x_0^k \int \rho \, \mathrm{d}\tau$$

$$M^{kl} := \int (x^k - x_0^k)(x^l - x_0^l) \rho \, \mathrm{d}\tau$$

$$= \int x^k x^l \rho \, \mathrm{d}\tau - x_0^k \int x^l \rho \, \mathrm{d}\tau - x_0^l \int x^k \rho \, \mathrm{d}\tau + x_0^k x_0^l \int \rho \, \mathrm{d}\tau .$$

Wenn wir die Momente in bezug auf den Nullpunkt des Koordinatensystems mit M_N bezeichnen, haben wir

$$M^k = M_N^k - M x_0^k ,$$

$$M^{kl} = M_N^{kl} - x_0^k M_N^l - x_0^l M_N^k + M x_0^k x_0^l \qquad [5.5.2]$$

usw.

In dieser (und bei höheren Graden entsprechender) Weise hängen die Momente zusammen, die auf verschiedene Punkte bezogen sind.

Das Moment nullten Grades M ist also *unabhängig* vom Bezugspunkt und ist gleich der Gesamtmasse.

Das Moment ersten Grades, der Vektor M^k, heißt „*Dipolmoment* der Massenverteilung in bezug auf P_0".

Offensichtlich kann man wegen $M \neq 0$ den Punkt P_0 so wählen, daß M^k verschwindet:

$$M^k = \int x^k \rho \, \mathrm{d}\tau - M x_0^k = 0 .$$

In indexfreier Schreibweise bedeutet das $\int \boldsymbol{r} \rho \, \mathrm{d}\tau - M \boldsymbol{r}_0 = 0$, d. h. $\boldsymbol{r}_0$ ist der Massenmittelpunkt.

Man kann den MMP also als denjenigen Punkt kennzeichnen, bezüglich dessen das Dipolmoment verschwindet. Wir wählen ihn von nun an als Bezugspunkt.

Wegen $M_N^k = M x_0^k$ ist dann das Moment 2. Grades gegeben durch

$$M^{kl} = M_N^{kl} - M x_0^k x_0^l , \qquad [5.5.3]$$

wobei x_0^k jetzt die Koordinaten des MMP sind.

In engem Zusammenhang mit den *Momenten der Materieverteilung* stehen die sogenannten *Multipolmomente* und der *Trägheitstensor*, die wir in den folgenden Abschnitten besprechen.

5.5.2 Die Multipolmomente einer Materieverteilung

Wie wir bereits erwähnt haben (vgl. (3.3.2)), erzeugt eine Materieverteilung $\rho(\boldsymbol{r})$ ein Gravitationsfeld, dessen Potential im Punkte P durch den Ausdruck

$$U(\boldsymbol{r}) = \gamma \int \frac{\rho(\boldsymbol{r}')}{|\boldsymbol{r}' - \boldsymbol{r}|} \mathrm{d}\tau' \qquad [5.5.4]$$

gegeben ist. Die Integration erfolgt über die Gebiete, in denen Materie vorhanden ist ($\rho \neq 0$). Wir wollen einen Punkt P betrachten, der vom

Koordinatenursprung sehr viel weiter entfernt ist, als die Materieansammlung (vgl. Abb. 5.4), für den also

$$\frac{r'}{r} \ll 1 \quad \text{gilt.} \qquad [5.5.5]$$

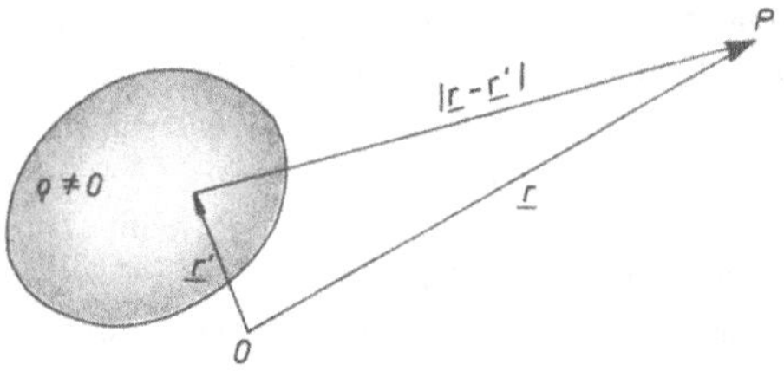

Abb. 5.4. Zur Bestimmung des Gravitationspotentials V in einem »weit« von der „Quelle" entfernten Punkt P

Den Koordinatenursprung wird man in den meisten Fällen sogar in den MMP der Materieverteilung legen. Die Ungleichung $r'/r \ll 1$ bedeutet dann, daß der Abstand zwischen P und der Materieverteilung groß gegenüber deren räumlicher Ausdehnung ist. Wir verlangen jedoch nur, daß der Koordinatenursprung »näher« an der Materieverteilung gelegen ist als P.

Wenn man dann eine Taylorentwicklung des Integranden in [5.5.4] nach Potenzen von r'/r macht, so erscheinen die „Multipolmomente" als Koeffizienten in der entsprechenden Reihe.

Wir bezeichnen die Einheitsvektoren in Richtung von P und P' mit $\boldsymbol{e}$ und $\boldsymbol{e}'$. Dann erhalten wir wegen

$$|\boldsymbol{r}' - \boldsymbol{r}| = (r^2 - 2\boldsymbol{r}\cdot\boldsymbol{r}' + r'^2)^{1/2} = r\left(1 - 2\boldsymbol{e}\cdot\boldsymbol{e}'\frac{r'}{r} + \frac{r'^2}{r^2}\right)^{1/2}$$

die Taylorentwicklung

$$\frac{1}{|\boldsymbol{r}' - \boldsymbol{r}|} = \frac{1}{r}\left\{1 + \boldsymbol{e}\cdot\boldsymbol{e}'\frac{r'}{r} - \frac{1}{2}[1 - 3(\boldsymbol{e}\cdot\boldsymbol{e}')^2]\frac{r'^2}{r^2} - \left[\frac{3}{2} - 5(\boldsymbol{e}\cdot\boldsymbol{e}')^2\right]\boldsymbol{e}\cdot\boldsymbol{e}'\frac{r'^3}{r^3} + 0\left(\frac{r'^4}{r^4}\right)\right\}.$$

Nach Einsetzen dieses Ausdrucks in [5.5.4] erhalten wir

$$U(\boldsymbol{r}) = \frac{\gamma}{r}\int\left\{1 + \boldsymbol{e}\cdot\boldsymbol{e}'\frac{r'}{r} + \frac{1}{2}[3(\boldsymbol{e}\cdot\boldsymbol{e}')^2 - 1]\frac{r'^2}{r^2} + 0\left(\frac{r'^3}{r^3}\right)\right\}\rho(\boldsymbol{r}')\mathrm{d}\tau'$$
$$= U_0(\boldsymbol{r}) + U_1(\boldsymbol{r}) + U_2(\boldsymbol{r}) + \cdots \qquad [5.5.6]$$

wobei

$$U_0(\boldsymbol{r}) = \frac{\gamma}{r}M$$

$$U_1(\boldsymbol{r}) = \frac{\gamma}{r^2}\boldsymbol{e}\cdot\int\boldsymbol{r}'\rho\,\mathrm{d}\tau' \qquad [5.5.7]$$

$$U_2(\boldsymbol{r}) = \frac{\gamma}{r^3}\int\tfrac{1}{2}[3(\boldsymbol{e}\cdot\boldsymbol{r}')^2 - r'^2]\rho\,\mathrm{d}\tau'$$

....

bzw. der *Monopol-*, *Dipol-* und *Quadrupol*anteil des Feldes in bezug auf den Ursprung des Koordinatensystems sind. Diese *Multipol*anteile des Feldes fallen bzw. wie r^{-1}, r^{-2} und r^{-3} mit der Entfernung vom Nullpunkt ab.

Der Monopolanteil ist einfach das Feld der im Ursprung des Koordinatensystems gelegenen Gesamtmasse M.

Der Dipolanteil hat die Form

$$U_1(\boldsymbol{r}) = \frac{\gamma\boldsymbol{e}\cdot\boldsymbol{M}}{r^2},$$

wobei $\boldsymbol{M}$ das *Dipolmoment* der Massenverteilung ist.

Der Quadrupolanteil hängt auf einfache Weise mit dem Moment 2. Grades zusammen:

$$V_2(\boldsymbol{r}) = \frac{\gamma}{r^3}\frac{1}{2}(\boldsymbol{e}\cdot\boldsymbol{Q}\boldsymbol{e}),$$

wobei die Komponenten des *Quadrupoltensors* $\boldsymbol{Q}$ durch

$$Q_{kl} := \int(3x'_k x'_l - r'^2\delta_{kl})\rho\,\mathrm{d}\tau'$$

gegeben sind. Letzterer ist also das Dreifache des spurfreien Anteils des Moments 2. Grades.

Wir erinnern daran, daß die hier definierten Multipolmomente zwar auf einen beliebigen Ursprung des Koordinatensystems bezogen sind, die Entwicklung [5.5.6], [5.5.7] jedoch das Feld nur in hinreichend großem Abstand von der Quelle »richtig« beschreibt.

Legt man den Ursprung in den MMP, verschwindet das Dipolmoment und der (wie r^{-3} abfallende) Quadrupolanteil stellt also in großer Entfernung die wesentliche Abweichung vom Monopolfeld dar.

Wir betonen, daß erst die Einbeziehung der Multipolmomente von höherer als der nullten Ordnung die Begründung eines realistischen Punktteilchen-Modells der Materie erlaubt.

Schließlich sei bemerkt, daß die Übertragung der hier für kontinuierliche Materie entwickelten Begriffe auf den Fall diskret verteilter Materie keine Schwierigkeit macht.

Endlich erinnern wir daran, daß die Multipolmomente und die ihnen entsprechenden Tensoren im allgemeinen (wegen $\partial\rho/\partial t \neq 0$) von der Zeit abhängen.

5.5.3 Trägheitstensor und Tisserand-System

In diesem Abschnitt zeigen wir, daß ein mit der Materieverteilung verbundenes Bezugssystem durch Extremalbedingungen für die kinetische Energie gekennzeichnet werden kann. Die Überlegung geht auf den französischen Astronomen Tisserand (1845–1896) zurück. Wir benutzen dieselben Bezeichnungen wie im vorhergehenden Abschnitt 5.5.2.

1. *Minimaleigenschaft der MMP-Geschwindigkeit.*

Wir bilden den Ausdruck für die kinetische Energie T_{rel} bezüglich des Punktes $\boldsymbol{R}$,

$$T_{\text{rel}} = \tfrac{1}{2}\int w^2 \rho \,\mathrm{d}\tau = \tfrac{1}{2}\int (v^2 - 2\boldsymbol{V}\cdot\boldsymbol{v} + V^2)\rho\,\mathrm{d}\tau\,.$$

Hierbei ist $\boldsymbol{V} := \dot{\boldsymbol{R}}$ die Geschwindigkeit des Bezugspunktes. Wir fragen nach demjenigen Vektor $\boldsymbol{V}$, für den (bei gegebenem $\boldsymbol{v}$) die Relativenergie T_{rel} ihren kleinsten Wert annimmt. Dazu haben wir zu bilden

$$\frac{\partial T_{\text{rel}}}{\partial V_k} = 0\,, \quad \text{für } k = 1,2,3\,.$$

Es ergibt sich

$$\frac{\partial T_{\text{rel}}}{\partial V_k} = -\int v^k \rho\,\mathrm{d}\tau + V^k \int \rho\,\mathrm{d}\tau = 0\,,$$

d. h. in indexfreier Schreibweise $\boldsymbol{V}\int \rho\,\mathrm{d}\tau = \int \boldsymbol{v}\rho\,\mathrm{d}\tau$, oder, gleichwertig,

$$\int \boldsymbol{w}\rho\,\mathrm{d}\tau = 0\,. \qquad [5.5.8]$$

Damit die Relativenergie ihren Minimalwert annimmt, muß der Bezugspunkt sich also mit der Geschwindigkeit des MMP bewegen.

2. *Mitrotierendes Bezugssystem.*

Wir wählen wiederum den Punkt $\boldsymbol{R}$ als Bezugspunkt und machen ihn zum Ursprung eines mit der Winkelgeschwindigkeit $\boldsymbol{\omega}$ rotierenden Koordinatensystems Σ'. Bezeichnen wir mit einem Strich die auf Σ' bezogenen Größen, so gilt entsprechend der Beziehung [2.4.13] für die Geschwindigkeit bezüglich Σ'

$$(\boldsymbol{d}')^{\cdot} = \boldsymbol{D}\boldsymbol{w} - \omega' \times \boldsymbol{d}' = \boldsymbol{w}' - \omega' \times \boldsymbol{d}' . \qquad [5.5.9]$$

Die kinetische Energie bezüglich Σ' ist dann

$$\begin{aligned} T'_{\mathrm{rel}} &= \tfrac{1}{2}\int |(\boldsymbol{d}')^{\cdot}|^2 \rho' \mathrm{d}\tau' \\ &= \tfrac{1}{2}\int [w'^2 - 2\boldsymbol{w}' \cdot (\omega' \times \boldsymbol{d}') + (\omega' \times \boldsymbol{d}')^2] \rho' \mathrm{d}\tau' \\ &= \tfrac{1}{2}\int [w'^2 - 2\boldsymbol{d}' \cdot (\boldsymbol{w}' \times \omega') + (\omega' \times \boldsymbol{d}')^2] \rho' \mathrm{d}\tau' . \end{aligned} \qquad [5.5.10]$$

Wir wollen nun die relative kinetische Energie dadurch verkleinern, daß wir den Bezugspunkt verschieben. Die Bedingungen für ein Extremum der kinetischen Energie T_{rel} lauten $\partial T'_{\mathrm{rel}}/\partial R'^k = 0$. Wegen der Beziehung $d'^k = x'^k - R'^k$ kann man ebensogut $\partial T'_{\mathrm{rel}}/\partial d'^k = 0$ verlangen. (Achtung: Die Differentiation erstreckt sich nicht auf $\rho' \mathrm{d}\tau'$). Aus [5.5.10] erhalten wir dann

$$\begin{aligned} \frac{\partial T'_{\mathrm{rel}}}{\partial d'_k} &= -\int (\boldsymbol{w}' \times \omega')_k \rho' \mathrm{d}\tau' + \int \omega'^2 \boldsymbol{d}'_k \rho' \mathrm{d}\tau' - \int (\omega' \cdot \boldsymbol{d}') \omega'_k \rho' \mathrm{d}\tau' \\ &= (\omega' \times \boldsymbol{D} \int \boldsymbol{w} \rho \mathrm{d}\tau)_k + \omega'^2 \int d'_k \rho' \mathrm{d}\tau' - \omega'_k \omega' \cdot \int \boldsymbol{d}' \rho' \mathrm{d}\tau' . \end{aligned}$$

Wegen [5.5.8] verschwindet der erste Term rechts. In den beiden anderen Termen tritt das Dipolmoment der Materieverteilung auf, d. h. der Ausdruck

$$\int \boldsymbol{d}' \rho' \mathrm{d}\tau' =: \boldsymbol{M}' .$$

Die Bedingungen für den Bezugspunkt nehmen damit eine einfache Form an:

$$\omega'^2 \boldsymbol{M}' - (\omega' \cdot \boldsymbol{M}') \omega' = 0 .$$

Danach ist der Bezugspunkt so zu wählen, daß das Dipolmoment dieselbe Richtung wie die Drehachse hat. Derjenige Bezugspunkt, der diese Forderung für alle möglichen Lagen der Drehachse erfüllt, ist derjenige, für den das Dipolmoment verschwindet:

$$\boldsymbol{M}' = 0 .$$

Das ist also der Massenmittelpunkt, den wir von hier an als Bezugspunkt wählen.

Schließlich wollen wir die *Winkelgeschwindigkeit* so bestimmen, daß T'_{rel} seinen Minimalwert annimmt. Dafür ist es notwendig, die Ableitungen $\partial T'_{\text{rel}}/\partial \omega'_k$ zum Verschwinden zu bringen. Wir schreiben [5.5.10] in der Form

$$T'_{\text{rel}} = \tfrac{1}{2}\int [w'^2 - 2\boldsymbol{\omega}' \cdot (\boldsymbol{d}' \times \boldsymbol{w}') + (\boldsymbol{\omega}' \times \boldsymbol{d}')^2]\,\rho'\,\mathrm{d}\tau' .$$

Dann wird

$$\frac{\partial T'_{\text{rel}}}{\partial \omega'_k} = -\int (\boldsymbol{d}' \times \boldsymbol{w}')_k\,\rho'\,\mathrm{d}\tau' + \int [d'^2 \omega'_k - (\boldsymbol{\omega}' \cdot \boldsymbol{d}')d'_k]\,\rho'\,\mathrm{d}\tau' = 0 .$$

und wir erhalten, indem wir aus dem zweiten Integral die Winkelgeschwindigkeit »ausklammern«,

$$\int (\boldsymbol{d}' \times \boldsymbol{w}')_k\,\rho'\,\mathrm{d}\tau' = \int [d'^2 \delta_{kl} - d'_k d'_l]\,\omega'_l\,\rho'\,\mathrm{d}\tau' .$$

Das Integral auf der linken Seite ist S'_k, die k-Komponente des „Gesamtdrehimpulses bezüglich dem MMP“ *), geschrieben im System Σ'. Führen wir durch

$$I'_{kl} := \int [d'^2 \delta_{kl} - d'_k d'_l]\,\rho'\,\mathrm{d}\tau'$$

den „Trägheitstensor“ der Materieverteilung ein, so lautet die Bedingung für die Winkelgeschwindigkeit der Rotation

$$\boldsymbol{S}' = \boldsymbol{I}'\boldsymbol{\omega}' .$$

Man beachte, daß der Trägheitstensor in engem Zusammenhang mit dem 2. Moment der Materieverteilung steht.

Im System Σ schreibt sich die Bedingung für die Winkelgeschwindigkeit einfach

$$\boldsymbol{S} = \boldsymbol{I}\boldsymbol{\omega} , \qquad [5.5.11]$$

wobei

$$\boldsymbol{S} = \int (\boldsymbol{d} \times \boldsymbol{w})\,\rho\,\mathrm{d}\tau$$

*) Das ist der Eigendrehimpuls.

und

$$I_{kl} = \int [d^2 \delta_{kl} - d_k d_l] \rho \, d\tau \qquad [5.5.12]$$

ist.

Wir fassen zusammen:

„Dasjenige Bezugssystem, in welchem die relative kinetische Energie einer (endlichen) Materieverteilung ihren Minimalwert annimmt, hat seinen Ursprung im Massenmittelpunkt und dreht sich (gegenüber einem Inertialsystem) mit einer Winkelgeschwindigkeit $\boldsymbol{\omega}$, die durch $\boldsymbol{S} = \boldsymbol{I}\boldsymbol{\omega}$ gegeben ist.

Bemerkenswert an diesem Ergebnis ist vor allem, daß sich hiermit der Begriff der „*mittleren Rotation*" eines Systems in einfacher Weise definieren läßt.

Die Winkelgeschwindigkeit des mitrotierenden Koordinatensystems läßt sich aus der Beziehung $\boldsymbol{S}' = \boldsymbol{I}'\boldsymbol{\omega}'$ leicht ausrechnen, denn $\boldsymbol{S}'$ und $\boldsymbol{I}'$ sind durch das Teilchen-System bestimmt und wir dürfen ohne weiteres annehmen, daß die zu $\boldsymbol{I}'$ inverse Matrix existiert. Im »pathologischen« Fall verschwindender Determinante der Matrix $\boldsymbol{I}'$ (d. h. wenn ein Hauptträgheitsmoment gleich Null ist) liegt nämlich eine eindimensionale Materieverteilung vor. Für eine solche Verteilung ist aber ohnehin klar, wie ein mitrotierendes Bezugssystem »aussieht«.

Zusatz: In 5.5 haben wir die (an den MMP »angehefteten«) Momente der Massenverteilung eines räumlich ausgedehnten Systems besprochen. Unberücksichtigt ist dabei die Verteilung der Geschwindigkeiten innerhalb des Systems geblieben. In die vollständige Beschreibung des Systems durch das „Punktteilchen-Modell" muß das Geschwindigkeitsfeld $\boldsymbol{w}(\boldsymbol{r},t)$ der inneren Bewegung relativ zum MMP mit einbezogen werden. Dafür sind die sogenannten „Impulsmomente" zu bilden, das sind Ausdrücke wie [5.5.1], nur, daß anstelle der Massendichte die Impulsdichte im Integral steht. Das Impulsmoment n-ten Grades in bezug auf MMP ist also

$$p^{k_1 \cdots k_n l} := \int \mathrm{d}^{k_1} \cdots \mathrm{d}^{k_n} w^l \rho \, \mathrm{d}\tau \, .$$

Das Impulsmoment nullten Grades bezüglich des MMP ist $p^k = \int w^k \rho \, \mathrm{d}\tau = 0$. Das Impulsmoment ersten Grades ist gegeben durch den Tensor $p^{kl} = \int \mathrm{d}^k w^l \rho \, \mathrm{d}\tau$. Aus ihm berechnet sich der Eigendrehimpuls mittels der Formel $S^{kl} = p^{kl} - p^{lk}$.

Zusammen mit den Momenten der Massenverteilung ergeben die Impulsmomente eine vollständige Beschreibung des „Punktteilchen-Modells“ eines Systems. Wir können hier auf weitere Einzelheiten und Anwendungen dieser prinzipiell wichtigen Begriffsbildungen nicht weiter eingehen.

5.6 Zusammenfassung

Für ein System von Massenpunkten werden folgende Gesamtgrößen einfach durch Summenbildung über die Einzelteilchen bestimmt: Masse, Impuls, Drehimpuls, kinetische Energie, potentielle Energie, Gesamtenergie. Dem System ordnet man seinen Massenmittelpunkt (= Schwerpunkt) zu und führt die Relativkoordinaten jedes Teilchens ein. Alle Gesamtgrößen zerlegen sich dann in einen auf den MMP bezogenen („intrinsischen“ = körpereigenen) Anteil und einen auf den Koordinatenursprung bezogenen („orbitalen“) Anteil, welcher sich durch die Gesamtmasse M, die Schwerpunktskoordinaten $\boldsymbol{R}$ und die Schwerpunktsgeschwindigkeit $\boldsymbol{V} = \dot{\boldsymbol{R}}$ ausdrücken läßt. Insbesondere ist der Gesamtimpuls $\boldsymbol{P}$ gleich dem Produkt aus Gesamtmasse und Schwerpunktsgeschwindigkeit ($\boldsymbol{P} = M\boldsymbol{V}$). Der Gesamtdrehimpuls ist die Summe aus dem *Bahndrehimpuls* ($\boldsymbol{L} = \boldsymbol{R} \times \boldsymbol{P}$) und dem *Eigendrehimpuls* $\boldsymbol{S}$ (= Gesamtdrehimpuls *bezüglich des MMP*): $\boldsymbol{J} = \boldsymbol{L} + \boldsymbol{S}$.

Die *Erhaltungssätze* besagen, das für ein isoliertes System die Gesamtmasse, der Gesamtimpuls, der Gesamtdrehimpuls und die Gesamtenergie konstant sind.

Kontinuierliche Materie wird durch ihre Massendichte und ihr Geschwindigkeitsfeld beschrieben. Das Produkt dieser Größen kann entweder als Materiestromdichte (Flächendichte des Materiestroms) oder auch als Impulsdichte (räumliche Dichte des Impulses) angesehen werden. Die Erhaltung der Materie wird durch die Kontinuitätsgleichung ausgedrückt.

Wenn man eine Materieverteilung durch Größen charakterisieren will, die sich auf einen bestimmten Punkt (vorzugsweise den MMP) beziehen, so bedient man sich ihrer *Momente*. Die Gesamtmasse ist das Moment 0. Grades, der MMP ist gekennzeichnet durch das Verschwinden des Momentes 1. Grades („Dipolmoment“), der *Trägheitstensor* hängt auf einfache Weise mit dem Moment zweiten Grades zusammen. Die „Multipolmomente“ einer Materieverteilung treten auf, wenn man das Gravitationspotential an einem von ihr »weit« entfernten Punkt in eine Taylorreihe nach dem »Abstand« entwickelt.

Nach Tisserand läßt sich der Massenmittelpunkt zusammen mit einem darin angebrachten »mitrotierenden« Koordinatensystem durch die Forderung kennzeichnen, daß die kinetische Energie bezüglich dieses Bezugssystems *minimal* ist. Für die Winkelgeschwindigkeit der Rotation muß dann gelten $\boldsymbol{J} = \boldsymbol{I}\boldsymbol{\omega}$. Wenn der Drehimpuls $\boldsymbol{J}$ und der Trägheitstensor $\boldsymbol{I}$ bekannt sind, kann hieraus $\boldsymbol{\omega}$ bestimmt werden.

5.7 Aufgaben

5.1 Zweiteilchen-System. Man betrachte zwei Teilchen $(m_1, m_2, \boldsymbol{v}_1, \boldsymbol{v}_2)$ und berechne die kinetische Energie dieses Systems a) im Laborsystem, b) im Schwerpunktsystem.

5.2 An den Enden einer Spiralfeder (Federkonstante k) sind zwei Körper (m_1, m_2) angebracht. Das System als solches sei kräftefrei und ungedämpft. Man stelle die Bewegungsgleichungen für die beiden Körper auf und »reduziere« sie auf Einkörperprobleme a) im (nichtinertialen) System von Körper 2, b) im Schwerpunktssystem.
Welches ist die Schwingungsfrequenz des Oszillators?

5.3 Man betrachte das System von Aufgabe 5.2 im Schwerpunktssystem und berechne a) die Gesamtenergie E, b) den Gesamtdrehimpuls $\boldsymbol{L}$.
Wie hängen die Energien E_1, E_2 mit der Gesamtenergie und die Drehimpulse $\boldsymbol{L}_1, \boldsymbol{L}_2$ mit dem Gesamtdrehimpuls zusammen?

5.4 Betrachte beim gravitationellen Zweikörper-Problem (vgl. Aufg. 4.3) die Bewegung beider Massenpunkte im Schwerpunktsystem und zeige, daß sich die physikalischen Größen wie Kraftpotentiale, Energien und Drehimpulse nach demselben Schema aufteilen wie die Abstände $d_1 = (\mu/m_1)r_{12}$, $d_2 = (\mu/m_2)r_{12}$. Im Fall des gebundenen Systems zeige man diese Aufteilung auch für die Halbachsen der Bahnellipsen.

5.5 Berechne den Quadrupoltensor für folgende Körper:
a) eine Kugel (konstante *Volumen*dichte der Masse),
b) eine Kreisscheibe (konstante *Flächen*dichte der Masse),
c) einen dünnen Stab (konstante *Linien*dichte der Masse).

6. Starre Körper

6.0 Vorbemerkung

Unter einem starren Körper versteht man ein System von Teilchen, deren Relativabstände unveränderlich sind.

Es muß sogleich bemerkt werden, daß „starre Körper" im genauen Sinne des Wortes nicht existieren, denn die Starrheit widerspricht den Prinzipien der Relativitätstheorie. In einem starren Körper würde sich nämlich »der Schall« mit *unendlicher* Geschwindigkeit ausbreiten, im Widerspruch zu der Existenz einer oberen Grenzgeschwindigkeit für energie-übertragende Signale. Man mache sich das anhand einer starren Stange klar, deren einem Ende man einen Schlag versetzt: Die Starrheit verlangt, daß sich das andere Stabende *instantan* in Bewegung setzt, weil sich andernfalls die Länge des Stabes (wenigstens kurzzeitig) verringern müßte. Da es jedoch Körper gibt, welche die Starrheitsbedingung in sehr guter Näherung erfüllen, ist der „starre Körper" dennoch ein brauchbares Modell.

Der einfachste starre Körper besteht aus drei Teilchen, die nicht auf einer Geraden liegen und untereinander „starr" verbunden sind. Daß dieses System bereits den allgemeinen Fall darstellt hängt damit zusammen, daß ein beliebiger starrer Körper in seiner Lage dadurch fixiert ist, indem man ihn an drei Punkten, die nicht auf einer Geraden liegen, festhält. Mit solchen drei Punkten kann man ein („*körperfestes*") Koordinatensystem verbinden, in dem die Koordinaten eines jeden Punktes des starren Körpers unveränderlich sind.

Die Bewegung in einem *äußeren* Koordinatensystem ist dann dadurch festgelegt, daß die Bewegung dreier Punkte als Funktion der Zeit gegeben ist. Das ergibt $3 \times 3 = 9$ Funktionen, von denen allerdings drei durch die Bedingungen eliminiert werden können, daß die Abstände der Punkte konstant sind. Es verbleiben also 6 Funktionen (der Zeit), die zur Beschreibung der Bewegung eines starren Körpers erforderlich sind. Man sagt, dieser habe 6 *Freiheitsgrade.*

Die allgemeine Bewegung des starren Körpers K läßt sich folgendermaßen beschreiben:

Man wählt einen mit K fest verbundenen Bezugspunkt M als Ursprung eines Koordinatensystems Σ, dessen Achsen parallel zu denen eines Inertialsystems sind. Dieses System Σ nennt man das *raumfeste* System. Daneben betrachtet man ein mit K fest verbundenes Koordinatensystem Σ', das seinen Ursprung ebenfalls in M hat. Dieses ist das *körperfeste* System.

Der Bezugspunkt M kann innerhalb oder außerhalb des Körpers liegen. Seine Wahl richtet sich nach den physikalischen Gegebenheiten. Beispielsweise wird man im Falle einer rollenden Kugel den Bezugspunkt in den Mittelpunkt (d. i. der MMP) legen. Beim Spielkreisel, der auf seiner Spitze stehend rotiert, wählt man hingegen den Auflagepunkt der Spitze als Bezugspunkt.

Als Modell eines starren Körpers bedienen wir uns entweder der Vorstellung eines Systems von endlich vielen Massenpunkten, die irgendwie untereinander starr verbunden sind, oder aber des Bildes der kontinuierlich verteilten Substanz.

6.1 Drehimpuls und Drehenergie

6.1.1 Berechnung im raumfesten Bezugssystem

Wir bezeichnen die Position von Massenpunkt α mit $\boldsymbol{d}_\alpha$ und seine Geschwindigkeit mit $\boldsymbol{w}_\alpha$. Es gilt also $\boldsymbol{w}_\alpha = \dot{\boldsymbol{d}}_\alpha$. Die Unveränderlichkeit der Relativabstände drückt sich durch die Bedingungen

$$\frac{\mathrm{d}}{\mathrm{d}t}|\boldsymbol{d}_\alpha| = 0\,, \quad \frac{\mathrm{d}}{\mathrm{d}t}|\boldsymbol{d}_\alpha - \boldsymbol{d}_\beta| = 0$$

aus. Daher hängt der Ortsvektor $\boldsymbol{d}_\alpha(t)$ mit dem Ortsvektor desselben Massenpunktes zur Zeit $t = 0$ durch eine orthogonale Matrix zusammen:

$$\boldsymbol{d}_\alpha(t) = \boldsymbol{D}(t)\boldsymbol{d}_\alpha(0)\,.$$

Für die Geschwindigkeit erhalten wir (vgl. 2.4.1)

$$\boldsymbol{w}_\alpha = \dot{\boldsymbol{D}}\,\boldsymbol{d}_\alpha(0) = \dot{\boldsymbol{D}}\,\boldsymbol{D}^T\boldsymbol{d}_\alpha\,,$$

wobei die schiefe Matrix $\dot{\boldsymbol{D}}\boldsymbol{D}^T$ mit der Winkelgeschwindigkeit durch die Beziehung

$$\dot{\boldsymbol{D}}\boldsymbol{D}^T = \begin{pmatrix} 0 & -\omega_3 & \omega_2 \\ \omega_3 & 0 & -\omega_1 \\ -\omega_2 & \omega_1 & 0 \end{pmatrix}$$

zusammenhängt. Es gilt also

$$\boldsymbol{w}_\alpha = \boldsymbol{\omega} \times \boldsymbol{d}_\alpha\,.$$

Für den Drehimpuls und die Drehenergie in bezug auf M erhalten wir nun

$$\begin{aligned}\boldsymbol{S} &= \Sigma\, m_\alpha \boldsymbol{d}_\alpha \times \boldsymbol{w}_\alpha = \Sigma\, m_\alpha \boldsymbol{d}_\alpha \times (\boldsymbol{\omega} \times \boldsymbol{d}_\alpha) \\ &= \Sigma\, m_\alpha [d_\alpha^2 \boldsymbol{\omega} - (\boldsymbol{\omega} \cdot \boldsymbol{d}_\alpha)\boldsymbol{d}_\alpha]\end{aligned}$$

und

$$T = \tfrac{1}{2}\Sigma m_\alpha |\boldsymbol{\omega} \times \boldsymbol{d}_\alpha|^2 = \tfrac{1}{2}\Sigma m_\alpha [d_\alpha^2 \omega^2 - (\boldsymbol{\omega} \cdot \boldsymbol{d}_\alpha)^2] .$$

Offensichtlich gilt

$$T = \tfrac{1}{2}\boldsymbol{\omega} \cdot \boldsymbol{S} .$$

Der Ausdruck für den Drehimpuls lautet in Indexschreibweise folgendermaßen:

$$S^k = \Sigma m_\alpha (d_\alpha^2 \delta^{kl} - d_\alpha^k d_\alpha^l)\omega_l = I^{kl}\omega_l ,$$

womit wir den symmetrischen Tensor

$$I^{kl} := \Sigma m_\alpha (d_\alpha^2 \delta^{kl} - d_\alpha^k d_\alpha^l) \qquad [6.1.1]$$

eingeführt haben. Nennen wir die entsprechende Komponentenmatrix I, so haben wir in gewöhnlicher Schreibweise

$$\boldsymbol{S} = \boldsymbol{I}\boldsymbol{\omega} , \qquad [6.1.2]$$

$$T = \tfrac{1}{2}\boldsymbol{\omega} \cdot \boldsymbol{I}\boldsymbol{\omega} . \qquad [6.1.3]$$

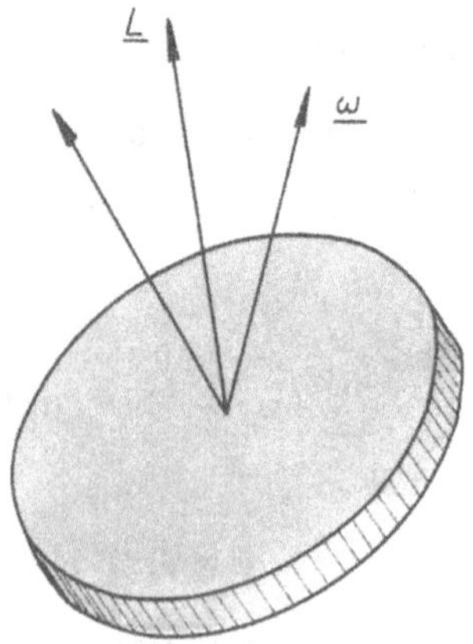

Abb. 6.1. Winkelgeschwindigkeit, Drehimpuls und Symmetrieachse eines starren Körpers (im Text wird **L** mit **S** bezeichnet)

6.1.2 Berechnung im körperfesten Bezugssystem

Dem gerade eingeführten Tensor I_{kl} haftet der Makel an, daß seine Komponenten von der Zeit abhängen. Das liegt daran, daß wir ihn im System Σ angegeben haben, in dem der Körper sich dreht.

Wir rechnen daher alle uns interessierenden Größen in das körperfeste System Σ' um. Dieses wählen wir einfachheitshalber so, daß es bei $t = 0$ mit Σ übereinstimmt. Der Ortsvektor von Teilchen α ist dann im System Σ' gegeben durch $\boldsymbol{d}'_\alpha = \boldsymbol{d}_\alpha(0)$. Die Transformationsgleichungen sind daher einfach

$$\boldsymbol{d}_\alpha = \boldsymbol{D}\boldsymbol{d}'_\alpha . \qquad [6.1.4]$$

Die entsprechende Transformationsformel für den Tensor $\boldsymbol{I}$ lautet

$$\boldsymbol{I} = \boldsymbol{D}\boldsymbol{I}'\boldsymbol{D}^T . \qquad [6.1.5]$$

Wir überzeugen uns leicht davon, daß $\boldsymbol{I}'$ ein *konstanter* Tensor ist. Dazu schreiben wir die Beziehung $\boldsymbol{d}_\alpha = \boldsymbol{D}\boldsymbol{d}'_\alpha$ mit Indizes,

$$d^k_\alpha = D^k{}_l d'^l_\alpha ,$$

und setzen dies in die Formel für I^{kl} ein.

Wir benutzen ferner die Gleichung

$$D^k{}_j D^l{}_m \delta^{jm} = \delta^{kl} ,$$

welche nichts weiter als die Bedingung $\boldsymbol{D}\boldsymbol{D}^T = \boldsymbol{1}$ bedeutet. Schließlich haben wir

$$|d_\alpha|^2 = |d'_\alpha|^2$$

wegen der orthogonalen Invarianz des Skalarproduktes.

Wir erhalten

$$\begin{aligned} I^{kl} &= \Sigma m_\alpha (d^2_\alpha D^k{}_j D^l{}_m \delta^{jm} - D^k{}_j d'^j_\alpha D^l{}_m d'^m_\alpha) \\ &= D^k{}_j \Sigma m_\alpha (d'^j_\alpha \delta^{jm} - d'^j_\alpha d'^m_\alpha) D^l{}_m \end{aligned}$$

und bemerken, daß dies die Transformationsformel für $\boldsymbol{I}$ in Indexform ist.

Wir lesen also ab

$$I'^{jm} = \Sigma m_\alpha (d'^2 \delta^{jm} - d'^j_\alpha d'^m_\alpha) . \qquad [6.1.6]$$

Dies ist der Trägheitstensor des starren Körpers in bezug auf den Punkt M. Er wird durch eine konstante, symmetrische Matrix repräsentiert. Aus [6.1.2], [6.1.3], [6.1.4] und [6.1.5] berechnen wir nun

$$\boldsymbol{S} = \boldsymbol{D}\boldsymbol{S}' = \boldsymbol{D}\boldsymbol{I}'\boldsymbol{D}^T\boldsymbol{D}\boldsymbol{\omega}' = \boldsymbol{D}\boldsymbol{I}'\boldsymbol{\omega}'$$

und

$$T = \tfrac{1}{2}\omega \cdot S = \tfrac{1}{2} D\omega' \cdot DS' = \tfrac{1}{2}\omega' \cdot S'.$$

Das ergibt

$$S' = I'\omega'$$

und

$$T' = T = \tfrac{1}{2}\omega' \cdot I'\omega'. \qquad [6.1.8]$$

In diesen wichtigen Beziehungen ist die Materieverteilung des Körpers durch einen konstanten Tensor repräsentiert, während die zeitliche Veränderlichkeit durch $\omega'(t)$ gegeben ist.

6.1.3 Der Trägheitstensor

Nach [6.1.7] und [6.1.8] beschreibt I' das Trägheitsverhalten des starren Körpers bei einer Drehung, ähnlich wie die Masse das Trägheitsverhalten bei der Translation beschreibt (die analogen Beziehungen sind dabei $p = mv$, $T = \frac{1}{2} v \cdot mv$).

Wie bereits bemerkt, ist I' (wie I) ein symmetrischer Tensor. Seine Eigenwerte sind also reell. Sie heißen Hauptträgheitsmomente. Die durch den Bezugspunkt M gehenden Geraden, deren Richtung durch die Eigenvektoren von I' gegeben sind, heißen Hauptträgheitsachsen.

Die Hauptträgheitsmomente sind positiv. Höchstens eines von ihnen kann verschwinden.

Zum Beweis nehmen wir einen beliebigen Einheitsvektor n und bilden

$$n \cdot I' n = I'^{jm} n_j n_m = \sum m_\alpha [d'^2_\alpha - (d'_\alpha \cdot n)^2].$$

Bezeichnen wir den Winkel zwischen d_α und n mit θ_α, so erhalten wir

$$n \cdot I' n = \sum m_\alpha d'^2_\alpha \sin^2 \theta_\alpha .$$

Wenn n ein Eigenvektor von I' ist, so ist der dazugehörige Eigenwert gegeben durch $I = n \cdot I' n$. Falls er nicht verschwindet, so muß er positiv sein, da die Summanden auf der rechten Seite positiv (oder »schlimmstenfalls« gleich Null) sind.

Wenn n ein Eigenvektor zum Eigenwert 0 ist, so ist $n \cdot I' n = 0$. Hierfür folgt $\sum m_\alpha d'^2_\alpha \sin^2 \theta_\alpha = 0$ und, wegen $m_\alpha > 0$, $d'^2_\alpha \sin \theta_\alpha = 0$. Das bedeutet aber, daß jeder Massenpunkt auf der durch $\boldsymbol{n}$ gegebenen Achse durch M liegt. Gäbe es eine zweite solche Achse, so müßten alle Massenpunkte im Schnittpunkt M liegen. In diesem Fall würde der gesamte Trägheitstensor verschwinden.

Für eine *kontinuierliche* Materieverteilung der Dichte $\rho(\boldsymbol{r})$ lautet die Formel für den Trägheitstensor (wir lassen hier die Striche weg)

$$I^{kl} = \int (r^2 \delta^{kl} - x^k x^l) \rho \, d\tau ,$$

wobei wie vereinbart $(x^1, x^2, x^3) = (x, y, z)$ und $r^2 = x^2 + y^2 + z^2$ ist.

Diese Formel ist eine offensichtliche Übertragung von [6.1.6] auf das Modell »kontinuierliche Materie«.

Wir bezeichnen mit I_1, I_2, I_3 die Hauptträgheitsmomente, also die Eigenwerte von (I^{kl}), und wählen die Hauptträgheitsachsen als Achsen eines kartesischen Koordinatensystems. In diesen Koordinaten, die wir auch wieder mit (x, y, z) bezeichnen, nimmt der Trägheitstensor Diagonalform an. Die Diagonalelemente von (I^{kl}) sind I_1, I_2, I_3.

Die quadratische Gleichung

$$I_1 x^2 + I_2 y^2 + I_3 z^2 = 1$$

definiert das „Trägheitsellipsoid", dessen Halbachsen also durch $a = (I_1)^{-1/2}$, $b = (I_2)^{-1/2}$, $c = (I_3)^{-1/2}$ gegeben sind.

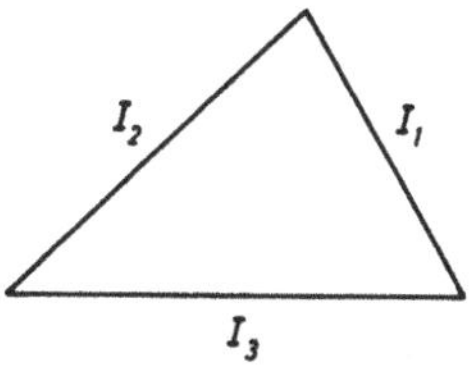

Abb. 6.2. Die „Dreiecksbeziehung" der Hauptträgheitsmomente

Zwischen den Hauptträgheitsmomenten besteht die wichtige »Dreiecksbeziehung«

$$I_1 + I_2 \geqslant I_3, \quad I_2 + I_3 \geqslant I_1, \quad I_3 + I_1 \geqslant I_2,$$

die man sich veranschaulichen kann, indem man I_1, I_2, I_3 als die Seitenlängen eines Dreiecks ansieht (Abb. 6.2). Um diese Beziehung zu beweisen, schreiben wir die Formeln im Hauptachsensystem:

$$I_1 = \int (y^2 + z^2)\rho\, d\tau, \qquad I_2 = \int (z^2 + x^2)\rho\, d\tau, \qquad I_3 = \int (x^2 + y^2)\rho\, d\tau.$$

Es folgt beispielsweise

$$I_1 + I_2 = I_3 + 2\int z^2 \rho\, d\tau,$$

wobei das Integral rechts positiv ist, denn es ist der Grenzwert einer Folge positiver Zahlen. Damit ist also $I_1 + I_2 \geqslant I_3$ usw.

Diese Aussagen gelten für die Eigenwerte des Trägheitstensors, der hier noch in bezug auf einen beliebigen Punkt (nämlich den Koordinaten-Ursprung) genommen ist. Besonderes Interesse haben wir natürlich am Trägheitstensor bezüglich des Massenmittelpunktes des Körpers. Dieser ist gemeint, wenn wir schlechthin vom »*Trägheitstensor des Körpers*« reden.

Einen Körper, für den zwei Hauptträgheitsmomente gleich sind, nennt man auch einen „*symmetrischen Kreisel*". Jeder axialsymmetrische Körper ist ein symmetrischer Kreisel, ebenso z. B. ein Quader mit zwei gleichlangen Kanten. Nennen wir also den doppelten Eigenwert $I_1 = I_2 =: I$. Dann muß $I > 0$ sein (zwei Hauptträgheitsmomente dürfen nicht verschwinden). Als Folge der Dreiecksbeziehung ist $I_3 \leqslant 2I$ und daher gilt für einen symmetrischen Kreisel:

$$0 \leqslant I_3 \leqslant 2I.$$

Als »Vertreter« der beiden Grenzwerte von I_3 können wir den extrem *dünnen Stab* ($I_3 \cong 0$) und die extrem *flache Scheibe* ($I_3 \cong 2I$) ansehen.

Beispiel: Homogener Quader (Kantenlängen a, b, c) Massendichte ρ = konstant, Masse $M = \rho abc$. Koordinatenachsen parallel zu den Kanten (s. Abb. 6.3).

$$I_{11} = \rho \int_{-a/2}^{a/2} dx \int_{-b/2}^{b/2} \int_{-c/2}^{c/2} (y^2 + z^2)\, dy\, dz = \rho a \int_{-b/2}^{b/2} \left(c y^2 + \frac{1}{3}\frac{c^3}{4} \right) dy$$

$$= \rho a c \left[\frac{y^3}{3} + \frac{c^2}{12} y \right]_{-b/2}^{b/2} = \rho abc \frac{b^2 + c^2}{12} = \frac{M}{12}(b^2 + c^2).$$

$$I_{12} = -\rho \int_{-c/2}^{c/2} dz \int_{-a/2}^{a/2} x\, dx \int_{-b/2}^{b/2} y\, dy = 0.$$

Das genügt als Rechnung. Es folgt (durch Analogieschluß)

$$I_1 = \frac{M}{12}(b^2 + c^2), \quad I_2 = \frac{M}{12}(c^2 + a^2), \quad I_3 = \frac{M}{12}(a^2 + b^2).$$

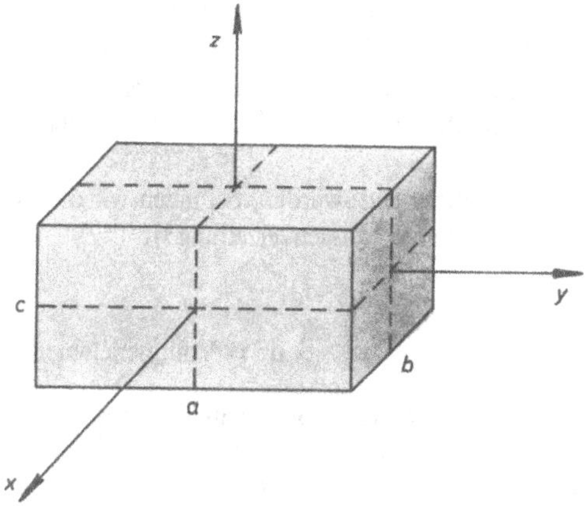

Abb. 6.3. Hauptträgheitsachsen eines Quaders

Die Koordinatenachsen sind also Hauptträgheitsachsen, denn die nichtdiagonalen Elemente des Trägheitstensors sind Null. Das Trägheitsellipsoid ist

$$\frac{M}{12}[(b^2 + c^2)x^2 + (c^2 + a^2)y^2 + (a^2 + b^2)z^2] = 1$$

mit den Halbachsen

$$\sqrt{\frac{12}{M(b^2 + c^2)}}, \quad \sqrt{\frac{12}{M(c^2 + a^2)}}, \quad \sqrt{\frac{12}{M(a^2 + b^2)}}.$$

Einen symmetrischen Kreisel erhalten wir beispielsweise für $a = b$. Dann ist also $I_1 = I_2 := I = \frac{M}{12}(a^2 + c^2)$, $I_3 = \frac{M}{12} \cdot 2a^2$. Die Ungleichung $0 \leqslant I_3 \leqslant 2I$ ist erfüllt. Der Grenzfall $I_3 \to 0$ bedeutet $a \to 0$, d.i. ein Stab der Länge c; der Grenzfall $I_3 = 2I$ tritt ein für $c \to 0$, d.i. eine quadratische Scheibe.

6.1.4 Symmetrieachsen

Um die Berechnung des Trägheitstensors zu vereinfachen, liegt es nahe, die Koordinatenachsen von Σ' in die Richtungen der Hauptträgheitsachsen zu legen. Dann erhält man den Trägheitstensor sogleich in Diagonalform. Nachträglich kann man diese Anpassung von Σ' an die Hauptachsen stets vornehmen, jedoch lassen sich Hauptträgheitsachsen von vornherein nur in besonders einfachen Fällen erraten.

Wir zeigen: Jede Symmetrieachse der Massenverteilung, die den Bezugspunkt M enthält, ist eine Hauptachse des Trägheitstensors bezüglich M.

Um die lästigen Indizes loszuwerden, benutzen wir die Formel für $\boldsymbol{I}'$ im Fall von kontinuierlicher Massenverteilung*):

$$I^{kl} = \int (r^2 \delta^{kl} - x^k x^l) \rho(\boldsymbol{r}) \mathrm{d}\tau , \qquad [6.1.9]$$

$$r^2 := x^{1^2} + x^{2^2} + x^{3^2}, \qquad \mathrm{d}\tau = \text{Volumenelement}.$$

Wir legen die z-Richtung des Koordinatensystems in Richtung der Symmetrieachse. Nehmen wir also an, die Massenverteilung sei spiegelsymmetrisch in bezug auf die z-Achse, d. h.

$$\rho(x, y, z) = \rho(-x, -y, z).$$

Diese Symmetrievoraussetzung ist einigermaßen schwach. Bei den in praktischen Anwendungen interessierenden Körpern liegen häufig stärkere Symmetrien vor.

Wir zeigen, daß die x^3-Achse eine Hauptträgheitsachse ist. Da $n_l = \delta_l^3$ der Einheitsvektor in x^3-Richtung ist, gilt

$$I^{kl} n_l = I^{kl} \delta_l^3 = I^{k3} = \int (r^2 \delta^{k3} - x^k x^3) \rho(\boldsymbol{r}) \mathrm{d}\tau ,$$

also

$$I^{1l} n_l = -\int x^1 x^3 \rho(x^1, x^2, x^3) \mathrm{d}\tau .$$

Zur Berechnung des Integrals benutzen wir Zylinderkoordinaten

$$x^1 = r \cos \varphi, \qquad x^2 = r \sin \varphi, \qquad x^3 = z,$$

in denen die Symmetriebedingung

$$\rho(r, \varphi, z) = \rho(r, \varphi + \pi, z)$$

---

*) Wir unterdrücken von hier an bis zum Schluß von 6.1 den Strich zur Bezeichnung der Größen im körperfesten System.

lautet. Mit dem Volumenelement $d\tau = r\,dr\,d\varphi\,dz$ wird

$$I^{1l}n_l = -\int_{-\infty}^{+\infty} dz\,z \int_0^{\infty} dr\,r^2 \int_0^{2\pi} \rho(r,\varphi,z)\cos\varphi\,d\varphi\,.$$

Das Integral über φ ist gleich

$$\int_0^{\pi} \rho(r,\varphi,z)\cos\varphi\,d\varphi + \int_{\pi}^{2\pi} \rho(r,\varphi,z)\cos\varphi\,d\varphi\,.$$

Der zweite Term wird umgeformt in

$$\int_0^{\pi} \rho(r,\varphi+\pi,z)\cos(\varphi+\pi)\,d(\varphi+\pi) = -\int_0^{\pi} \rho(r,\varphi,z)\cos\varphi\,d\varphi\,.$$

Also haben wir $I^{1l}n_l = 0$ und, entsprechend, $I^{2l}n_l = 0$. Das bedeutet aber

$$I^{kl}n_l = I^{33}n^k\,,$$

d.h. die Symmetrieachse ist eine Hauptträgheitsachse. Auf dieselbe Weise kann man zeigen, daß der Massenmittelpunkt auf der Symmetrieachse liegt.

Beispiel 1: Ein Teilchen der Masse m am Orte $\boldsymbol{a}$.

$$I^{kl} = m(a^2\delta^{kl} - a^k a^l)\,.$$

In Matrixkomponenten:

$$\boldsymbol{I} = m\begin{pmatrix} a_y a_y + a_z a_z & -a_x a_y & -a_x a_z \\ -a_x a_y & a_z a_z + a_x a_x & -a_y a_z \\ -a_x a_z & -a_y a_z & a_x a_x + a_y a_y \end{pmatrix}$$

Ein Eigenvektor, und zwar zum Eigenwert 0, ist $\boldsymbol{a}$ selbst:

$$\boldsymbol{I}\,\boldsymbol{a} = 0\,.$$

Jeder Vektor in der zu $\boldsymbol{a}$ senkrechten Ebene ist Eigenvektor zum Eigenwert ma^2. Die Hauptträgheitsmomente sind also 0, ma^2, ma^2.

Hätte man die x-Achse des körperfesten Systems so gewählt, daß sie in Richtung von $\boldsymbol{a}$ weist, so hätte man von vornherein als Trägheitstensor

$$\boldsymbol{I} = ma^2\begin{pmatrix} 0 & 0 & 0 \\ 0 & 1 & 0 \\ 0 & 0 & 1 \end{pmatrix}$$

erhalten. Denn da die Richtung von $\boldsymbol{a}$ eine Symmetrieachse dieser »Materieverteilung« ist, muß sie eine Hauptträgheitsrichtung sein.

Beispiel 2: Trägheitsmoment einer Kugel in bezug auf den Mittelpunkt.

Wir setzen eine kugelsymmetrische (Massen-)Dichteverteilung $\rho(r)$ voraus. Da jede Gerade durch den Mittelpunkt eine Symmetrieachse ist, darf der Trägheitstensor keine Richtung des Raumes auszeichnen. Es muß also gelten

$$I^{kl} = \tfrac{1}{3}(\text{Spur } I)\,\delta^{kl},$$

wobei

$$\text{Spur } I = I_{11} + I_{22} + I_{33} = 2\int \rho(r) r^2 \mathrm{d}\tau$$

ist, wie man aus [6.1.9] ersieht. In Kugelkoordinaten ist

$$\mathrm{d}\tau = r^2 \mathrm{d}r \cdot \sin\theta \cdot \mathrm{d}\theta \cdot \mathrm{d}\varphi$$

und wegen der Kugelsymmetrie kann die Integration über die Winkel ausgeführt werden. Man erhält

$$\text{Spur } I = 8\pi \int \rho(r) r^4 \mathrm{d}r$$

und damit

$$I^{kl} = \frac{8\pi}{3}\delta^{kl} \int \rho(r) r^4 \mathrm{d}r\,.$$

Für eine homogene Vollkugel der Masse M und des Radius R ergibt das

$$I^{kl} = \tfrac{2}{5} M R^2 \delta^{kl}\,.$$

Übungsaufgabe:

Berechne den Trägheitstensor für eine Kugel der Massendichte: $\rho = 0$ für $r < R_1$, $\rho = \text{const.}$ für $R_1 \leqslant r \leqslant R_2$, $\rho = 0$ für $R_2 < r$. Man betrachte insbesondere den Grenzfall der Hohlkugel ($R_1 \to R_2$ bei festgehaltener Masse). ■

Beispiel 3: Trägheitstensor eines homogenen geraden Kreiskegels (Masse M, Radius R, Höhe h) in bezug auf seine Spitze. Wir benutzen Zylinderkoordinaten r, φ, z; der Abstand des Integrationspunktes vom Nullpunkt ist also $\sqrt{r^2 + z^2}$. Die Gleichung der Mantelfläche ist $z = hr/R$. Zu berechnen ist

$$I^{kl} = \rho \int_0^h \mathrm{d}z \int_0^{Rz/h} r\,\mathrm{d}r \int_0^{2\pi} \mathrm{d}\varphi\,[(r^2 + z^2)\delta^{kl} - x^k x^l]$$

mit

$$x^1 = r\cos\varphi\,, \qquad x^2 = r\sin\varphi\,, \qquad x^3 = z\,.$$

Wegen der Symmetrie ist die z-Achse eine Hauptträgheitsachse und außerdem ist $I^{11} = I^{22}$. Die Integration ergibt

$$I^{11} = I^{22} = \frac{3}{5}M\left(\frac{R^2}{4} + h^2\right), \qquad I^{33} = \frac{3}{10}MR^2\,,$$

und die übrigen I^{kl} sind gleich Null.

Übungsaufgabe:

Verallgemeinere Beispiel 3 auf einen beliebigen axialsymmetrischen Körper $\left(\frac{\partial\rho}{\partial\varphi} = 0 \text{ in Zylinderkoordinaten}\right)$ und zeige, daß der Trägheitstensor in bezug auf einen Punkt der Symmetrieachse (= z-Achse) diagonal ist mit $I^{11} = I^{22}$. ■

6.2 Die Bewegung starrer Körper

6.2.1 Drehmomente

In der angewandten Mechanik kommen vielfach Aufgaben mit Kräften vor, die an bestimmten Punkten eines Körpers ansetzen, wie z. B. die Last am Ende eines Kranarmes, der Stützpfeiler unter einem Tragebalken usw. Dabei ist es zweckmäßig das „*Moment einer Kraft*"*) bezüglich eines ausgezeichneten Punktes („Bezugspunkt") einzuführen:

$$\boldsymbol{N} := \boldsymbol{r} \times \boldsymbol{F}\,. \qquad [6.2.1]$$

Dieser Vektor wird auch „Drehmoment" (der Kraft $\boldsymbol{F}$) genannt. Diese Bezeichnung kommt daher: Wird ein starrer Körper in einem Punkte »festgehalten«, so bewirkt das Drehmoment eine Drehung um diesen Bezugspunkt.

Für ein Teilchen, das am Orte $\boldsymbol{r}$ den Impuls $\boldsymbol{p}$ und den Drehimpuls $\boldsymbol{l}$ besitzt, gilt wegen $\dot{\boldsymbol{r}} \times \boldsymbol{p} = 0$ einfach:

$$\boldsymbol{N} = \boldsymbol{r} \times \boldsymbol{F} = \boldsymbol{r} \times \dot{\boldsymbol{p}} = (\boldsymbol{r} \times \boldsymbol{p})^{\cdot} = \dot{\boldsymbol{l}}\,.$$

Für ein System der Art, wie wir es in 5.3 betrachtet haben, gilt

$$= \sum \boldsymbol{N}_\alpha = \sum \boldsymbol{r}_\alpha \times \boldsymbol{F}_\alpha = \sum (\boldsymbol{R} + \boldsymbol{d}_\alpha) \times \boldsymbol{F}_\alpha = \boldsymbol{R} \times \sum \boldsymbol{F}_\alpha + \sum \boldsymbol{d}_\alpha \times \boldsymbol{F}_\alpha$$

*) Vgl. hierzu Band 1, Kap. 9.1.

und als Gesamtdrehmoment erhalten wir (mit derselben Rechnung wie in 5.3.2 zur Berechnung von $\dot{\boldsymbol{J}}$)

$$\boldsymbol{N} = \boldsymbol{R} \times \boldsymbol{K} + \sum \boldsymbol{d}_\alpha \times \boldsymbol{K}_\alpha .$$

Für die zeitliche Änderung des Gesamtdrehimpulses gilt also

$$\dot{\boldsymbol{J}} = \boldsymbol{N} \qquad [6.2.2]$$

wobei $\boldsymbol{N}$ durch die *äußeren* Kräfte bestimmt ist. Die inneren Kräfte erzeugen kein Drehmoment.

Ein äußeres *homogenes* Kraftfeld erzeugt kein Drehmoment bezüglich des Massenmittelpunktes, denn $\boldsymbol{K}_\alpha = m_\alpha \boldsymbol{G}$ ($\boldsymbol{G}$ eine konstante Feldstärke) ergibt $\sum \boldsymbol{d}_\alpha \times \boldsymbol{K}_\alpha = (\sum m_\alpha \boldsymbol{d}_\alpha) \times \boldsymbol{G}_\alpha = 0$. Angewandt auf das Schwerefeld der Erde bedeutet diese Aussage: Ein Körper, der so klein ist, daß die Gravitationskraft über seine Ausdehnung als konstant angesehen werden kann, hat im Erdfeld einen konstanten Eigendrehimpuls (natürlich nur bei Vernachlässigung der Luftreibung). Entsprechendes gilt für den Erdkörper im Feld der Sonne; allerdings nur annähernd, denn als Folge eines kleinen Drehmomentes, das auf die Wechselwirkung mit Sonne und Mond zurückgeht, gibt es eine langsame Präzession der Erdachse mit einer Periode von ca. 26000 Jahren.

Nach [6.2.1] hat das Drehmoment dieselbe Maßeinheit $\mathrm{m^2\,kg/s^2}$ wie die Arbeit. Man verwendet jedoch hier nicht die Abkürzung „Joule", da es sich um eine andersartige physikalische Größe handelt.

6.2.2 Die Eulerschen Gleichungen

Wir betrachten jetzt einen starren Körper, der in einem Punkt festgehalten wird. Seine Hauptträgheitsmomente bezüglich des Punktes seien I_1, I_2, I_3.

Wenn der Körper unter dem Einfluß von Kräften steht, die ein Drehmoment $\boldsymbol{N}$ erzeugen, lauten die Bewegungsgleichungen im raumfesten System*).

$$\frac{\mathrm{d}\boldsymbol{L}}{\mathrm{d}t} = \boldsymbol{N}, \qquad [6.2.3]$$

wobei $\boldsymbol{L} = \boldsymbol{I}\boldsymbol{\omega}$ ist.

---

*) Im folgenden bezeichnen wir Drehimpulse mit dem Buchstaben $\boldsymbol{L}$, ungeachtet der Wahl des Bezugspunktes.

Um diese Gleichung in das körperfeste System umzuschreiben, setzen wir $\boldsymbol{L} = \boldsymbol{D}\boldsymbol{L}'$ ein:

Mit der abkürzenden Schreibweise $(\boldsymbol{L}')^{\cdot} = \dot{\boldsymbol{L}}'$ wird also

$$\boldsymbol{D}^T \dot{\boldsymbol{L}} = \dot{\boldsymbol{L}}' + \boldsymbol{D}^T \dot{\boldsymbol{D}} \boldsymbol{L}' = \boldsymbol{D}^T \boldsymbol{N} = \boldsymbol{N}' .$$

$\boldsymbol{D}^T \dot{\boldsymbol{D}}$ ist dabei einfach *die ins System Σ' transformierte* Winkelgeschwindigkeitsmatrix $\dot{\boldsymbol{D}} \boldsymbol{D}^T$:

$$\boldsymbol{D}^T (\dot{\boldsymbol{D}} \boldsymbol{D}^T) \boldsymbol{D} = \boldsymbol{D}^T \dot{\boldsymbol{D}} .$$

Daher können wir schreiben

$$\boldsymbol{D}^T \dot{\boldsymbol{D}} \boldsymbol{L}' = \boldsymbol{\omega}' \times \boldsymbol{L}' .$$

Die Bewegungsgleichungen im körperfesten System sind also (wie wir übrigens auch direkt aus [2.4.14] hätten folgern können)

$$\dot{\boldsymbol{L}}' + \boldsymbol{\omega}' \times \boldsymbol{L}' = \boldsymbol{N}' .$$

Wegen $\boldsymbol{L}' = \boldsymbol{I}' \boldsymbol{\omega}'$ (mit konstanter Matrix $\boldsymbol{I}'$) gilt dann

$$\boldsymbol{I}' \dot{\boldsymbol{\omega}}' + \boldsymbol{\omega}' \times \boldsymbol{I}' \boldsymbol{\omega}' = \boldsymbol{N}' .$$

Wir erhalten damit ein System von 3 gewöhnlichen Differentialgleichungen für den Winkelgeschwindigkeitsvektor.

Passen wir noch das körperfeste System an die Hauptträgheitsachsen an und lassen der Einfachheit halber die Striche bei den Trägheitsmomenten weg, so haben wir in Komponenten

$$\begin{aligned} I_1 \dot{\omega}_1' - (I_2 - I_3)\omega_2' \omega_3' &= N_1' \\ I_2 \dot{\omega}_2' - (I_3 - I_1)\omega_3' \omega_1' &= N_2' \\ I_3 \dot{\omega}_3' - (I_1 - I_2)\omega_1' \omega_2' &= N_3' . \end{aligned} \qquad [6.2.4]$$

Dies sind die *Eulerschen Kreiselgleichungen* im körperfesten System. In dieser Form sind sie noch nicht geeignet, die orthogonale Matrix $\boldsymbol{D}(t)$ zu bestimmen, welche die Bewegung des Körpers beschreibt.

Zwar sind die I_k und das Drehmoment als gegeben zu betrachten, jedoch wird letzteres gewöhnlich im *raumfesten* System gegeben. In den N_k' steckt also noch die Matrix $\boldsymbol{D}$. Daher muß man das System so ansehen: Die gesuchte Matrix $\boldsymbol{D}$ sei etwa durch Eulersche Winkel θ, φ, ψ parametrisiert (vgl. 2.4.3). Dann bedeutet [6.2.4] drei Differentialgleichungen 2. Ordnung für die Funktionen der Zeit θ, φ, ψ.

6.2.3 Drehmomentfreier Kreisel

Wir betrachten jetzt einen beliebigen starren Körper, auf den kein Drehmoment einwirkt. Ein homogenes Schwerefeld wird zugelassen, da es nach 6.2.1 kein Drehmoment erzeugt. Der Körper interessiert uns nur hinsichtlich seiner Rotation und wir beschreiben ihn daher in Koordinatensystemen, die ihren Ursprung im Massenmittelpunkt des Körpers haben. Die Betrachtung gilt auch für einen kräftefreien Kreisel, der in einem beliebigen Punkt »festgehalten« wird. Nur, daß dann der Trägheitstensor bezüglich dieses Punktes zu nehmen ist. Von dem »raumfesten« System verlangen wir daher nur, daß es gegenüber einem Inertialsystem nicht rotiert.

Da kein Drehmoment einwirkt, vereinfachen sich die Gleichungen [6.2.4] zu

$$I_1\dot{\omega}'_1 - (I_2 - I_3)\omega'_2\omega'_3 = 0$$

$$I_2\dot{\omega}'_2 - (I_3 - I_1)\omega'_3\omega'_1 = 0$$

$$I_3\dot{\omega}'_3 - (I_1 - I_2)\omega'_1\omega'_2 = 0\,.$$

Die Berechnung des Vektors $\boldsymbol{\omega}'$ führt bereits auf elliptische Integrale, mit denen wir uns jedoch nicht befassen wollen. Stattdessen geben wir die elegante geometrische Beschreibung der Bewegung an, die von *L. Poinsot* (1777–1859) erfunden wurde und die sich auf die Konstanten der Bewegung stützt. Diese Konstanten sind der Drehimpuls $\boldsymbol{L}$ und die Rotationsenergie T. Die Aussage $\boldsymbol{L}$ = konstant ergibt sich aus [6.2.3] wegen $\boldsymbol{N} = 0$. Für die zeitliche Änderung der Rotationsenergie gilt

$$\dot{T} = \tfrac{1}{2}(\boldsymbol{\omega}\cdot\boldsymbol{I}\,\boldsymbol{\omega})^{\cdot} = \tfrac{1}{2}(\boldsymbol{\omega}'\cdot\boldsymbol{I}'\boldsymbol{\omega}')^{\cdot} = (\boldsymbol{\omega}'\cdot\boldsymbol{I}'\dot{\boldsymbol{\omega}}') = (\boldsymbol{\omega}'\cdot\dot{\boldsymbol{L}}')\,.$$

Hier wurde nur die Invarianz des Skalarproduktes bei Drehungen und die Konstanz des Tensors I' benutzt. Wegen der Euler-Gleichungen ist

$$\dot{\boldsymbol{L}}' = \boldsymbol{N}' - \boldsymbol{\omega}'\times\boldsymbol{L}' = -\boldsymbol{\omega}'\times\boldsymbol{L}'\,,$$

d. h. wir haben

$$\dot{T} = 0\,.$$

Wir ersetzen nun den Körper durch sein Trägheitsellipsoid und betrachten dieses im raumfesten System, in dem es irgendeine Bewegung ausführt, die es zu untersuchen gilt. Daneben betrachten wie den Vektor $\boldsymbol{\omega}$. Beide Objekte, das Trägheitsellipsoid und der Winkelgeschwindigkeitsvektor, bewegen sich so, daß

$$I_{kl}\omega^k\omega^l = 2T$$

konstant bleibt. Wie wir aus der Schreibweise

$$I_{kl}\frac{\omega^k}{\sqrt{2T}}\frac{\omega^l}{\sqrt{2T}}=1 \qquad [6.2.5]$$

ersehen, weist der Vektor $\omega^k/\sqrt{2T}$ zu jeder Zeit auf einen Punkt des Trägheitsellipsoids $I_{kl}x^k x^l = 1$, d. h. seine Spitze durchläuft darauf eine Kurve. Die Normale zum Ellipsoid ist gegeben durch den Gradienten der linken Seite von [6.2.5]:

$$\frac{\partial}{\partial x^k}(I_{kl}x^k x^l)\bigg|_{x^k=\frac{\omega^k}{\sqrt{2T}}} = 2I_{kl}\frac{\omega^l}{\sqrt{2T}} = \frac{2}{\sqrt{2T}}L_k,$$

d. i. die *Richtung* des konstanten Vektors $\boldsymbol{L}$. Wir wählen nun die Orientierung des raumfesten Koordinatensystems so, daß seine z-Richtung in die von $\boldsymbol{L}$ weist. Da $\boldsymbol{L}$ im »Punkte« $\boldsymbol{\omega}/\sqrt{2T}$ senkrecht zum Trägheitsellipsoid ist, berührt letzteres in diesem Punkt eine Ebene $z = z_0$ (Abb. 6.4). Dabei ist z_0 der »Abstand« *) der Tangentialebene vom Mittelpunkt des Ellipsoids (= Koordinatenursprung), d. h. die Projektion des Vektors $\boldsymbol{\omega}/\sqrt{2T}$ auf die z-Achse. Es gilt also

$$z_0 = \frac{\boldsymbol{\omega}}{\sqrt{2T}}\cdot\frac{\boldsymbol{L}}{L} = \frac{2T}{\sqrt{2T}L} = \frac{\sqrt{2T}}{L}.$$

Da dieser Abstand konstant ist, haben wir folgendes qualitatives Bild von der Bewegung:

Das Trägheitsellipsoid (Mittelpunkt (0,0,0)) rollt an der Ebene $z = \sqrt{2T}/L$ ab. Wenn wir den Ortsvektor des Berührungspunktes mit $\boldsymbol{r}$ bezeichnen, so ist die Winkelgeschwindigkeit gegeben durch

$$\boldsymbol{\omega} = \sqrt{2T}\,\boldsymbol{r}.$$

Beim Abrollen des Trägheitsellipsoids zeichnet $\boldsymbol{r}$ je eine Kurve auf dem Ellipsoid und auf der Berührungsebene. Damit ist die jeweilige Lage von $\boldsymbol{\omega}$ bezüglich des Körpers und des raumfesten Systems festgelegt. Unbestimmt bleibt nach dieser Betrachtung, wie »schnell« die Kurven von $\boldsymbol{\omega}$ durchlaufen werden.

Das Abrollen des Trägheitsellipsoids auf der Berührungsebene erfolgt übrigens ohne zu gleiten. Die notwendige und hinreichende Bedingung für ein »Rollen ohne Gleiten« ist allgemein, daß im Berührungspunkt (bzw. entlang einer Berührungslinie) das Geschwindigkeitsfeld des

*) Achtung: z_0 hat nicht die Dimension »Länge«.

Körpers verschwindet. Diese Bedingung ist bei der Rollbewegung des Trägheitsellipsoids erfüllt, weil der Berührungspunkt stets auf der momentanen Drehachse liegt (vgl. Übungsaufgaben 6.4 und 6.5).

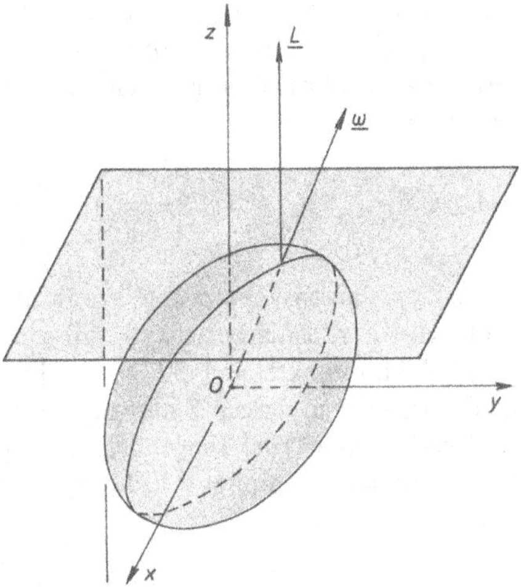

Abb. 6.4. Zur Poinsot-Bewegung des drehmomentfreien Kreisels: Das Trägheitsellipsoid rollt bei festgehaltenem Mittelpunkt 0 an der Ebene $z = \sqrt{2T}/L$ ab. Es berührt (von unten) diese Ebene im Punkte $\boldsymbol{r} = \boldsymbol{\omega}/\sqrt{2T}$. Der Drehimpuls $\boldsymbol{L}$ steht im Berührungspunkt senkrecht auf dem Ellipsoid, ist also parallel zur z-Achse

6.2.4 Symmetrischer Kreisel

Das Trägheitsellipsoid eines *symmetrischen* Kreisels mit

$$I_1 = I_2 =: I$$

ist ein *Rotations*ellipsoid, dessen Symmetrieachse mit der z'-Richtung des körperfesten Systems zusammenfällt. Wegen der bereits besprochenen Bedingung für die Hauptträgheitsmomente, $0 \leqslant I_3/I \leqslant 2$, gilt für die Halbachsen a, $b\,(=a)$, c des Trägheitsellipsoids $0 \leqslant a/c \leqslant \sqrt{2}$.

Betrachtet man die »*Poinsot*-Bewegung« des Rotationsellipsoids, so stellt man fest, daß die Bedingung $z_0 = \sqrt{2T}/L =$ konstant nur dann erfüllt werden kann, wenn die Symmetrieachse einen konzentrischen Kreiskegel um $\boldsymbol{L}$ beschreibt. Die »Rollkurve« auf dem Ellipsoid ist ein zur z'-Achse konzentrischer Kreis, während die Kurve in der Berührungsebene ein zur z-Achse konzentrischer Kreis ist. Offensichtlich liegen die Vektoren $\boldsymbol{L}, \boldsymbol{\omega}, \boldsymbol{e}_3$ (= Einheitsvektor in der Symmetrieachse) in einer Ebene. Den Wertebereichen

$$\text{(a)} \quad 0 \leqslant \frac{I_3}{I} < 1 \quad \text{»längliches« Ellipsoid}\,,$$

$$\text{(b)} \quad 1 < \frac{I_3}{I} < 2 \quad \text{»abgeplattetes« Ellipsoid}\,,$$

entsprechen jedoch zwei verschiedene Lagen der Vektoren $\boldsymbol{L}, \boldsymbol{\omega}, \boldsymbol{e}_3$ (Abb. 6.5).

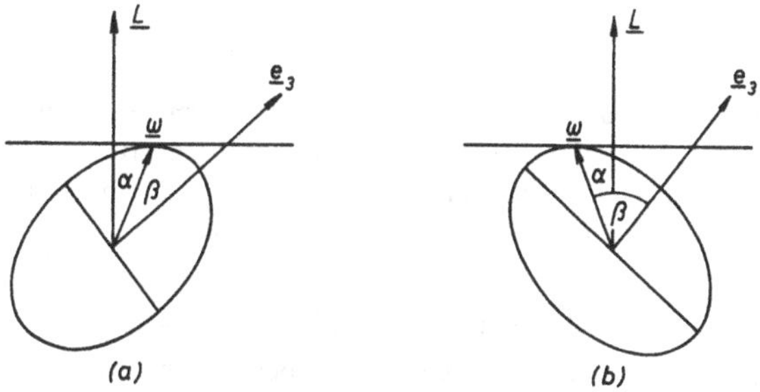

Abb. 6.5. Symmetrieachse $\boldsymbol{e}_3$, Winkelgeschwindigkeit $\boldsymbol{\omega}$, und Drehimpuls $\boldsymbol{L}$ beim symmetrischen Kreisel: (a) *gestrecktes* Rotationsellipsoid; $\boldsymbol{\omega}$ liegt zwischen $\boldsymbol{e}_3$ und $\boldsymbol{L}$, (b) *abgeplattetes* Rotationsellipsoid; $\boldsymbol{L}$ liegt zwischen $\boldsymbol{e}_3$ und $\boldsymbol{\omega}$

Trägt man die drei Vektoren im Mittelpunkt des Ellipsoids an, so beschreibt $\boldsymbol{\omega}$ im Verlaufe der Bewegung des Körpers:

Im raumfesten System einen zu $\boldsymbol{L}$ konzentrischen Kegel, den „*Raumkegel*".

Im körperfesten System einen zur z'-Achse konzentrischen Kegel, genannt „*Körperkegel*".

Bei der Bewegung des Körpers, der nun außer durch sein Trägheitsellipsoid auch noch durch den Körperkegel repräsentiert wird, rollt der Körperkegel auf oder um den Raumkegel ab. Er berührt den Raumkegel von außen, im Falle (a) jedoch mit seiner »*Außenseite*«, im Falle (b) dagegen mit seiner »*Innenseite*« (Abb. 6.6). In der Berührungslinie liegt $\boldsymbol{\omega}$.

Die Bewegung des symmetrischen Kreisels besteht in beiden Fällen in einer Rotation, bei der zwei Arten von Präzession auftreten, die prinzipiell beobachtbar sind:

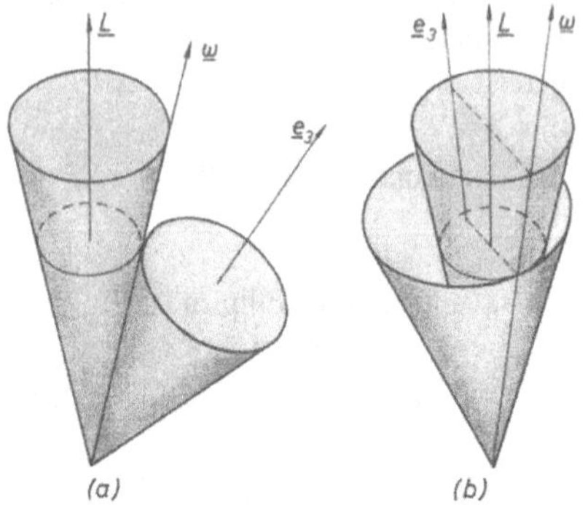

Abb. 6.6. Abrollen des „Körperkreisels" (KK) auf dem „Raumkreisel" (RK, zentriert zu *L*) zur Veranschaulichung der Präzessionen. (a) KK berührt RK mit seiner *Außen*fläche, (b) KK berührt RK mit seiner *Innen*fläche. $\boldsymbol{L}$, $\boldsymbol{\omega}$, $\boldsymbol{e}_3$ bleiben stets in einer Ebene

1. Eine Präzession des Vektors ω' um die Symmetrieachse (mit der Frequenz Ω_β) im körperfesten System. Beobachtbar vom Körper aus (Beispiel: Erdkörper).
2. Eine Präzession der Symmetrieachse um die Richtung des Drehimpulses (Präzessionsfrequenz Ω_α) im raumfesten System. Beobachtbar vom Raum aus (Beispiel: *Echte* fliegende Untertasse).

Bestimmung der Präzessionsfrequenzen.

Wir bezeichnen die Öffnungswinkel des Raumkegels und des Körperkegels mit α bzw. β. Die Umfänge der Basiskreise der beiden Kegel, U_α und U_β, stehen dann im Verhältnis

$$\frac{U_\alpha}{U_\beta} = \frac{\sin\alpha}{\sin\beta}.$$

Wenn der Körperkegel einmal (um die Länge U_β) auf dem Raumkegel abrollt, so entspricht das genau einem Umlauf von ω' um die z'-Achse. Dafür benötigt er die Zeit $2\pi/\Omega_\beta$.

Wenn der Körperkegel seinen Partner einmal umrundet hat, so entspricht das einem Präzessionsumlauf der Symmetrieachse um $\boldsymbol{L}$. Die Zeit dafür ist $2\pi/\Omega_\alpha$.

Da die »Rollzeiten« proportional zu den Umfängen sind, gilt also

$$\frac{\Omega_\alpha}{\Omega_\beta} = \frac{U_\beta}{U_\alpha} = \frac{\sin\beta}{\sin\alpha},$$

und damit

$$\Omega_\alpha = \frac{\sin\beta}{\sin\alpha}\Omega_\beta\,. \qquad [6.2.6]$$

Um Ω_β zu berechnen, greifen wir auf die Euler-Gleichungen zurück, die sich wegen $I_1 = I_2 =: I$ auf folgende Form reduzieren:

$$\begin{aligned} I\dot{\omega}'_1 - (I - I_3)\omega'_3\omega'_2 &= 0 \\ I\dot{\omega}'_2 + (I - I_3)\omega'_3\omega'_1 &= 0 \\ I_3\dot{\omega}'_3 \qquad &= 0\,. \end{aligned}$$

Da ω'_3 konstant ist, besagen die ersten beiden Gleichungen,

$$\dot{\omega}'_1 + \left(\frac{I_3}{I} - 1\right)\omega'_3\omega'_2 = 0\,,$$

$$\dot{\omega}'_2 - \left(\frac{I_3}{I} - 1\right)\omega'_3\omega'_1 = 0\,,$$

daß der Vektor mit den Koordinaten $(\omega'_1,\omega'_2,0)$ in der $x'y'$-Ebene eine Rotation mit der Frequenz $\left(\frac{I_3}{I} - 1\right)\omega'_3$ ausführt. Es gilt also

$$\Omega_\beta = \left(\frac{I_3}{I} - 1\right)\omega'_3 \qquad [6.2.7]$$

und die Lösung des obigen Systems schreibt sich

$$\omega'_1 = A\cos\Omega_\beta t\,, \qquad \omega'_2 = A\sin\Omega_\beta t\,.$$

Wir haben also $\omega'^2_1 + \omega'^2_2 = A^2$.

Im Fall (a) eines »länglichen« Ellipsoids $\left(\frac{I_3}{I} < 1\right)$ haben wir also $\Omega_\beta < 0$, d. h. die Präzession von ω' um die Symmetrieachse ist der Eigendrehung des Kreisels (ω'_3) entgegengerichtet. Im Fall (b), »abgeplattetes« Ellipsoid $\left(\frac{I_3}{I} > 1\right)$, haben wir $\Omega_\beta > 0$, d. h. Präzession und Eigendrehung sind gleichsinnig.

Achtung: Die Präzession der *Symmetrieachse* um $\boldsymbol{L}$ erfolgt in jedem Fall im gleichen Sinn wie die Kreiseldrehung.

Für die Öffnungswinkel der beiden Kegel finden wir

$$\cos\alpha = \frac{\boldsymbol{\omega}\cdot\boldsymbol{L}}{\omega L} = \frac{\boldsymbol{\omega}'\cdot\boldsymbol{L}'}{\omega' L'} = \frac{I A^2 + I_3\omega_3'^2}{\sqrt{A^2+\omega_3'^2}\sqrt{I^2A^2+I_3^2\omega_3'^2}},$$

$$\cos\beta = \frac{\omega_3'}{\sqrt{A^2+\omega_3'^2}}.$$

Es ist hier zweckmäßig, die dimensionslosen Größen

$$r := \frac{I_3}{I}, \qquad s := \frac{A}{\omega_3'} \tag{6.2.8}$$

einzuführen. Dann haben wir

$$\cos\alpha = \frac{r+s^2}{\sqrt{1+s^2}\sqrt{r^2+s^2}}, \qquad \cos\beta = \frac{1}{\sqrt{1+s^2}}.$$

Da stets $\alpha \leqslant \frac{\pi}{2}$, $\beta \leqslant \frac{\pi}{2}$ gilt, ergibt sich

$$\sin\alpha = \frac{|r-1|\,s}{\sqrt{1+s^2}\sqrt{r^2+s^2}}. \qquad \sin\beta = \frac{s}{\sqrt{1+s^2}}.$$

Mit [6.2.6] erhalten wir nun für den Betrag der Präzessionsfrequenz der Symmetrieachse

$$|\Omega_\alpha| = \frac{\sqrt{r^2+s^2}}{|r-1|}|\Omega_\beta| = \sqrt{r^2+s^2}\,\omega_3'$$

und weiter

$$|\Omega_\alpha| = \sqrt{r^2\omega_3'^2 + A^2} = \sqrt{I^2A^2+I_3^2\omega_3'^2}/I,$$

also einfach

$$|\Omega_\alpha| = \frac{L}{I}. \tag{6.2.9}$$

Schließlich berechnen wir noch den Winkel θ, den die Symmetrieachse des Kreisels mit der Richtung von $\boldsymbol{L}$ einschließt. Es gilt (vgl. Abb. 6.5)

$$\theta = \beta - \varepsilon\alpha,$$

wobei $\varepsilon = -1$ für $r < 1$ und $\varepsilon = +1$ für $r > 1$ ist. Nach obigen Formeln ist

$$\operatorname{tg}\alpha = \frac{\varepsilon(r-1)s}{r+s^2}, \qquad \operatorname{tg}\beta = s\,.$$

Es folgt wegen

$$\operatorname{tg}\theta = \operatorname{tg}(\beta - \varepsilon\alpha) = \frac{\operatorname{tg}\beta - \varepsilon\operatorname{tg}\alpha}{1 + \varepsilon\operatorname{tg}\beta\operatorname{tg}\alpha}$$

in beiden Fällen

$$\operatorname{tg}\theta = \frac{s}{r} = \frac{IA}{I_3\omega_3'}. \qquad [6.2.10]$$

Wenn man auch den Winkel θ durch die Konstanten der Bewegung ausdrücken will, so hat man die Gleichungen

$$I^2A^2 + I_3^2\omega_3'^2 = L^2\,,$$
$$IA^2 + I_3\omega_3'^2 = 2T$$

nach A^2 und $\omega_3'^2$ aufzulösen. Man erhält

$$s = \frac{A}{\omega_3'} = \sqrt{\frac{L^2/2IT - r}{1 - L^2/2IT}\,r}$$

und damit

$$\operatorname{tg}\theta = \sqrt{\frac{L^2/2IT - r}{1 - L^2/2IT}\,\frac{1}{r}}, \qquad r = \frac{I_3}{I}. \qquad [6.2.11]$$

6.2.5 Elektrischer Ringstrom im Magnetfeld

Wir betrachten hier die Wirkung eines äußeren Magnetfeldes $\boldsymbol{B}$ auf einen in sich geschlossenen Leiter, in dem ein elektrischer Strom I fließt. Zunächst sollen das Magnetfeld und die Form des Leiters beliebig sein, später spezialisieren wir auf ein homogenes Magnetfeld und einen ebenen Leiter.

1. Kraft und Drehmoment

Wir gehen aus von der Lorentz-Kraft auf ein elektrisch geladenes Teilchen (vgl. 4.4.1). Die Kraft auf ein kurzes Leiterstück der Länge

$|\mathrm{d}\boldsymbol{r}|$, in dem sich die elektrische Ladung dq befindet, ist also gegeben durch (Abb. 6.7)

$$\mathrm{d}\boldsymbol{F} = \mathrm{d}q\,\boldsymbol{v} \times \boldsymbol{B}$$

und wir erhalten wegen $\boldsymbol{v} = \dfrac{\mathrm{d}\boldsymbol{r}}{\mathrm{d}t}$ und $I = \dfrac{\mathrm{d}q}{\mathrm{d}t}$:

$$\mathrm{d}\boldsymbol{F} = I\,\mathrm{d}\boldsymbol{r} \times \boldsymbol{B}\,.$$

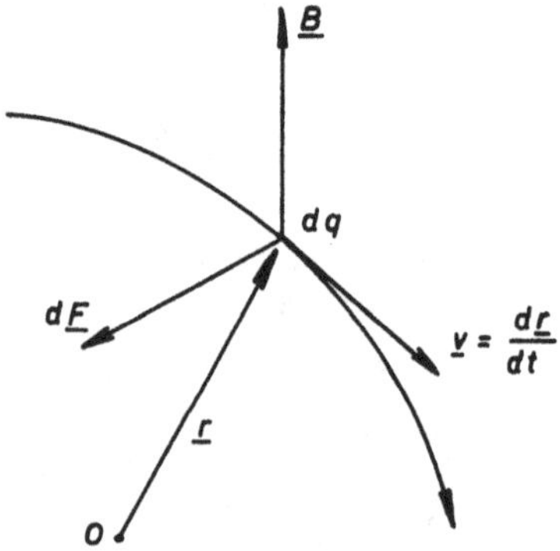

Abb. 6.7. Zur Lorentzkraft d$\boldsymbol{F}$ auf eine elektrische Ladung dq

Das entsprechende Drehmoment in bezug auf den Ursprung des Koordinatensystems ist dann

$$\mathrm{d}\boldsymbol{N} = \boldsymbol{r} \times \mathrm{d}\boldsymbol{F} = I\,\boldsymbol{r} \times (\mathrm{d}\boldsymbol{r} \times \boldsymbol{B})\,.$$

Durch Integration über den Leiterkreis folgen dann für Kraft und Drehmoment

$$\boldsymbol{F} = I \oint \mathrm{d}\boldsymbol{r} \times \boldsymbol{B}$$

$$\boldsymbol{N} = I \oint \boldsymbol{r} \times (\mathrm{d}\boldsymbol{r} \times \boldsymbol{B})\,.$$

2. Homogenes Magnetfeld

Im Falle $\boldsymbol{B}$ = const. erhalten wir

$$\boldsymbol{F} = -I\boldsymbol{B} \times \oint \mathrm{d}\boldsymbol{r} = 0$$

und

$$\boldsymbol{N} = I \oint (\boldsymbol{r} \cdot \boldsymbol{B})\,\mathrm{d}\boldsymbol{r} - I\boldsymbol{B} \oint (\boldsymbol{r} \cdot \mathrm{d}\boldsymbol{r})\,.$$

Da der zweite Term rechts verschwindet, ergibt sich für das Drehmoment

$$N = I \oint (\boldsymbol{B} \cdot \boldsymbol{r})\, d\boldsymbol{r} .$$

Bemerkung: Das Ergebnis $\boldsymbol{F} = 0$ besagt, daß die Gesamtkraft auf dem Leiterkreis verschwindet, das Magnetfeld also keine Beschleunigung seines Massenmittelpunktes bewirkt. In einem *inhomogenen* Magnetfeld dagegen tritt eine solche Beschleunigung auf.

Wir nehmen nun an, daß der Strom»kreis« auch wirklich kreisförmig ist (Radius a) und legen ihn in die xy-Ebene. Die Orientierung des Magnetfeldes lassen wir beliebig. Mit Polarkoordinaten in der Ebene haben wir

$$\boldsymbol{r} = a \begin{pmatrix} \cos\varphi \\ \sin\varphi \\ 0 \end{pmatrix}, \quad d\boldsymbol{r} = a \begin{pmatrix} -\sin\varphi \\ \cos\varphi \\ 0 \end{pmatrix} d\varphi .$$

Dann gilt

$$N = I a^2 \int_0^{2\pi} (B_x \cos\varphi + B_y \sin\varphi) \begin{pmatrix} -\sin\varphi \\ \cos\varphi \\ 0 \end{pmatrix} d\varphi = I \pi a^2 \begin{pmatrix} -B_y \\ B_x \\ 0 \end{pmatrix},$$

und hierfür schreiben wir einfach $\boldsymbol{N} = I\pi a^2 \boldsymbol{n} \times \boldsymbol{B}$, wenn $\boldsymbol{n}$ die (normierte) Normale zur Fläche des Ringstroms ist. Es ist klar, daß die letzte Beziehung für beliebige Lagen der Fläche gilt. Da πa^2 die Fläche A ist, die von den Ringstrom umschlossen wird, nimmt der Ausdruck für das Drehmoment die Form $\boldsymbol{N} = IA\boldsymbol{n} \times \boldsymbol{B}$ an. Es ist übrigens leicht zu zeigen, daß diese Formel auch dann gilt, wenn der Leiter in der Ebene eine *beliebig* geformte Fläche A umschließt. Man bezeichnet den Vektor $\boldsymbol{m} := IA\boldsymbol{n}$ auch als das *Dipolmoment* der Stromschleife. Dies ist mehr als nur eine Bezeichnungsweise: Wenn man das Magnetfeld betrachtet, welches von einer Stromschleife erzeugt wird und die Multipolentwicklung des Feldes durchführt – ähnlich der für das Gravitationsfeld in 5.5.2 – so erhält man für das Dipolmoment gerade den obigen Ausdruck.

3. Drehung des Ringstroms

Wir betrachten jetzt eine kreisförmige Stromschleife, die sich um einen in der x-Achse liegenden Durchmesser drehen kann. Das Magnetfeld zeige in z-Richtung. Wenn M die Masse des Drahtringes ist, a

sein Radius und θ der Winkel zwischen seiner Normalen und der z-Achse, so gilt für seine Bewegung

$$\frac{\mathrm{d}\boldsymbol{L}}{\mathrm{d}t} = \boldsymbol{m} \times \boldsymbol{B},$$

mit

$$\boldsymbol{L} = I_1 \boldsymbol{\omega}, \quad I_1 = \tfrac{1}{2} M a^2$$

$$\boldsymbol{\omega} = -\dot{\theta} \begin{pmatrix} 1 \\ 0 \\ 0 \end{pmatrix}, \quad \boldsymbol{n} = \begin{pmatrix} 0 \\ \sin\theta \\ \cos\theta \end{pmatrix}, \quad \boldsymbol{B} = \begin{pmatrix} 0 \\ 0 \\ B \end{pmatrix}.$$

Es folgt die Differentialgleichung

$$\ddot{\theta} + \frac{2\pi I B}{M} \sin\theta = 0, \qquad [6.2.13]$$

die derjenigen für das Pendel analog ist. Der Stromring führt also eine Pendelbewegung im Magnetfeld aus, wobei $\theta = 0$ die stabile Gleichgewichtslage bedeutet. Die technische Anwendung dieses Prinzips liegt natürlich bei den Drehspulinstrumenten und beim Gleichstrom-Motor.

4. Präzession eines elektrisch geladenen Körpers

Wir wenden unsere einleitenden Betrachtungen nun auf einen elektrisch geladenen Körper im homogenen Magnetfeld $\boldsymbol{B}$ an, der eine Rotation ausführt und auf diese Weise Ringströme erzeugt. Den Körper denken wir uns in Stromringe aufgeteilt, die alle mit der Frequenz ω, der Drehfrequenz des Körpers, rotieren. Die elektrische Ladung sei in einem festen Verhältnis mit der Materie verbunden, so daß für die entsprechenden Dichten $\frac{\rho_{\mathrm{el}}}{\rho_m} = \frac{q}{M}$ gilt, wobei q und M bzw. die Gesamtladung und Gesamtmasse sind. Ein Stromring des Radius a hat dann einen Drehimpuls $\boldsymbol{L} = a^2 M \omega \boldsymbol{n}$ und ein magnetisches Moment $\boldsymbol{m} = \pi a^2 I \boldsymbol{n}$ mit $I = q\frac{\omega}{2\pi}$. Es gilt also $\boldsymbol{m} = \frac{1}{2} a^2 q \omega \boldsymbol{n}$ und damit haben wir als Beziehung zwischen dem magnetischen und dem »mechanischen« Moment des rotierenden Körpers

$$\boldsymbol{m} = \frac{q}{2M} \boldsymbol{L}. \qquad [6.2.14]$$

Die Bewegungsgleichung

$$\frac{\mathrm{d}\boldsymbol{L}}{\mathrm{d}t} = \boldsymbol{N} = \boldsymbol{m} \times \boldsymbol{B}$$

lautet dann

$$\frac{\mathrm{d}\boldsymbol{L}}{\mathrm{d}t} = \frac{q}{2M}\boldsymbol{L} \times \boldsymbol{B}. \qquad [6.2.15]$$

Durch skalare Multiplikation mit $\boldsymbol{L}$ und $\boldsymbol{B}$ erhalten wir bzw.

$$\boldsymbol{L} \cdot \dot{\boldsymbol{L}} = 0,$$

$$\boldsymbol{B} \cdot \dot{\boldsymbol{L}} = 0.$$

Diese Beziehungen sagen aus, daß der Betrag von $\boldsymbol{L}$ sowie die Komponente in $\boldsymbol{B}$-Richtung konstant sind. Das kann nur bedeuten, daß $\boldsymbol{L}$ um die konstante Richtung $\boldsymbol{B}$ eine Präzessionsbewegung ausführt. Man bezeichnet sie als *Larmor-Präzession.*

Um die *Frequenz* zu bestimmen, legen wir die z-Achse des Koordinatensystems in die Richtung von $\boldsymbol{B}$. Die Gleichungen [6.2.15] lauten dann

$$\dot{L}_x = \frac{qB}{2M} L_y$$

$$\dot{L}_y = -\frac{qB}{2M} L_x$$

$$\dot{L}_z = 0.$$

Durch nochmaliges Differenzieren folgt

$$\ddot{L}_x + \left(\frac{qB}{2M}\right)^2 L_x = 0, \quad \ddot{L}_y + \left(\frac{qB}{2M}\right)^2 L_y = 0.$$

Die Präzessionsfrequenz ist also gegeben durch

$$\omega_L = \frac{qB}{2M}, \qquad [6.2.16]$$

man nennt sie die „*Larmor-Frequenz*“.

6.3 Zusammenfassung

Das Modell „Starrer Körper" basiert auf der Annahme unveränderlicher Abstände zwischen den Massenpunkten bzw. Teilen eines Systems. Ein starrer Körper hat sechs Freiheitsgrade: Drei der *Translation* („Schwerpunktsbewegung") und drei der *Rotation* (um den Schwerpunkt). Wir beschränken uns auf die Untersuchung des letzteren Bewegungsmodus.

Das Bezugssystem *Tisserands* ist hier ein Koordinatensystem, das fest mit dem Körper verbunden ist und seinen Ursprung im MMP hat („körperfestes System"). Trägheitstensor und Winkelgeschwindigkeit bestimmen den Drehimpuls und die Rotationsenergie der Drehung relativ zum raumfesten System Σ. Diese Größen sind in Σ gegeben durch $\boldsymbol{S} = \boldsymbol{I}\boldsymbol{\omega}$ und $T = \frac{1}{2}\boldsymbol{\omega} \cdot \boldsymbol{I}\boldsymbol{\omega}$. Im körperfesten System Σ' lauten sie $\boldsymbol{S}' = \boldsymbol{I}'\boldsymbol{\omega}'$ und $T' = \frac{1}{2}\boldsymbol{\omega}' \cdot \boldsymbol{I}'\boldsymbol{\omega}'$. Es gilt $T = T'$ (Orthogonalinvarianz des Skalarproduktes). Die Transformationsformeln lauten $\boldsymbol{S} = \boldsymbol{D}\boldsymbol{S}'$, $\boldsymbol{\omega} = \boldsymbol{D}\boldsymbol{\omega}'$, $\boldsymbol{I} = \boldsymbol{D}\boldsymbol{I}'\boldsymbol{D}^T$. Die orthogonale Matrix $\boldsymbol{D}$ bestimmt die Winkelgeschwindigkeit vermittels des schiefen Tensors $\dot{\boldsymbol{D}}\boldsymbol{D}^T$ bzw. des Vektors $\boldsymbol{\omega}$, wobei $\omega_1 = -(\dot{\boldsymbol{D}}\boldsymbol{D}^T)_{23}$ usw. ist.

Im körperfesten System ist der Trägheitstensor $\boldsymbol{I}'$ konstant. Wählt man die Achsen des Koordinatensystems entlang den Hauptträgheitsachsen von $\boldsymbol{I}'$, so nimmt der Trägheitstensor seine Diagonalform an. Zwischen den Hauptträgheitsmomenten gelten eine Art von »Dreiecksungleichungen« ($I_1 + I_2 > I_3$ usw.), die im Sonderfall des symmetrischen Kreisels (doppelter Eigenwert $I_1 = I_2 =: I$) das Verhältnis I_3/I auf das Intervall $[0,2]$ einschränken. Jede *Symmetrieachse* der Materieverteilung enthält den Schwerpunkt. Falls sie den Bezugspunkt enthält, ist sie eine Hauptträgheitsachse.

Die Differentialgleichungen für die Rotation eines starren Körpers werden in einem körperfesten System der eben beschriebenen Art aufgestellt. Diese *Eulerschen Kreiselgleichungen* stellen ein gekoppeltes System von (nichtlinearen) Differentialgleichungen für den Winkelgeschwindigkeitsvektor dar. Da dieser selbst durch die ersten zeitlichen Ableitungen der Eulerschen Winkel ausgedrückt werden kann, hat man letzten Endes ein System von Differentialgleichungen 2. Ordnung für die Eulerschen Winkel.

Die Drehung des drehmomentfreien Kreisels läßt sich qualitativ durch die Poinsot-Bewegung des Trägheitsellipsoids beschreiben. Sowohl die Eigendrehung um die momentane Drehachse als auch die Präzession um die raumfeste Richtung des Drehimpulses $\boldsymbol{L}$ werden durch das Abrollen des Trägheitsellipsoids auf einer zu $\boldsymbol{L}$ senkrechten Ebene anschaulich gemacht.

Für den speziellen Fall des symmetrischen Kreisels ergibt sich als Abrollkurve ein Kreis, was einer kreisförmigen Präzession der Symmetrieachse um $\boldsymbol{L}$ entspricht. Diese Präzession ist gleichförmig. Daneben hat man – im *körperfesten* System – die Präzession der Winkelgeschwindigkeit um die Symmetrieachse zu betrachten. Diese ist ebenfalls gleichförmig. Sie beschreibt die Eigendrehung des Kreisels vom körperfesten System aus »gesehen«. Man kann die Bewegung auch als Abrollen des »Körperkegels« auf dem »Raumkegel« veranschaulichen, wobei man zwischen den Fällen »längliches« und »abgeplattetes« Trägheitsellipsoid zu unterscheiden hat. Wenn man die Eulerschen Kreiselgleichungen hinzuzieht, kommt man zu qualitativen Aussagen über die Öffnungswinkel der Kegel und die Präzessionsfrequenzen.

Ein weiteres für die Physik wichtiges Beispiel von Präzessionsbewegungen sind die elektrischen Ringströme im Magnetfeld. Diese erfahren im allgemeinen sowohl eine Schwerpunktsbeschleunigung (aufgrund einer resultierenden Kraft) als auch eine Drehung (aufgrund eines Drehmomentes). Im homogenen Magnetfeld verschwindet die Gesamtkraft auf den Kreisstrom. Das Drehmoment ist gegeben durch das vektorielle Produkt aus dem magnetischen Moment und der Magnetfeldstärke. Ein rotierender elektrisch geladener Körper stellt einen Ringstrom dar, dessen magnetisches Moment durch $\boldsymbol{m} = \frac{q}{2M}\boldsymbol{L}$ gegeben ist. Dieses führt eine gleichförmige Präzession um die Richtung des Magnetfeldes aus, und zwar mit der Frequenz $\omega = \frac{qB}{2M}$ (Larmor-Frequenz).

6.4 Aufgaben

6.1 Man berechne den Trägheitstensor eines axial ausgebohrten Zylinders (Höhe h, äußerer Radius a, innerer Radius b, konstante Dichte) bezüglich seines Mittelpunktes.

6.2 Das Trägheitsmoment I bezüglich einer Achse A, die durch den Koordinatenursprung geht und durch den Einheitsvektor $\boldsymbol{n}$ gekennzeichnet ist, wird definiert als das Skalarprodukt $\boldsymbol{n} \cdot \boldsymbol{I}\boldsymbol{n} =: I$. Berechne das Trägheitsmoment I bezüglich einer Achse $\tilde{A}$, die aus A durch eine Parallelverschiebung mit dem Vektor $\boldsymbol{a}$ hervorgeht ($\boldsymbol{a} \cdot \boldsymbol{n} = 0$) und zeige, daß $\tilde{I} = I + Ma^2$ ist.

6.3 Ein Zylinder (wie in Aufgabe 6.1) rollt ohne zu rutschen eine schiefe Ebene hinab. Man betrachte die Rollbewegung in einem gegebenen Zeitpunkt als eine Drehung um die Berührungslinie, die durch die Ebene »aufgefangen«

wird. Zur Aufstellung der Bewegungsgleichungen spezialisiere man die Eulerschen Gleichungen auf den vorliegenden Fall.

6.4 Bestimme das Geschwindigkeitsfeld $\boldsymbol{v}(\boldsymbol{r})$ eines starren, mit der Winkelgeschwindigkeit $\boldsymbol{\omega}$ rotierenden Körpers in einem raumfesten Koordinatensystem. Der Bezugspunkt im Körper habe die Koordinaten $\boldsymbol{R}$ und die Geschwindigkeit $\boldsymbol{V}\,(=\dot{\boldsymbol{R}})$.

6.5 Man betrachte einen konvexen Körper mit glatter Oberfläche, der auf einer Fläche rollt ohne zu gleiten. Man drücke das Geschwindigkeitsfeld des Körpers im raumfesten Koordinatensystem mit Hilfe der Koordinaten $\boldsymbol{r}_a$ des Auflagepunktes aus.

6.6 Berechne den Trägheitstensor einer ausgehöhlten Kugel mit den Radien R_a und R_i und konstanter Dichte. Welches ist der Maximalwert des Trägheitsmomentes bei gegebener Masse und variablem Innenradius R_i?

7. Lagrangesche und Hamiltonsche Mechanik

7.1 Vorbemerkungen

7.1.1 Nebenbedingungen und Zwangskräfte

In Kapitel 4 haben wir die Bewegung in einigen wichtigen Kraftfeldern untersucht. Dabei haben wir entweder kartesische oder Kugelkoordinaten benutzt.

In vielen Anwendungen, hauptsächlich solchen aus dem Bereich der Technik, sind außer den Kräften noch geometrische Einschränkungen der Bewegung vorgeschrieben. Beispielsweise kann die Bewegung eines Teilchens im Schwerefeld der Erde auf eine Fläche beschränkt sein. Man denke etwa an die Bewegung schienengebundener Fahrzeuge. Die geometrischen Einschränkungen der Bahnen werden durch die sog. „*Nebenbedingungen*" (auch „*Zwangsbedingungen*") ausgedrückt, das sind Bedingungsgleichungen für die Koordinaten.

Wenn Nebenbedingungen ein Punktteilchen zwingen, eine gekrümmte Bahn zu durchlaufen, also sozusagen vom »rechten Weg« abzuweichen, dann müssen mit ihnen entsprechende Kräfte verbunden sein. Man nennt sie „*Zwangskräfte*". Beispiele sind die Seilspannung beim Aufhängen und Hochziehen einer Last, die Belastung (lateral und vertikal) eines gekrümmten Schienenstrangs beim Durchfahren eines Zugs, die Spannungen und Drucke in der Bau-Statik, usw.

Es gehört zu den Aufgaben der Mechanik, solche Zwangskräfte bei vorgegebenen Nebenbedingungen zu berechnen. Dazu muß die Bewegung bestimmt werden. Da die Nebenbedingungen bei der Integration der Bewegungsgleichungen lästig sind, sucht man sie durch Wahl geeigneter Koordinaten identisch zu erfüllen. Solche Koordinaten heißen dann „*generalisierte* Koordinaten". Es verbleibt dann die Aufgabe, die Bewegungsgleichungen in generalisierten Koordinaten aufzustellen und zu lösen.

Wir haben im folgenden zu unterscheiden zwischen den sog. „*eingeprägten* Kräften", denen das System unterworfen ist und den Zwangskräften, die aus dem Vorhandensein von Nebenbedingungen resultieren. Die *Gesamtkraft* ist dann die Summe von eingeprägter Kraft und Zwangskraft. In einfachen Fällen kann man zeigen, daß die Zwangskräfte keine Arbeit bei der Bewegung des Systems leisten. Für ein Punktteilchen bedeutet das einfach $\boldsymbol{Z} \cdot \boldsymbol{v} = 0$, d. h. die Zwangskraft ist orthogonal zur Geschwindigkeit. Bei Nebenbedingungen, die explizit von der Zeit abhängen, ist das nicht der Fall (s. 7.3.4, 2. Beispiel).

7.1.2 Beispiele für die Berechnung der Zwangskraft

Wir betrachten hier als einfaches Beispiel für obige Erläuterungen die kreisförmige Bewegung eines Teilchens, in einer horizontalen Ebene ($z = 0$) unter dem Einfluß der Schwere (Abb. 7.1).

Koordinaten: x, y, z.

Nebenbedingungen: $x^2 + y^2 = R^2, \quad z = 0$.

Eingeprägte Kraft: $-mg\begin{pmatrix}0\\0\\1\end{pmatrix}$, Zwangskraft: $\begin{pmatrix}Z_x\\Z_y\\Z_z\end{pmatrix}$.

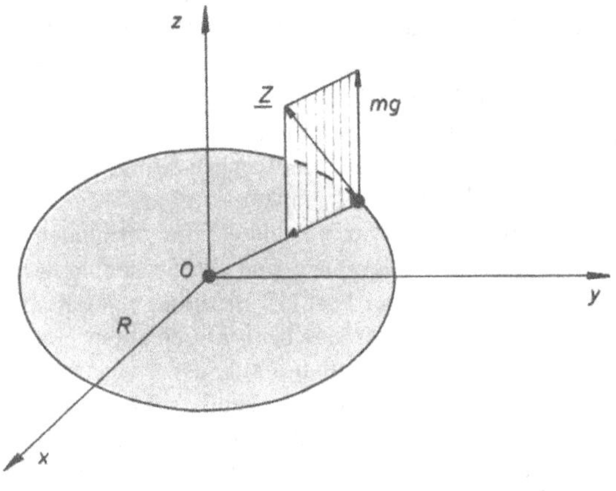

Abb. 7.1. Horizontale, kreisförmige Bewegung eines Teilchens im Schwerefeld: Die Zwangskraft setzt sich zusammen aus der Zentripetalkraft und einem das Gewicht kompensierenden vertikalen Anteil

Die Bewegungsgleichungen sind:

$$m\ddot{x} = Z_x$$

$$m\ddot{y} = Z_y$$

$$m\ddot{z} = Z_z - mg\,.$$

Wir wissen bereits aus der Erfahrung, daß es sich um eine gleichförmige Kreisbewegung handelt, wollen diese Kenntnis aber nicht benutzen und das Problem ohne »Voreingenommenheit« betrachten.

Zunächst ersehen wir aus der Nebenbedingung $z = 0$ und der z-Komponente der Bewegungsgleichungen, daß $Z_z = mg$ gilt.

Um etwas über die beiden anderen Komponenten der Zwangskraft zu erfahren, differenzieren wir die erste Nebenbedingung zweimal nach der Zeit:

$$x^2 + y^2 = R^2 \Rightarrow x\dot{x} + y\dot{y} = 0$$

$$x\ddot{x} + y\ddot{y} + \dot{x}^2 + \dot{y}^2 = 0 .$$

Ferner machen wir die Annahme $\boldsymbol{Z} \cdot \boldsymbol{v} = 0$.

Diese und die vorhergehende Gleichung lauten (wir benutzen die Bewegungsgleichungen)

$$\dot{x} Z_x + \dot{y} Z_y = 0, \qquad x Z_x + y Z_y = -mv^2 ,$$

und ergeben

$$Z_x = -mv^2 \frac{\dot{y}}{x\dot{y} - y\dot{x}}, \qquad Z_y = mv^2 \frac{\dot{x}}{x\dot{y} - y\dot{x}},$$

d. h. wir erhalten mit $x\dot{x} + y\dot{y} = 0$ und der Nebenbedingung also

$$Z_x = -mv^2 \frac{x}{R^2}, \qquad Z_y = -mv^2 \frac{y}{R^2}.$$

Aus den Bewegungsgleichungen, die nun die Form

$$\ddot{x} + \frac{v^2}{R^2} x = 0 , \qquad \ddot{y} + \frac{v^2}{R^2} y = 0$$

annehmen, erhalten wir durch Multiplikation mit $\dot{x}$ bzw. $\dot{y}$ und Addition $(v^2)^{\cdot} = 0$, also

$$v^2 = \text{const.}$$

Damit ist bewiesen, daß eine gleichförmige Kreisbewegung vorliegt. Die in der Bahnebene einwirkende Zwangskraft ist gleich der Zentripetalkraft, während die vertikal gerichtete Zwangskraft gerade das Gewicht des Teilchens kompensiert.

Zu der gerade durchgeführten Analyse ist zu bemerken:

Trotz der Symmetrie und Einfachheit des Problems ist die Einbeziehung der Nebenbedingungen zur Berechnung der Zwangskräfte eine unsystematische Prozedur, deren Durchführbarkeit bei komplizierten mechanischen Systemen zweifelhaft ist.

Eine *geschicktere* Wahl der Koordinaten würde die Bestimmung der Bewegung erleichtern. Benutzen wir nämlich *ebene Polarkoordinaten* in der Ebene $z = 0$, so können wir die Nebenbedingungen $x^2 + y^2 = R^2$ sogleich erfüllen, indem wir setzen

$$x = R\cos\varphi(t)\,, \qquad y = R\sin\varphi(t)\,.$$

Dann lauten die Bewegungsgleichungen

$$-mR\ddot{\varphi}\sin\varphi - mR\dot{\varphi}^2\cos\varphi = Z_x\,,$$

$$mR\ddot{\varphi}\cos\varphi - mR\dot{\varphi}^2\sin\varphi = Z_y\,.$$

Hieraus erhalten wir durch Linearkombination (Zerlegung in einen radialen und einen tangentialen Anteil)

$$mR\dot{\varphi}^2 = -(Z_x\cos\varphi + Z_y\sin\varphi) = -Z_r\,,$$

$$mR\ddot{\varphi} = -Z_x\sin\varphi + Z_y\cos\varphi = Z_\varphi = 0\,;$$

letztere Bedingung wegen $\boldsymbol{Z}\cdot\boldsymbol{v} = 0$. D. h. also $\varphi = \omega t$, $Z_r = -mR\omega^2$.

7.1.3 Verschiedene Arten von Nebenbedingungen

1. Nebenbedingungen der in 7.1.2 behandelten Art, die also bloße Abhängigkeiten der Koordinaten bedeuten, bezeichnet man als *holonom* und, da die Zeit in ihnen nicht explizit vorkommt, auch noch als *skleronom* („starr"). Für sie läßt sich allgemein beweisen, daß die mit ihnen verbundenen Zwangskräfte keine Arbeit an dem System leisten.
2. Die nächstschwierige Sorte von Nebenbedingungen ist immer noch durch Funktionen zwischen den Koordinaten darstellbar, also ebenfalls *holonom*, die Funktionen hängen aber außerdem explizit von der Zeit ab. Man nennt sie *rheonom* („fließend").
   Ein Beispiel dafür ist ein gleichförmig rotierender Stab, auf dem ein Teilchen reibungsfrei gleitet (ausführlich behandelt in 7.3.4). Ist ω die Winkelgeschwindigkeit der Rotation und sind x, y die Koordinaten des Teilchens, so lautet die Nebenbedingung (s. Abb. 7.2)
   $$x\sin\omega t - y\cos\omega t = 0\,.$$
3. Schließlich müssen wir Nebenbedingungen betrachten, die durch lineare Funktionen in den Geschwindigkeiten ausgedrückt werden. Das bekannteste Beispiel hierfür ist die Bedingung des Rollens (ohne Rutschen) eines Rades.

Betrachten wir ein Rad, das aus einer Kreisscheibe des Radius R besteht und auf einer Ebene so rollt, daß es stets darauf senkrecht bleibt.

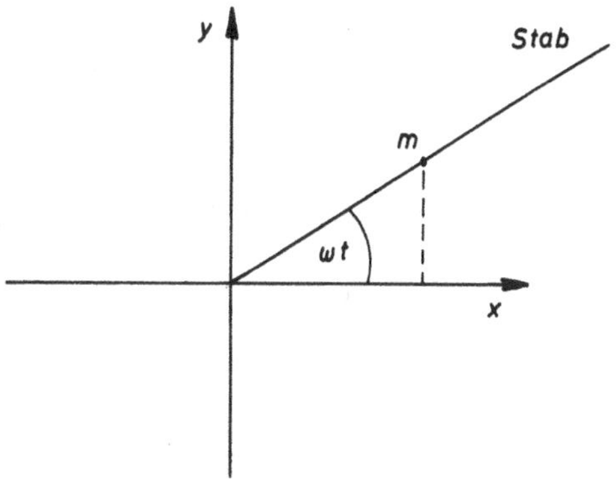

Abb. 7.2. Rheonome Nebenbedingung: Auf einem rotierenden Stab gleitet reibungsfrei ein Massenpunkt

Bezeichnen wir die Koordinaten des Berührungspunktes von Rad und Ebene mit (x, y), den Rollwinkel mit ψ und den Winkel zwischen der x-Achse und der Ebene des Rades mit φ (s. Abb. 7.3), so lauten die Rollbedingungen

$$\dot{x} = R\dot{\psi}\cos\varphi\,, \qquad \dot{y} = R\dot{\psi}\sin\varphi\,,$$

oder, in differentieller Form und nach leichter Umformung,

$$\cos\varphi\,\mathrm{d}x + \sin\varphi\,\mathrm{d}y = R\cdot\mathrm{d}\psi\,, \qquad \sin\varphi\,\mathrm{d}x - \cos\varphi\,\mathrm{d}y = 0\,.$$

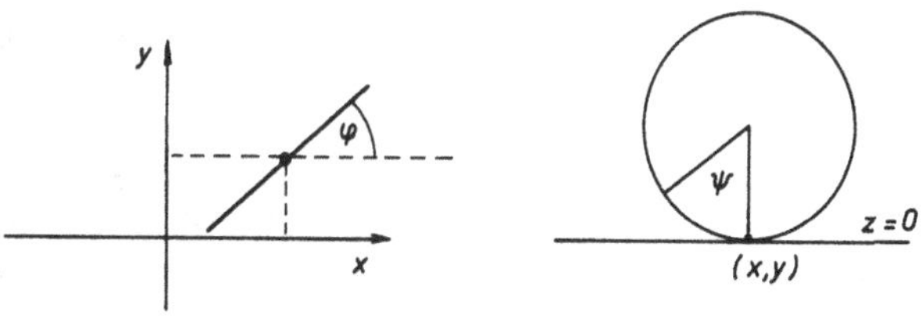

Abb. 7.3. Nichtholonome Nebenbedingungen: Gleitfreies Rollen eines vertikal gehaltenen Rades auf der xy-Ebene. Links: Sicht »von oben«. Rechts: Seitenansicht

Man kann diesen Nebenbedingungen auch leicht ansehen, daß sie nichtholonom sind, also nicht etwa durch Differentiation aus holonomen Bedingungen hervorgehen. Wäre dies nämlich so, dann müßte es Funktionen f, g von x, y, ψ, φ geben, deren totale Differentiale

$$df = \frac{\partial f}{\partial x} dx + \frac{\partial f}{\partial y} dy + \frac{\partial f}{\partial \psi} d\psi + \frac{\partial f}{\partial \varphi} d\varphi ,$$

$$dg = \text{entsprechend}$$

mit geeigneten Linearkombinationen der Differentialformen

$$\cos\varphi \, dx + \sin\varphi \, dy - R \, d\psi \quad \text{und} \quad \sin\varphi \, dx - \cos\varphi \, dy$$

übereinstimmen. Da hierin das Differential $d\varphi$ nicht vorkommt, so folgt $\frac{\partial f}{\partial \varphi} = 0 = \frac{\partial g}{\partial \varphi}$ im Widerspruch dazu, daß φ in den Nebenbedingungen vorkommt. Diese sind also echt nichtholonom.

7.2 Lagrange-Gleichungen für holonome Systeme

7.2.1 Generalisierte Koordinaten

Unter „generalisierten Koordinaten" versteht man jede Art von Größen $q^1, q^2 \ldots q^f$, die zur Beschreibung des Zustandes eines mechanischen Systems herangezogen werden können. In landläufigen Problemen sind das: Abstände von festen Punkten, Relativabstände zwischen bewegten Punkten, Winkel gegenüber festen Richtungen, Winkel zwischen beweglichen Richtungen. Insbesondere gehören dazu kartesische Koordinaten, Schwerpunkts- und Relativkoordinaten, Eulersche Winkel usw.

Die Anzahl der relevanten Koordinaten, f, nennt man die *„Zahl der Freiheitsgrade"* des Systems. Der Variabilitätsbereich der Koordinaten ist eine f-dimensionale Mannigfaltigkeit und wird als *„Konfigurationsraum des Systems"* bezeichnet. Das zeitliche Verhalten des Systems wird durch die f Funktionen $q^k(t)$ (mit $k = 1 \ldots f$) beschrieben und kann als Kurve im Konfigurationsraum verbildlicht werden. Die zeitlichen Ableitungen $\dot{q}^k$ heißen *„generalisierte Geschwindigkeiten"*.

7.2.2 Lagrange-Gleichungen

Unsere Absicht ist nun, die ursprünglich mittels kartesischer Koordinaten formulierten Bewegungsgleichungen auf generalisierte Koordinaten umzuschreiben und dabei evtl. vorhandene Nebenbedingungen zu berücksichtigen. Wir betrachten ein System von n Teilchen, das $v (< 3n)$ holonomen Nebenbedingungen unterworfen sein soll. Das System hat dann $3n - v = f$ Freiheitsgrade.

Die kartesischen Koordinaten der Teilchen können als Funktionen der generalisierten Koordinaten und der Zeit ausgedrückt werden:

$$\begin{aligned} \boldsymbol{r}_1 &= \boldsymbol{r}_1(q^1,\dots q^f,t) \\ \boldsymbol{r}_n &= \boldsymbol{r}_n(q^1,\dots q^f,t) \end{aligned} \qquad [7.2.1]$$

Ein einfaches Beispiel hierfür ist ein Teilchen auf einer Kugeloberfläche. Es gibt nur eine Nebenbedingung $x^2 + y^2 + z^2 = R^2$. Also ist $n = 3$, $v = 1, f = 2$. Als generalisierte Koordinaten empfehlen sich die Polarwinkel θ, φ. Den Gleichungen [7.2.1] entsprechen dann $x = R \sin\theta \cos\varphi$, $y = R \sin\theta \sin\varphi$, $z = R\cos\theta$. Läßt man eine zeitliche Änderung des Radius zu, $R = R(t)$, so hat man sogar ein rheonomes System.

Durch das lapidare Hinschreiben von [7.2.1] soll nicht der Eindruck erweckt werden, als sei die Gewinnung dieser Gleichungen ein Kinderspiel. Die Beziehungen [7.2.1] stellen sozusagen das Endprodukt der »Verarbeitung« von Nebenbedingungen dar. Letztere sind durch v Funktionsgleichungen zwischen den $3n$ Koordinaten $\boldsymbol{r}_1 \dots \boldsymbol{r}_n$ gegeben. Die generalisierten Koordinaten q^k sind durch das physikalische Problem nicht vorgeschrieben, sondern ihre zweckmäßige Wahl erfordert möglicherweise »Gespür«.

Wir schreiben [7.2.1] nun in etwas kompakterer Form

$$\boldsymbol{r}_\alpha = \boldsymbol{r}_\alpha(q^k,t)\,, \qquad \alpha = 1\dots n\,, \qquad k = 1\dots f\,. \qquad [7.2.2]$$

Die Auflösung dieser $3n$ Gleichungen nach $q^1 \dots q^f$ muß (im Prinzip) durchführbar sein und muß resultieren in f Funktionen $q^k(\boldsymbol{r}_1 \dots \boldsymbol{r}_n, t)$ *und* $3n - f$ Nebenbedingungen für die $\boldsymbol{r}_1 \dots \boldsymbol{r}_n$. Dazu ist notwendig und hinreichend, daß in der Rechteckmatrix*)

$$\begin{matrix} \dfrac{\partial \boldsymbol{r}_1}{\partial q^1} \cdots \dfrac{\partial \boldsymbol{r}_1}{\partial q^f} \\ \vdots \qquad\quad \vdots \\ \dfrac{\partial \boldsymbol{r}_n}{\partial q^1} \cdots \dfrac{\partial \boldsymbol{r}_n}{\partial q^f} \end{matrix}$$

wenigstens *eine* f-reihige Unterdeterminante $\neq 0$ ist.

*) Man beachte, daß die »Elemente« dieser Matrix selbst 3-komponentige Spaltenvektoren sind.

Wir wollen die Bewegungsgleichungen

$$m_\alpha \frac{\mathrm{d}\boldsymbol{v}_\alpha}{\mathrm{d}t} = \boldsymbol{F}_\alpha \qquad [7.2.3]$$

auf die Variablen q^k umschreiben.

Aus [7.2.2] berechnen wir zunächst*)

$$\boldsymbol{v}_\alpha = \frac{\partial \boldsymbol{r}_\alpha}{\partial q^k} \dot{q}^k + \frac{\partial \boldsymbol{r}_\alpha}{\partial t} \qquad [7.2.4]$$

und bemerken, daß die Geschwindigkeiten $\boldsymbol{v}_\alpha$ lineare Funktionen der generalisierten Geschwindigkeiten sind. Außerdem hängen nach [7.2.4] die $\boldsymbol{v}_\alpha$ noch von den q^k und von t ab. Es gelten die wichtigen Beziehungen

$$\frac{\partial \boldsymbol{r}_\alpha}{\partial q^k} = \frac{\partial \boldsymbol{v}_\alpha}{\partial \dot{q}^k}, \qquad [7.2.5]$$

$$\frac{\mathrm{d}}{\mathrm{d}t} \frac{\partial \boldsymbol{r}_\alpha}{\partial q^k} = \frac{\partial \boldsymbol{v}_\alpha}{\partial q^k}. \qquad [7.2.6]$$

Letztere Gleichung folgt aus der Vertauschbarkeit von partiellen Ableitungen:

$$\frac{\mathrm{d}}{\mathrm{d}t} \frac{\partial \boldsymbol{r}_\alpha}{\partial q^k} = \frac{\partial^2 \boldsymbol{r}_\alpha}{\partial q^l \partial q^k} \dot{q}^l + \frac{\partial^2 \boldsymbol{r}_\alpha}{\partial t \partial q^k} = \frac{\partial}{\partial q^k} \left(\frac{\partial \boldsymbol{r}_\alpha}{\partial q^l} \dot{q}^l + \frac{\partial \boldsymbol{r}_\alpha}{\partial t} \right).$$

Wir bilden nun das Skalarprodukt von [7.2.3] mit $\frac{\partial \boldsymbol{r}_\alpha}{\partial q^k}$ und summieren über α:

$$\sum_\alpha m_\alpha \frac{\mathrm{d}\boldsymbol{v}_\alpha}{\mathrm{d}t} \cdot \frac{\partial \boldsymbol{r}_\alpha}{\partial q^k} = \sum_\alpha \boldsymbol{F}_\alpha \frac{\partial \boldsymbol{r}_\alpha}{\partial q^k} =: Q_k. \qquad [7.2.7]$$

Die rechts definierten Q_k bezeichnen wir als „generalisierte Kräfte“, denn sie treten als Koeffizienten der Verschiebungen $\mathrm{d}q^k$ im Ausdruck für die Arbeit auf:

$$\mathrm{d}W = \sum_\alpha \boldsymbol{F}_\alpha \cdot \mathrm{d}\boldsymbol{r}_\alpha = \sum_\alpha \boldsymbol{F}_\alpha \cdot \frac{\partial \boldsymbol{r}_\alpha}{\partial q^k} \mathrm{d}q^k + \sum_\alpha \boldsymbol{F}_\alpha \cdot \frac{\partial \boldsymbol{r}_\alpha}{\partial t} \mathrm{d}t = Q_k \mathrm{d}q^k + Q_t \mathrm{d}t.$$

---

*) Bezüglich der Indizes $k, l, ..$ der Koordinaten des Konfigurationsraumes gilt die „Summationskonvention“: Weglassen des Summen-Symbols bei zweifachem Auftreten desselben Index-Symbols.

Der zweite Term rechts gibt übrigens den Beitrag zur Arbeit an, der von der zeitlichen Veränderlichkeit der Nebenbedingungen herrührt.

Durch Umformung von [7.2.7] erhalten wir

$$\sum m_\alpha \left[\frac{\mathrm{d}}{\mathrm{d}t} \left(\boldsymbol{v}_\alpha \frac{\partial \boldsymbol{r}_\alpha}{\partial q^k} \right) - \boldsymbol{v}_\alpha \cdot \frac{\mathrm{d}}{\mathrm{d}t} \frac{\partial \boldsymbol{r}_\alpha}{\partial q^k} \right] = Q_k$$

und sodann, mit [7.2.5] und [7.2.6],

$$\sum_\alpha m_\alpha \frac{\mathrm{d}}{\mathrm{d}t} \left(\boldsymbol{v}_\alpha \cdot \frac{\partial \boldsymbol{v}_\alpha}{\partial \dot{q}^k} \right) - \sum_\alpha m_\alpha \boldsymbol{v}_\alpha \cdot \frac{\partial \boldsymbol{v}_\alpha}{\partial q^k} = Q_k \, .$$

Wegen $\quad \boldsymbol{v}_\alpha \cdot \frac{\partial \boldsymbol{v}_\alpha}{\partial \dot{q}^k} = \frac{1}{2} \frac{\partial}{\partial \dot{q}^k} v_\alpha^2$ und $\boldsymbol{v}_\alpha \cdot \frac{\partial \boldsymbol{v}_\alpha}{\partial q^k} = \frac{1}{2} \frac{\partial}{\partial q^k} v_\alpha^2$

haben wir also die f „Lagrange-Gleichungen" (Lagrange 1736–1812)

$$\frac{\mathrm{d}}{\mathrm{d}t} \frac{\partial T}{\partial \dot{q}^k} - \frac{\partial T}{\partial q^k} = Q_k \, , \qquad [7.2.8]$$

wobei

$$T := \frac{1}{2} \sum_\alpha m_\alpha v_\alpha^2$$

die kinetische Energie des Systems ist.

Diese muß natürlich mit [7.2.4] durch $\dot{q}^k$, q^k und t ausgedrückt werden. Das ergibt

$$T = \frac{1}{2} A_{kl} \dot{q}^k \dot{q}^l + B_k \dot{q}^k + \frac{1}{2} C \, . \qquad [7.2.9]$$

Die Koeffizienten

$$A_{kl} := \sum_\alpha m_\alpha \frac{\partial \boldsymbol{r}_\alpha}{\partial q^k} \cdot \frac{\partial \boldsymbol{r}_\alpha}{\partial q^l}, \qquad B_k := \sum_\alpha m_\alpha \frac{\partial \boldsymbol{r}_\alpha}{\partial q^k} \cdot \frac{\partial \boldsymbol{r}_\alpha}{\partial t},$$

$$C := \sum_\alpha m_\alpha \frac{\partial \boldsymbol{r}_\alpha}{\partial t} \cdot \frac{\partial \boldsymbol{r}_\alpha}{\partial t},$$

hängen von $q^1 \ldots q^f$ und t ab.

Bei einem skleronomen System ist $B_k = 0$ und $C = 0$; die kinetische Energie ist dann eine Bilinearform in den generalisierten Geschwindigkeiten.

Kraftfeld mit Potential

Im Falle $\boldsymbol{F}_\alpha = -\mathrm{grad}_\alpha V(\boldsymbol{r}_1 \dots \boldsymbol{r}_n)$ folgt für die generalisierten Kräfte

$$Q_k = \sum_\alpha \boldsymbol{F}_\alpha \cdot \frac{\partial \boldsymbol{r}}{\partial q^k} = -\sum_\alpha \frac{\partial \boldsymbol{r}_\alpha}{\partial q^k} \cdot \mathrm{grad}_\alpha V = -\frac{\partial V}{\partial q^k},$$

wobei $V(q^1 \dots q^f, t)$ durch Einsetzen von [7.2.2] in das Potential $V(\boldsymbol{r}_1 \dots \boldsymbol{r}_n)$ gebildet wird. Wir haben also

$$\frac{\mathrm{d}}{\mathrm{d}t} \frac{\partial T}{\partial \dot{q}^k} - \frac{\partial T}{\partial q^k} = -\frac{\partial V}{\partial q^k}.$$

Wegen $\dfrac{\partial V}{\partial \dot{q}^k} = 0$ können wir dafür auch schreiben

$$\frac{\mathrm{d}}{\mathrm{d}t} \frac{\partial (T - V)}{\partial \dot{q}^k} - \frac{\partial (T - V)}{\partial q^k} = 0. \qquad [7.2.10]$$

Die Größe

$$L(q^k, \dot{q}^k, t) := T(q^k, \dot{q}^k, t) - V(q^k, t)$$

heißt „*Lagrange-Funktion*" des Systems. Die Lagrange-Gleichungen für die Bewegung eines Systems in einem Kraftfeld mit Potential lauten also

$$\frac{\mathrm{d}}{\mathrm{d}t} \frac{\partial L}{\partial \dot{q}^k} - \frac{\partial L}{\partial q^k} = 0. \qquad [7.2.11]$$

Bemerkung: Die Gleichungen [7.2.11] gelten auch bei geschwindigkeitsabhängigem Potential, falls die generalisierten Kräfte die Form

$$Q_k = \frac{\mathrm{d}}{\mathrm{d}t} \frac{\partial V}{\partial \dot{q}^k} - \frac{\partial V}{\partial q^k}$$

haben. Dieser Fall liegt bei der Bewegung eines elektrisch geladenen Teilchens im Magnetfeld vor. Wir kommen darauf in 7.2.6 zurück.

Berechnung der Zwangskräfte

Wir erklären das Verfahren zur Berechnung der Zwangskräfte anhand der allgemeinen Lagrange-Gleichungen [7.2.8].

Nehmen wir an, diese Gleichungen sind integriert worden und die Funktionen $q^k(t)$ also bekannt. Setzen wir in [7.2.2] ein, differenzieren zweimal und spalten den Ausdruck für $\boldsymbol{F}_\alpha$ ab, so ergibt sich

$$m_\alpha \ddot{\boldsymbol{r}}_\alpha(q^k, t) = \boldsymbol{F}_\alpha + \boldsymbol{Z}_\alpha .$$

Hieraus erhält man die Zwangskräfte

$$\boldsymbol{Z}_\alpha = m_\alpha \boldsymbol{r}_\alpha(q^k, t)^{\cdot\cdot} - \boldsymbol{F}_\alpha .$$

Wir wenden dieses Verfahren an auf folgendes

Beispiel: Ein Teilchen, das anfangs im labilen Gleichgewicht am Nordpol einer Kugel des Radius R ruht, gleitet reibungsfrei auf der Kugeloberfläche im homogenen Schwerefeld. In welcher Höhe „springt" es von der Kugel ab?

Wir benutzen Kugelkoordinaten und nehmen die Bahnebene zur Ebene $\varphi = 0$. Die Bewegungsgleichungen sind

$$m\ddot{x} = 0 , \quad m\ddot{z} = -mg ,$$

die Nebenbedingung ist $x^2 + y^2 = R^2$. Als generalisierte Koordinate nehmen wir den Winkel θ (s. Abb. 7.4):

$$x = R \sin\theta , \quad z = R\cos\theta .$$

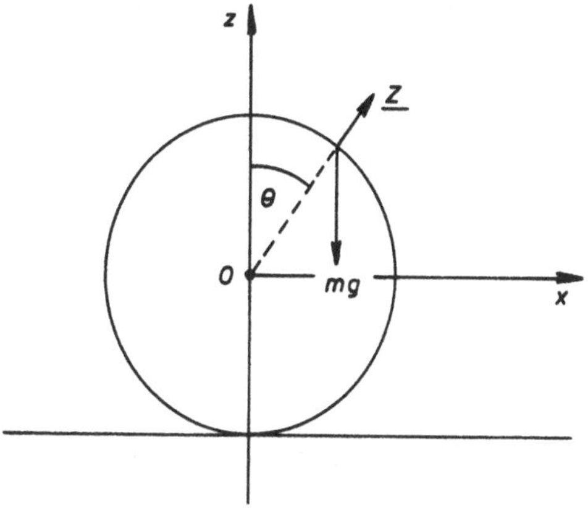

Abb. 7.4. Zur Berechnung der Zwangskraft bei holonomer Nebenbedingung

Die Lagrange-Funktion lautet

$$L(\theta,\dot{\theta}) = \frac{m}{2} R^2 \dot{\theta}^2 - mgR\cos\dot{\theta}\,,$$

die Lagrange-Gleichung ist

$$mR^2\ddot{\theta} - mgR\sin\theta = 0\,.$$

Nach Multiplikation mit $\dot{\theta}$ und Integration erhält man den „Energieerhaltungssatz“ (die Integrationskonstante E ist die Gesamtenergie)

$$\frac{m}{2} R^2 \dot{\theta}^2 + mgR\cos\theta = E\,.$$

Aus der Anfangsbedingung, $\dot{\theta} = 0$ bei $\theta = 0$, ergibt sich $E = mgR$. Damit wird

$$R\dot{\theta}^2 = 2g(1 - \cos\theta)\,,$$

während nach der Lagrange-Gleichung

$$R\ddot{\theta} = g\sin\theta$$

ist.

Um die Zwangskraft zu berechnen, differenzieren wir die Ausdrücke $x = R\sin\theta$, $z = R\cos\theta$ zweimal,

$$\ddot{x} = R\ddot{\theta}\cos\theta - R\dot{\theta}^2\sin\theta\,,$$
$$\ddot{z} = -R\ddot{\theta}\sin\theta - R\dot{\theta}^2\cos\theta\,,$$

und setzen aus den beiden vorhergehenden Gleichungen ein. Dann wird

$$m\ddot{x} = mg\sin\theta(3\cos\theta - 2) = F_x + Z_x\,,$$
$$m\ddot{z} = -mg + mg\cos\theta(3\cos\theta - 2) = F_z + Z_z\,.$$

Mit $F_x = 0$, $F_z = -mg$ erhält man die Zwangskraft

$$Z_x = mg(3\cos\theta - 2)\sin\theta\,,$$
$$Z_z = mg(3\cos\theta - 2)\cos\theta\,.$$

Das Teilchen hebt von der Kugelfläche ab, wenn die Zwangskraft gleich Null ist. Dies geschieht bei $\cos\theta = 2/3$.

Für eine alternative Behandlung dieser Aufgabe siehe 7.3.4.

7.2.3 Euler-Lagrangesches Variationsprinzip

Wir besprechen hier den Zusammenhang zwischen den Gleichungen [7.2.11] und der Extremaleigenschaft des „*Wirkungsintegrals*"

$$A := \int_{t_1}^{t_2} L(q^k, \dot{q}^k, t)\,\mathrm{d}t\,, \qquad [7.2.12]$$

welches für eine vorgegebene Bahn $q^k(t)$ (des Systems im Konfigurationsraum) mit den Begrenzungspunkten $P_1: q^k(t_1)$ und $P_2: q^k(t_2)$ gebildet ist.

Dazu betrachten wir Nachbarbahnen, die durch $q^k(t) + \varepsilon b^k(t)$ gegeben sind, wobei ε ein reeller Parameter ist. Die $b^k(t)$ sind Funktionen die in P_1 und P_2 verschwinden (s. Abb. 7.5):

$$b^k(t_1) = 0 = b^k(t_2)\,.$$

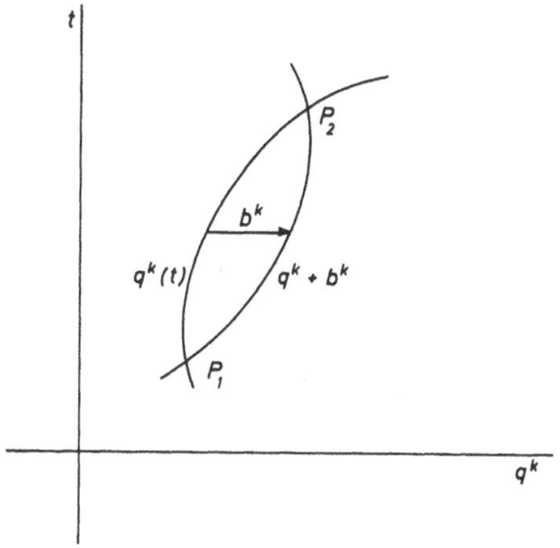

Abb. 7.5. Zur Eulerschen Variationsaufgabe: Raumzeitliche Darstellung einer Bahn und Nachbarbahn. Die Abszisse symbolisiert den Konfigurationsraum

Bei festgehaltenen Funktionen $b^k(t)$ betrachten wir das Integral entlang dem benachbarten Weg

$$A(\varepsilon) := \int_{t_1}^{t_2} L(q^k + \varepsilon b^k, \dot{q}^k + \varepsilon \dot{b}^k, t)\,\mathrm{d}t$$

als Funktion kleiner Werte von ε.

Es gilt bis zu Termen 1. Ordnung in ε

$$A(\varepsilon) = \int_{t_1}^{t_2} L(q^k, \dot{q}^k, t)\,\mathrm{d}t + \varepsilon \int_{t_1}^{t_2} \left(\frac{\partial L}{\partial q^k} b^k + \frac{\partial L}{\partial \dot{q}^k} \dot{b}^k \right) \mathrm{d}t + 0(\varepsilon^2),$$

und wir erhalten

$$\frac{\mathrm{d}A}{\mathrm{d}\varepsilon}\bigg|_{\varepsilon=0}^{*)} = \int_{t_1}^{t_2} \left(\frac{\partial L}{\partial q^k} b^k + \frac{\partial L}{\partial \dot{q}^k} \dot{b}^k \right) \mathrm{d}t\,.$$

Auf einer Bahn $q^k(t)$ wird das „Wirkungsintegral" A stationär, wenn für jede Wahl der $b^k(t)$ (mit $b^k(t_1) = 0$, $b^k(t_2) = 0$) $\left.\frac{\mathrm{d}A}{\mathrm{d}\varepsilon}\right|_{\varepsilon=0} = 0$ ist.

Wegen

$$\frac{\partial L}{\partial \dot{q}^k} \dot{b}^k = \left(\frac{\partial L}{\partial \dot{q}^k} b^k \right)^{\cdot} - \frac{\mathrm{d}}{\mathrm{d}t} \left(\frac{\partial L}{\partial \dot{q}^k} \right) b^k$$

erhalten wir

$$\int_{t_1}^{t_2} \left(\frac{\partial L}{\partial q^k} - \frac{\mathrm{d}}{\mathrm{d}t} \frac{\partial L}{\partial \dot{q}^k} \right) b^k \mathrm{d}t + \left[\frac{\partial L}{\partial \dot{q}^k} b^k \right]_{t_1}^{t_2} = 0$$

und mit der Annahme über das Verschwinden von b^k in den Randpunkten folgt

$$\int_{t_1}^{t_2} \left(\frac{\partial L}{\partial q^k} - \frac{\mathrm{d}}{\mathrm{d}t} \frac{\partial L}{\partial \dot{q}^k} \right) b^k \mathrm{d}t = 0\,.$$

Da die Funktionen $b^k(t)$ beliebig sind, müssen die Koeffizienten einzeln verschwinden, d. h. wir erhalten

$$\frac{\partial L}{\partial q^k} - \frac{\mathrm{d}}{\mathrm{d}t} \frac{\partial L}{\partial \dot{q}^k} = 0\,.$$

Diese Gleichungen stimmen mit den Lagrange-Gleichungen [7.2.11] für ein mechanisches System überein.

Da die Untersuchungen über Variationsprobleme des Typs

$$\delta \int_1^2 F(y, y', x)\,\mathrm{d}x = 0$$

---

*) Diese Größe wird oft als δA bezeichnet.

auf den Mathematiker L. Euler (1744) zurückgehen, nennt man die Extremalbedingung

$$\frac{d}{dx}\frac{\partial F}{\partial y'} - \frac{\partial F}{\partial y} = 0$$

die entsprechende „Eulersche Gleichung".

Im Zusammenhang mit dem Bewegungsproblem der Mechanik bezeichnet man

$$\delta \int_1^2 L(q^k, \dot{q}^k, t)\,dt = 0 \quad \text{mit} \quad L = T - V$$

als „*Hamiltonsches Prinzip*", die daraus resultierenden Gleichungen

$$\frac{d}{dt}\frac{\partial L}{\partial \dot{q}^k} - \frac{\partial L}{\partial q^k} = 0$$

jedoch nicht etwa als „Hamiltonsche Gleichungen", sondern als „*Euler-Lagrange-Gleichungen*" oder „*Lagrange-Gleichungen*". Was die Hamiltonschen Gleichungen sind, besprechen wir in 7.2.5.

Unter den Variationsaufgaben $\delta \int F(y_k, y'_k, x)\,dx = 0$ ist das Hamiltonsche Prinzip insoweit ein Spezialfall, als $L(q^k, \dot{q}^k, t)$ bilinear in den $\dot{q}^k$ ist. Daher sind die Lagrange-Gleichungen in den $\ddot{q}^k$ linear.

7.2.4 Lagrangefunktion und Erhaltungsgrößen

Da der Ausdruck $\frac{\partial L}{\partial \dot{x}^k}$ in kartesischen Koordinaten gleich der k-Komponente des Impulses ist, bezeichnet man analog die Größe

$$\frac{\partial L}{\partial \dot{q}^k} =: P_k \qquad [7.2.13]$$

als den (der Koordinate q^k) „*konjugierten Impuls*". Dieser ist hier als Funktion von $\dot{q}^k, q^k, t$ anzusehen.

1. Wenn die Lagrangefunktion eines mechanischen Systems von einer Koordinate, sagen wir q_1, nicht abhängt, so folgt aus

$$\frac{d}{dt}\frac{\partial L}{\partial \dot{q}_1} - \frac{\partial L}{\partial q_1} = \frac{d}{dt}\frac{\partial L}{\partial \dot{q}_1} = 0,$$

daß der konjugierte Impuls $P_1 = \frac{\partial L}{\partial \dot{q}_1}$ längs der Bahn des Systems im Konfigurationsraum konstant ist. D.h. in anderen Worten, P_1 ist eine *Erhaltungsgröße*, und in noch anderen Worten: P_1 ist eine „*Konstante der Bewegung*".

Für eine in L nicht auftretende Koordinate findet sich in der älteren Literatur die unglückliche Bezeichnung „*zyklische Koordinate*". *Heute* spricht man allgemein von einer „Symmetrie der Lagrangefunktion" bzw. des durch sie beschriebenen „Systems" und nennt die in L abwesende Koordinate einen „Symmetrie-Parameter".

Die Abwesenheit von Koordinaten in der Lagrangefunktion und demgemäß das Auftreten konstanter konjugierter Impulse, ist also mit Symmetrien der physikalischen Situation verknüpft. Z. B. gilt für ein Teilchen im Potential einer Kraft:

Translationssymmetrie in x-Richtung

$$\Rightarrow \frac{\partial L}{\partial x} = 0 \Rightarrow P_x = \text{const}.$$

Rotationssymmetrie um die z-Achse

$$\Rightarrow \frac{\partial L}{\partial \varphi} = 0 \Rightarrow P_\varphi = \text{const}.$$

2. Wir berechnen

$$\frac{\mathrm{d}}{\mathrm{d}t}\left(\frac{\partial L}{\partial \dot{q}^k}\dot{q}^k - L\right) = \frac{\mathrm{d}}{\mathrm{d}t}\left(\frac{\partial L}{\partial \dot{q}^k}\right)\dot{q}^k + \frac{\partial L}{\partial \dot{q}^k}\ddot{q}^k - \frac{\partial L}{\partial \dot{q}^k}\ddot{q}^k - \frac{\partial L}{\partial q^k}\dot{q}^k - \frac{\partial L}{\partial t}.$$

Mit [7.2.11] erhalten wir

$$\frac{\mathrm{d}}{\mathrm{d}t}\left(\frac{\partial L}{\partial \dot{q}^k}\dot{q}^k - L\right) = -\frac{\partial L}{\partial t}. \qquad [7.2.14]$$

Wenn die Lagrangefunktion nicht explizit von der Zeit abhängt, so ist also die Größe

$$\frac{\partial L}{\partial \dot{q}^k}\dot{q}^k - L$$

eine Konstante der Bewegung.

Für skleronome Systeme hat sie die Bedeutung der Gesamtenergie E:

$$T = \frac{1}{2}A_{kl}\dot{q}^k\dot{q}^l \Rightarrow \frac{\partial T}{\partial \dot{q}^k} = A_{kl}\dot{q}^l$$

$$\Rightarrow \frac{\partial L}{\partial \dot{q}^k}\dot{q}^k - L = A_{kl}\dot{q}^k\dot{q}^l - \frac{1}{2}A_{kl}\dot{q}^k\dot{q}^l + V = T + V = E\,.$$

In skleronomen Systemen mit $\dfrac{\partial L}{\partial t} = 0$ ist die Gesamtenergie also eine Erhaltungsgröße.

7.2.5 Die Hamiltonschen Gleichungen

Wir betrachten weiterhin holonome Systeme mit geschwindigkeitsunabhängigem Kräftepotential und suchen eine Formulierung der Bewegungsgleichungen, in der (neben den Koordinaten q^k) die konjugierten Impulse P_k anstelle der generalisierten Geschwindigkeiten $\dot{q}^k$ auftreten.

Um die $\dot{q}^k$ durch die P_k zu ersetzen, greifen wir auf die definierenden Gleichungen [7.2.13] zurück, die wegen [7.2.9] folgendermaßen lauten:

$$P_k := \frac{\partial L}{\partial \dot{q}^k} = \frac{\partial T}{\partial \dot{q}^k} = A_{kl}\dot{q}^l + B_k\,. \qquad [7.2.15]$$

Wir betrachten sie als ein System von f linearen Gleichungen mit symmetrischer Matrix A zur Bestimmung der $\dot{q}^l(P_k, q^k, t)$. Die Frage ist, ob diese Gleichungen eindeutig nach den $\dot{q}^l$ auflösbar sind. Dazu muß $\mathit{Det}\,A \neq 0$ sein.

Wir behaupten nun den wichtigen Sachverhalt $\mathit{Det}\,A \neq 0$. Zum Beweis zeigen wir, daß A eine positiv-definite Form $\neq 0$ ist, d. h. daß für jeden Vektor $\xi^k \neq 0$ im Konfigurationsraum der Skalar $A_{kl}\xi^k\xi^l > 0$ ist:

Mit [7.2.9] haben wir

$$A_{kl}\xi^k\xi^l = \sum_\alpha m_\alpha \frac{\partial \boldsymbol{r}_\alpha}{\partial q^k}\xi^k \cdot \frac{\partial \boldsymbol{r}_\alpha}{\partial q^l}\xi^l = \sum_\alpha m_\alpha \left|\frac{\partial \boldsymbol{r}_\alpha}{\partial q^k}\xi^k\right|^2,$$

d. i. eine Summe von Quadraten mit den positiven Koeffizienten m_α.

Nehmen wir an, daß $A_{kl}\xi^k\xi^l = 0$ ist. Dann folgen die $3n$ Gleichungen $\frac{\partial \boldsymbol{r}_\alpha}{\partial q^k}\xi^k = 0$, $\alpha = 1 \dots n$. Daraus wiederum schließen wir, daß in der Rechteckmatrix

$$\begin{pmatrix} \frac{\partial \boldsymbol{r}_1}{\partial q^1} \dots \frac{\partial \boldsymbol{r}_1}{\partial q^f} \\ \vdots \qquad \vdots \\ \frac{\partial \boldsymbol{r}_n}{\partial q^1} \dots \frac{\partial \boldsymbol{r}_n}{\partial q^f} \end{pmatrix}$$

alle f-reihigen Unterdeterminanten verschwinden, im Gegensatz zu der Annahme im Anschluß an (7.2.2). Wegen $A_{kl}\xi^k\xi^l > 0 \ \forall\, \xi^k$ sind dann sämtliche Eigenwerte der Matrix $\boldsymbol{A}$ positiv, und damit auch $Det\, \boldsymbol{A} > 0$.

Die Gleichungen [7.2.14] können also nach den $\dot{q}^k$ aufgelöst werden. Setzt man das Resultat, $\dot{q}^k(P_l, q^m, t)$ in den Ausdruck

$$P_k\dot{q}^k - L(q^l, \dot{q}^l, t) =: H(P_k, q^l, t)$$

ein, so erhält man die Hamilton-Funktion $H(P_k, q^l, t)$.

Die Bewegungsgleichungen folgen aus einem Vergleich der Differentiale

$$\mathrm{d}H(P_k, q^k, t) = \frac{\partial H}{\partial P_k}\mathrm{d}P_k + \frac{\partial H}{\partial q^k}\mathrm{d}q^k + \frac{\partial H}{\partial t}\mathrm{d}t$$

und

$$\mathrm{d}H = \mathrm{d}(P_k\dot{q}^k - L) = \dot{q}^k\mathrm{d}P_k + P_k\mathrm{d}\dot{q}^k - \frac{\partial L}{\partial \dot{q}^k}\mathrm{d}\dot{q}^k - \frac{\partial L}{\partial q^k}\mathrm{d}q^k - \frac{\partial L}{\partial t}\mathrm{d}t$$

Im Letzteren heben sich der zweite und dritte Term rechts auf und es bleibt wegen $\frac{\partial L}{\partial q^k} = \dot{P}_k$ (Lagrange-Gleichungen!)

$$\mathrm{d}H = \dot{q}^k\mathrm{d}P_k - \dot{P}_k\mathrm{d}q^k - \frac{\partial L}{\partial t}\mathrm{d}t\,.$$

Es folgen also die *„Hamiltonschen Gleichungen“*:

$$\dot{q}^k = \frac{\partial H}{\partial P_k},$$

$$\dot{P}_k = -\frac{\partial H}{\partial q^k}, \qquad [7.2.16]$$

und außerdem

$$\frac{\partial H}{\partial t} = -\frac{\partial L}{\partial t}. \qquad [7.2.17]$$

Anders als die Lagrange-Gleichungen, die ein System von f gekoppelten Differentialgleichungen 2. Ordnung für die Funktion $q^k(t)$ sind, bilden die Hamiltonschen Gleichungen ein System von $2f$ gekoppelten Differentialgleichungen 1. Ordnung. Die Lösungen sind die Funktionen $q^k(t)$, $P_k(t)$. Da q^k und P_k als formal „gleichberechtigte“ Variable angesehen werden können, gesteht man ihnen auch einen eigenen Raum zu: den $2f$-dimensionalen *„Phasenraum“*.

Die Bewegung eines holonomen Systems kann also durch eine Kurve im Phasenraum veranschaulicht werden.

Bei skleronomen Systemen bedeutet $H(P_k, q^k, t)$ die Gesamtenergie $T + V$ (vgl. den Schluß von 7.2.4).

Die Hamiltonschen Gleichungen sind wichtig, weil sie

▷ die numerische Behandlung komplizierterer mechanischer Probleme erleichtern,

▷ als Ausgangspunkt für tiefergehende Untersuchungen theoretischer Natur dienen,

▷ die Grundlage für die quantenmechanische Beschreibung des mechanischen Systems bilden.

7.2.6 Teilchenbewegung im elektromagnetischen Feld

1. *Allgemeine Betrachtung*

Die Bewegungsgleichungen eines Teilchens lauten

$$m\frac{d\boldsymbol{v}}{dt} = q(\boldsymbol{E} + \boldsymbol{v} \times \boldsymbol{B})$$

wobei q die elektrische Ladung, $\boldsymbol{E}$ die elektrische Feldstärke und $\boldsymbol{B}$ die magnetische Feldstärke bedeutet. Wir benutzen kartesische Koordinaten. Von der Elektrodynamik setzen wir als bekannt voraus, daß es ein *skalares* elektrisches *Potential* $\varphi(\boldsymbol{r},t)$ und ein „*Vektorpotential*" $\boldsymbol{A}(\boldsymbol{r},t)$ gibt, aus denen die Feldstärken berechnet werden:

$$\boldsymbol{E} = -\operatorname{grad}\varphi - \frac{\partial \boldsymbol{A}}{\partial t}, \qquad \boldsymbol{B} = \operatorname{rot}\boldsymbol{A}\,.$$

Wir fragen, ob es eine Lagrangefunktion $L(x^k, v^k, t)$ gibt, so daß die Lagrange-Gleichungen

$$\frac{\mathrm{d}}{\mathrm{d}t}\frac{\partial L}{\partial v^k} - \frac{\partial L}{\partial x^k} = 0$$

mit den obigen Bewegungsgleichungen übereinstimmen. In Indexschreibweise lauten diese Gleichungen

$$m\dot{v}_k = -q\partial_k\varphi - q\frac{\partial}{\partial t}A_k + q(\partial_k A_l - \partial_l A_k)v_l\,.$$

Wegen

$$\frac{\mathrm{d}A_k}{dt} = v_l\partial_l A_k + \frac{\partial A_k}{\partial t}$$

erhalten wir

$$m\dot{v}_k = -q\partial_k\varphi + q\partial_k A_l v_l - q\frac{\mathrm{d}A_k}{\mathrm{d}t},$$

d. h. also

$$\frac{\mathrm{d}}{\mathrm{d}t}(mv_k + qA_k) - \frac{\partial}{\partial x^k}(qA_l v_l - q\varphi) = 0\,.$$

Diese Gleichung ist gleichbedeutend mit

$$\frac{\mathrm{d}}{\mathrm{d}t}\frac{\partial}{\partial v^k}\left(\frac{m}{2}v^2 + qA_l v_l - q\varphi\right) - \frac{\partial}{\partial x^k}\left(\frac{m}{2}v^2 + qA_l v_l - q\varphi\right) = 0\,.$$

Eine Lagrange-Funktion ist also

$$L(v^k, x^k, t) = \frac{m}{2}v^2 + q\boldsymbol{A}\cdot\boldsymbol{v} - q\varphi\,. \qquad [7.2.18]$$

Da es keine Nebenbedingungen gibt, ist das System „Teilchen im elektromagnetischen Feld“ skleronom. Die Gesamtenergie des Teilchens ist also gegeben durch

$$E = \frac{\partial L}{\partial v^k} v^k - L = m v^2 + q \boldsymbol{A} \cdot \boldsymbol{v} - L = \frac{m}{2} v^2 + q\varphi .$$

Wenn $\frac{\partial L}{\partial t} = 0$ ist, d. h. $\frac{\partial A}{\partial t} = 0$ und $\frac{\partial \varphi}{\partial t} = 0$ (*statische* Felder) gilt, so ist E eine Konstante der Bewegung (vgl. [7.2.14]).

Der Übergang zur Hamilton-Funktion:

Konjugierte Impulse: $P_k = \frac{\partial L}{\partial v^k} = m v_k + q A_k$, also $\boldsymbol{v} = \frac{1}{m}(\boldsymbol{P} - q\boldsymbol{A})$ und damit

$$H(P_k, x^k, t) = \frac{1}{2m} |\boldsymbol{P} - q\boldsymbol{A}|^2 + q\varphi .$$

Man beachte, daß die konjugierten Impulse P_k von den „Bewegungsgrößen“ $m v_k$ verschieden sind.

2. *Teilchenbewegung im homogenen Magnetfeld*)*

Das Magnetfeld weise in z-Richtung, d. h.

$$B_x = 0 , \quad B_y = 0 , \quad B_z = B .$$

Ein Vektorpotential dieses Feldes ist

$$A_x = 0 , \quad A_y = Bx , \quad A_z = 0 .$$

Die Hamilton-Funktion wird

$$H(P^k, x^k) = \frac{1}{2m} [P_x^2 + (P_y - qBx)^2 + P_z^2] .$$

*) Wir geben nur die Etappen der Rechnung an und überlassen die Einzelrechnungen dem Leser.

Als Hamiltonsche Gleichungen erhält man

$$\dot{P}_x = -\frac{q^2 B^2}{m}(x - x_0),$$

$$\dot{x} = \frac{P_x}{m}, \qquad \dot{y} = -\frac{qB}{m}(x - x_0),$$

sowie

$$\dot{P}_y = 0, \quad \dot{P}_z = 0, \quad \dot{z} = \frac{P_z}{m},$$

wobei zur Abkürzung $x_0 := \frac{P_y}{qB}$ gesetzt wird. Wegen $\dot{P}_y = 0$ ist x_0 konstant.

Die zwei letzten Gleichungen besagen, daß die Bewegung in z-Richtung gleichförmig verläuft.

Die Bewegung, projiziert auf eine Ebene $z = \text{const.}$, erhalten wir aus den ersten drei Gleichungen. Zunächst folgt aus den beiden ersten

$$(x - x_0)^{\cdot\cdot} + \frac{q^2 B^2}{m^2}(x - x_0) = 0,$$

durch Integration also

$$x - x_0 = R\cos\left(\frac{qB}{m}t - \varphi_0\right),$$

mit Integrationskonstanten R, φ_0. Daraufhin ergibt die Integration der dritten Gleichung

$$y - y_0 = -R\sin\left(\frac{qB}{m}t - \varphi_0\right),$$

mit der weiteren Integrationskonstanten y_0.

Wenn die Anfangsgeschwindigkeit senkrecht zur Richtung des Magnetfeldes ist, so ist die Bahn also ein Kreis mit dem Radius R um den Mittelpunkt (x_0, y_0). Das Teilchen durchläuft die Bahn mit der Frequenz $\omega = \frac{qB}{m}$, und zwar im positiven Sinn für $q < 0$, im negativen Sinn für $q > 0$.

Da die Bahngeschwindigkeit des Teilchens durch $v = \omega R = \frac{qBR}{m}$ gegeben ist, folgt für den Bahnradius

$$R = \frac{mv}{qB}.$$

Die Integrationskonstanten x_0, y_0, R, φ_0 sind im Einzelfall aus den Anfangsdaten zu bestimmen.

Bemerkung: In dieser Betrachtung sind nicht berücksichtigt: Relativistische Effekte, Strahlungsrückwirkung und quantenmechanische Effekte.

7.3 Lagrange-Gleichungen für nichtholonome Systeme

7.3.1 Variationsprinzip mit Nebenbedingungen

Die nichtholonomen Nebenbedingungen seien gegeben durch die m Gleichungen

$$a_{\mu k}\dot{q}^k + a_{\mu 0} = 0, \qquad \mu = 1 \dots m, \tag{7.3.1}$$

wobei $a_{\mu k}$ und $a_{\mu 0}$ von den q^k und t abhängen. Etwaige holonome Nebenbedingungen seien in der Form $b_\nu(q^k, t) = 0$ gegeben. Sie können entweder durch Wahl geeigneter generalisierter Koordinaten erfüllt oder durch Differentiation auf die Form [7.3.1] gebracht werden:

$$\frac{\partial b_\nu}{\partial q^k}\dot{q}^k + \frac{\partial b_\nu}{\partial t} = 0.$$

Den letzteren Weg schlägt man ein, wenn man die zugehörigen Zwangskräfte berechnen will. Wenn f die Anzahl der generalisierten Koordinaten ist, so muß $m \leqslant f$ sein, denn wir dürfen nicht mehr Nebenbedingungen als Koordinaten haben. Weiter nehmen wir an, daß die Matrix $a_{\mu k}$ wenigstens eine m-reihige Unterdeterminante hat, die nicht verschwindet. Damit sichern wir, daß die Nebenbedingungen voneinander unabhängig sind.

Zur Gewinnung der Bewegungsgleichungen bedienen wir uns des Variationsprinzips

$$\delta \int_{t_1}^{t_2} L(q^k, \dot{q}^k, t)\,\mathrm{d}t = 0$$

wie in 7.2.3. Alle dort gemachten Überlegungen sind auch hier gültig bis zur Formel

$$\int_{t_1}^{t_2} \left(\frac{\partial L}{\partial q^k} - \frac{\mathrm{d}}{\mathrm{d}t} \frac{\partial L}{\partial \dot{q}^k} \right) b^k \mathrm{d}t = 0 . \qquad [7.3.2]$$

Diese ist zweifellos auch hier eine notwendige Bedingung für ein stationäres Wirkungsintegral. Jedoch sind die Funktionen $b^k(t)$ jetzt nicht mehr beliebig, denn wir dürfen nur solche Bahnen im Konfigurationsraum miteinander vergleichen, die durch die Nebenbedingungen [7.3.1] zugelassen sind. An der mit [7.3.1] gleichwertigen Form

$$a_{\mu k} \mathrm{d}q^k + a_{\mu 0} \mathrm{d}t = 0$$

erkennen wir, daß während der Zeit $\mathrm{d}t$ nur solche Änderungen $\mathrm{d}q^k$ der Koordinaten zulässig sind, die diesen Bedingungen genügen. Die erlaubten Änderungen der Koordinaten zu jeder *festen* Zeit ($\mathrm{d}t = 0$) sind also gegeben durch die Bedingungen $a_{\mu k} \mathrm{d}q^k = 0$. Die Verbindungsvektoren εb^k zu Nachbarbahnen (vgl. Abb. 7.5) unterliegen mithin diesen Bedingungen:

$$a_{\mu k} b^k = 0 , \qquad \mu = 1 \dots m ,$$

oder, ausführlicher geschrieben,

$$\begin{matrix} a_{11} b^1 + \cdots a_{1m} b^m + a_{1m+1} b^{m+1} + \cdots a_{1f} b^f = 0 \\ \vdots \qquad\qquad \vdots \qquad\qquad \vdots \qquad\qquad \vdots \\ a_{m1} b^1 + \cdots a_{mm} b^m + a_{mm+1} b^{m+1} + \cdots a_{mf} b^f = 0 . \end{matrix} \qquad [7.3.3]$$

Wie berücksichtigt man die Bedingungen?

7.3.2 Eine »Fußgänger«-Methode zur Aufstellung der Bewegungsgleichungen

Zur Weiterbehandlung des Problems bietet sich folgendes Verfahren an:

Wir nehmen an, daß die links auftretende Matrix

$$\begin{pmatrix} a_{11} \dots a_{1m} \\ \vdots \qquad \vdots \\ a_{m1} \dots a_{mm} \end{pmatrix}$$

eine nicht verschwindende Determinante hat. Dann sind die $b^1 \dots b^m$ eindeutig als lineare Funktionen der $b^{m+1} \dots b^f$ bestimmbar. Das obige Integral [7.3.2] nimmt nach der Elimination der $b^1 \dots b^m$ die Gestalt an

$$\int_1^2 (\Lambda_{m+1} b^{m+1} + \cdots \Lambda_f b^f)\mathrm{d}t = 0\,,$$

wobei

$$\Lambda_j := \frac{\partial L}{\partial q^j} - \frac{\mathrm{d}}{\mathrm{d}t}\frac{\partial L}{\partial \dot{q}^j} + A_j\,, \qquad j = m+1 \ldots f$$

ist. Die Größen A_j sind Zusatzterme, die durch das Einsetzen der $b^1 \ldots b^m$ in den Integralausdruck zustandekommen und für deren genauere Gestalt wir uns nicht interessieren. Sie hängen mit von den Koeffizienten $a_{\nu k}$, $a_{\nu 0}$ ab, die in den Nebenbedingungen vorkommen.

Da die $b^{m+1} \ldots b^f$ *beliebig* sind, folgen die $f - m$ Gleichungen

$$\Lambda_{m+1} = 0, \ldots \Lambda_f = 0\,.$$

Diese bilden zusammen mit den m Nebenbedingungen $a_{1k}\dot{q}^k + a_{10} = 0, \ldots a_{mk}\dot{q}^k + a_{m0} = 0$ ein System von f Differentialgleichungen für die f Funktionen $q^k(t)$.

7.3.3 Die Methode der Lagrangeschen Multiplikatoren

Es handelt sich nur um einen ingenieusen »Trick«, mit dem man die lästige Auflösung des Systems [7.3.3] umgeht:

Man nehme m beliebige (später zu bestimmende) Funktionen $\lambda_\mu(t)$ ($\mu = 1 \ldots m$), das sind die „*Lagrangeschen Multiplikatoren*“, und bilde die Linearkombination

$$\sum_\mu \lambda_\mu a_{\mu k} b^k = 0$$

der Nebenbedingungen. Dann gilt auch

$$\int_1^2 \sum_\mu \lambda_\mu a_{\mu k} b^k \mathrm{d}t = 0\,.$$

Addiert man diesen Ausdruck zu dem Integral [7.3.2], so ergibt sich

$$\int_{t_1}^{t_2} \left(\frac{\partial L}{\partial q^k} - \frac{\mathrm{d}}{\mathrm{d}t}\frac{\partial L}{\partial \dot{q}^k} + \sum_\mu \lambda_\mu a_{\mu k} \right) b^k \mathrm{d}t = 0\,.$$

Da wir über die Funktionen λ_μ frei verfügen können, wählen wir sie so, daß die *ersten m Koeffizienten* der b^k in diesem Integral verschwinden, d. h. daß

$$\frac{\partial L}{\partial q^k} - \frac{\mathrm{d}}{\mathrm{d}t}\frac{\partial L}{\partial \dot{q}^k} + \sum_\mu \lambda_\mu a_{\mu k} = 0 \qquad [7.3.4]$$

für $k = 1 \ldots m$. Es bleiben im Integral dann nur die Terme mit $b^{m+1} \ldots b^f$, die beliebig sind. Damit folgt [7.3.4] auch für $k = m + 1 \ldots f$. Nehmen wir die Nebenbedingungen

$$a_{\mu k}\dot{q}^k + a_{\mu 0} = 0$$

dazu, so haben wir $f + m$ Differentialgleichungen für die $f + m$ Funktionen q^k und λ_μ, in denen allerdings die λ_μ nur in undifferenzierter Form vorkommen.

Schreiben wir [7.3.4] in der Form

$$\frac{\mathrm{d}}{\mathrm{d}t}\frac{\partial L}{\partial \dot{q}^k} - \frac{\partial L}{\partial q^k} = \sum_\mu \lambda_\mu a_{\mu k} \qquad [7.3.5]$$

und erinnern uns daran, daß bei Abwesenheit von nichtholonomen Nebenbedingungen die rechten Seiten gleich Null sind, so wird klar, daß die Ausdrücke

$$Z_k := \sum_\mu \lambda_\mu a_{\mu k}$$

die (»nichtholonomen«) Zwangskräfte bedeuten.

Die Anwendung der Methode der Lagrangeschen Multiplikatoren auf *holonome* Systeme macht natürlich keine Schwierigkeiten, denn aus einer holonomen Nebenbedingung $N(q^k, t) = 0$ kann man durch totale Ableitung nach der Zeit eine machen, die nichtholonom »aussieht«.

7.3.4 Beispiele

Beispiel 1

Ein Teilchen, welches sich anfänglich am „Nordpol“ der Kugeloberfläche $x^2 + y^2 + z^2 = R^2$ im Ruhezustand befindet, gleitet reibungsfrei im homogenen Schwerefeld abwärts. In welcher Höhe springt es von der Kugel ab?

Wir machen von vornherein die Ebene $y = 0$ zur Ebene der Bewegung. Die Nebenbedingung ist dann $x^2 + z^2 = R^2$ und die Bewegungsgleichungen des Teilchens sind

$$m\ddot{x} = 0\,,$$

$$m\ddot{z} = -mg\,.$$

Zur Anwendung der Methode der Lagrangeschen Multiplikatoren brauchen wir die Nebenbedingung in differenzierter Form

$$x\dot{x} + z\dot{z} = 0\,. \qquad [7.3.6]$$

Nur in dieser Form werden wir sie verwenden, denn wir wollen so tun, als ob eine nichtholonome Nebenbedingung vorliegt.

Mit der Lagrange-Funktion

$$L = \frac{m}{2}(\dot{x}^2 + \dot{z}^2) - mgz$$

erhalten wir als Spezialisation von [7.3.5]

$$m\ddot{x} = \lambda x\,, \qquad [7.3.7]$$

$$m\ddot{z} + mg = \lambda z\,. \qquad [7.3.8]$$

Aus [7.3.7,8] folgt durch Multiplikation mit $\dot{x}$ bzw. $\dot{z}$ und Addition

$$m(\dot{x}\ddot{x} + \dot{z}\ddot{z}) + mg\dot{z} = \lambda(x\dot{x} + z\dot{z}) = 0\,,$$

und dann durch Integration

$$\frac{m}{2}(\dot{x}^2 + \dot{z}^2) + mgz = E\,,$$

wobei E eine Konstante (die Gesamtenergie) ist. Die Anfangsbedingung besagt: $\dot{x} = 0$, $\dot{z} = 0$ für $z = R$. Also ist $E = mgR$ und damit

$$m(\dot{x}^2 + \dot{z}^2) = 2mg(R - z)\,. \qquad [7.3.9]$$

Differentiation der Nebenbedingung:

$$x\ddot{x} + z\ddot{z} + \dot{x}^2 + \dot{z}^2 = 0\,.$$

Einsetzen von [7.3.7,8] und [7.3.9] in diese Gleichung ergibt

$$\lambda = mg\,\frac{3z - 2R}{x^2 + z^2}\,.$$

Die Komponenten der Zwangskraft sind also

$$Z_x = mg\,\frac{(3z - 2R)x}{x^2 + z^2}\,, \qquad Z_z = mg\,\frac{(3z - 2R)z}{x^2 + z^2}\,.$$

Die Zwangskraft verschwindet für $z = \frac{2}{3}R$. In dieser Höhe verläßt das Teilchen die Kugeloberfläche. Strikt genommen gilt die Nebenbedingung nur bis dahin, also für $\frac{2}{3}R \leqslant z \leqslant R$. Im „Nordpol" der Kugel, $x = 0$, $z = R$, haben wir $Z_x = 0$ und $Z_z = mg$, wie zu erwarten: Die Zwangskraft ist hier gleich dem Gewicht des Teilchens, nur nach oben gerichtet.

Dem Ausdruck für die Zwangskraft können wir ohne weiteres ansehen, daß diese senkrecht auf der Bewegungsrichtung des Teilchens steht, denn sie ist ja senkrecht zur Kugelfläche. Daher leistet die Zwangskraft keine Arbeit bei der Bewegung des Teilchens.

Beispiel 2

Ein Teilchen der Masse m gleitet reibungsfrei auf einem Stab, der in einer horizontalen Ebene mit konstanter Winkelgeschwindigkeit ω rotiert. Untersuche die Bewegung und bestimme die Zwangskraft, die der Stab auf das Teilchen ausübt.

a) *Koordinatenwahl und Nebenbedingungen*

Die Bewegung verlaufe in der xy-Ebene. Als Ursprung des Koordinatensystems wählen wir den Drehpunkt des Stabes.

Die Nebenbedingungen lauten dann (vgl. Abb. 7.2)

$$x \sin \omega t - y \cos \omega t = 0\,, \qquad [7.3.10]$$

$$z = 0\,. \qquad [7.3.11]$$

Obgleich wir die zweite Nebenbedingung einfach ignorieren und die Aufgabe als 2-dimensionales Problem behandeln könnten, wollen wir sie zu Demonstrationszwecken hier formell mitbehandeln.

Wir bemerken, daß beide Nebenbedingungen *holonom* sind; jedoch ist [7.3.10] *rheonom*, während [7.3.11] *skleronom* ist.

b) *Lagrange-Gleichungen mit unbestimmten Multiplikatoren*

Um die Nebenbedingungen in der Form [7.3.1] zu haben, differenzieren wir (längs der Bahnkurve) nach der Zeit:

$$\sin(\omega t)\dot{x} - \cos(\omega t)\dot{y} + \omega x \cos \omega t + \omega y \sin \omega t = 0\,,$$

$$\dot{z} = 0\,.$$

Die Lagrange-Funktion für ein Teilchen im homogenen Gravitationsfeld ist

$$L = \frac{m}{2}(\dot{x}^2 + \dot{y}^2 + \dot{z}^2) - mgz\,.$$

Als Lagrange-Gleichungen erhalten wir dann

$$
\begin{aligned}
m\ddot{x} &= \lambda_1 \sin \omega t \\
m\ddot{y} &= -\lambda_1 \cos \omega t \\
m\ddot{z} + mg &= \lambda_2 ,
\end{aligned} \qquad [7.3.12]
$$

wobei der Lagrange-Multiplikator λ_1 zu der ersten, und λ_2 zu der zweiten Nebenbedingung gehört. Die Gleichungen [7.3.12] sind zusammen mit den Nebenbedingungen zu integrieren.

c) *Bestimmung der Lösung*

Zuerst betrachten wir die dritte Gleichung in [7.3.12]. Wegen $z = 0$ erhalten wir sofort $\lambda_2 = mg$, d. h. die von der Nebenbedingung $z = 0$ herrührende Zwangskraft ist gegeben durch den Vektor $(0, 0, mg)$. Die ersten zwei Komponenten sind gleich 0, weil λ_2 in den ersten beiden Gleichungen [7.3.12] nicht vorkommt.

Wir ignorieren von hier an diese von der Gravitation herrührende Zwangskraft, da sie keinerlei Einfluß auf die Bewegung hat.

Die Nebenbedingung [7.3.10] erfüllen wir nun durch Einführung der Radialkoordinate $r(t)$ vermittels

$$x = r \cos \omega t, \qquad y = r \sin \omega t .$$

Durch zweimalige Differentiation folgt hieraus zusammen mit den ersten beiden Gleichungen [7.3.12]:

$$\ddot{x} = (\ddot{r} - \omega^2 r) \cos \omega t - 2\omega \dot{r} \sin \omega t = \frac{\lambda_1}{m} \sin \omega t ,$$

$$\ddot{y} = (\ddot{r} - \omega^2 r) \sin \omega t + 2\omega \dot{r} \cos \omega t = -\frac{\lambda_1}{m} \cos \omega t.$$

Hieraus folgt

$$\ddot{r} - \omega^2 r = 0 ,$$

$$\lambda_1 = -2m\omega\dot{r} .$$

Die allgemeine Lösung der ersten Gleichung ist

$$r = a \cosh \omega t + \frac{v_a}{\omega} \sinh \omega t ,$$

wobei a und v_a bzw. den Radius und die Radialgeschwindigkeit zur Zeit $t = 0$ bedeuten (»Anfangsdaten«).

Durch Multiplikation mit $\dot{r}$ folgt aus der ersten Gleichung

$$\ddot{r}\dot{r} - \omega^2 r\dot{r} = \tfrac{1}{2}(\dot{r}^2 - \omega^2 r^2)^{\cdot} = 0\,,$$

d. h. die Größe $\dot{r}^2 - \omega^2 r^2$ ist eine »Konstante der Bewegung«. Wegen der Anfangsbedingungen gilt einfach

$$\dot{r}^2 - \omega^2 r^2 = v_a^2 - \omega^2 a^2$$

und wir haben

$$\dot{r} = \pm\sqrt{\omega^2(r^2 - a^2) + v_a^2}\,.$$

Die Zwangskraft ist gegeben durch die rechte Seite von [7.3.12] und das ergibt mit [7.3.13]

$$Z = 2m\omega\dot{r}\begin{pmatrix} -\sin\omega t \\ \cos\omega t \\ 0 \end{pmatrix},$$

wobei man noch $\dot{r}$ durch [7.3.15] ausdrücken kann.

d) *Diskussion*

Wenn man dem Teilchen eine Anfangsgeschwindigkeit $v_a > 0$ gibt, so kann es sich nur vom Drehpunkt weg bewegen. Das folgt auch formal, denn aus [7.3.14] erhält man

$$\dot{r} = a\omega\sinh\omega t + v_a\cosh\omega t \geqslant 0 \quad \text{für} \quad t \geqslant 0 \quad \text{und} \quad v_a \geqslant 0\,.$$

Gibt man dem Teilchen hingegen eine nach *innen* gerichtete Anfangsgeschwindigkeit ($v_a < 0$), so wird es bei *abnehmender* Geschwindigkeit (wegen $\ddot{r} = \omega^2 r > 0$) nach innen laufen. Wenn es den Drehpunkt dabei nicht erreicht, wird es in einem »Punkt« r_0 umkehren. Für den Umkehrpunkt gilt $\dot{r} = 0$ und das bedeutet nach [7.3.15] $\omega^2(r_0^2 - a^2) + v_a^2 = 0$. Wir haben also $r_0 = a\sqrt{1 - v_a^2/\omega^2 a^2}$ und damit es einen Umkehrpunkt gibt, muß daher $\omega a \leqslant v_a < 0$ sein.

Die *Zwangskraft* ist gegeben durch [7.3.16]. Sie liegt in der Ebene der Bewegung und ist zu jeder Zeit senkrecht zum Stab. Für $\dot{r} > 0$ ist sie der Rotation gleichgerichtet, für $\dot{r} < 0$ entgegengerichtet. Das der Zwangskraft entsprechende Drehmoment

$$\boldsymbol{N} = \boldsymbol{r} \times \boldsymbol{Z} = 2m\omega r\dot{r}\boldsymbol{e}_z \text{ } (\boldsymbol{e}_z \text{ ist der Einheitsvektor in } z\text{-Richtung})$$

muß von dem Mechanismus bereitgestellt werden, der den Stab im Zustand gleichförmiger Rotation hält. Der Antriebsmechanismus muß für $\dot{r} > 0$ den Stab »vordrücken«, für $\dot{r} < 0$ dagegen »zurückhalten«.

Schließlich muß der Antriebsmechanismus auch für die *Zufuhr* (bei $\dot{r} > 0$) oder *Abfuhr* (bei $\dot{r} < 0$) von Energie sorgen. Anfangs hat das Teilchen die kinetische Energie $T_a = \frac{m}{2}(v_a^2 + \omega^2 a^2)$; im Abstand r dagegen ist sie

$$T = \frac{m}{2}(\dot{r}^2 + \omega^2 r^2) = \frac{m}{2}(2\omega^2 r^2 + v_a^2 - \omega^2 a^2).$$

Die Energiedifferenz ist gleich der dem System (Stab + Teilchen) von außen zu liefernden (bzw. abzunehmenden) Arbeit

$$W = T - T_a = m\omega^2(r^2 - a^2),$$

die übrigens *nicht* von der Anfangsgeschwindigkeit abhängt.

Wie ist die kinetische Energie auf den radialen und den tangentialen Anteil der Bewegung verteilt?

$$T_{\text{rad.}} = \frac{m}{2}\dot{r}^2 = \frac{m}{2}\omega^2 r^2 + \frac{m}{2}(v_a^2 - \omega^2 a^2),$$

$$T_{\text{tang.}} = \frac{m}{2}\omega^2 r^2,$$

d. h. es ist stets $T_{\text{rad.}} - T_{\text{tang.}} = \text{konstant}$.

Die Arbeit, die von der Zwangskraft am Teilchen geleistet wird, berechnen wir folgendermaßen:

$$W_Z = \int \boldsymbol{Z} \cdot \mathrm{d}\boldsymbol{r} = \int \boldsymbol{Z} \cdot \boldsymbol{v}\,\mathrm{d}t = \int \boldsymbol{Z} \cdot (\boldsymbol{\omega} \times \boldsymbol{r})\,\mathrm{d}t,$$

wenn wir $\boldsymbol{v} = \frac{\dot{r}}{r}\boldsymbol{r} + \boldsymbol{\omega} \times \boldsymbol{r}$ benutzen und bedenken, daß $\boldsymbol{Z}$ senkrecht zu $\boldsymbol{r}$ ist. Dann ist

$$W_Z = \int \boldsymbol{\omega} \cdot (\boldsymbol{r} \times \boldsymbol{Z})\,\mathrm{d}t = \int \boldsymbol{\omega} \cdot \boldsymbol{N}\,\mathrm{d}t = 2m\omega^2 \int_a^r r\dot{r}\,\mathrm{d}t$$

d. h. wir erhalten genau denselben Energiebetrag wie oben.

7.4 Zusammenfassung

Die Mechanik der Massenpunkte und Systeme bedarf zu ihrer Vertiefung zweier wichtiger Ergänzungen:

a) Die Verwendung allgemeinerer als kartesischer Koordinaten. Wenngleich dies in vorangehenden Kapiteln schon getan worden ist (Kugel-

und Zylinderkoordinaten in Kap. 2 und 4, Eulersche Winkel in Kap. 2 und 6), fehlt noch ein systematisches Verfahren zur Aufstellung der Bewegungsgleichungen.

b) Die Behandlung von Aufgaben, bei denen neben der Bewegung auch noch einige Kräfte zu bestimmen sind. Es sind dies die Aufgaben mit „Nebenbedingungen" (auch: „Zwangsbedingungen"). Die gesuchten Kräfte heißen „Zwangskräfte". Die Nebenbedingungen stellen »Zusatzinformation« über die Bewegung dar und die Zwangskräfte sind diejenigen Kräfte, die den von den Nebenbedingungen vorgeschriebenen Bewegungsablauf garantieren. Einen Teilaspekt des Problems, nämlich die Bestimmung der Bewegung, haben wir schon in vorangehenden Kapiteln betrachtet: In Kap. 2 bei der Kreisbewegung (Nebenbedingung: $x^2 + y^2 = r^2$) und in Kap. 6 beim „starren Körper" (Nebenbedingung: Unveränderlichkeit der Relativabstände im Körper). Auch die Einbeziehung von Nebenbedingungen bei der Lösung der mechanischen Aufgabe ist zu systematisieren.

Bei holonomen Nebenbedingungen (gleichgültig ob skleronom oder rheonom) besteht grundsätzlich die Möglichkeit, sie durch die Wahl von („generalisierten") Koordinaten (q^k) identisch zu erfüllen. Bei der Integration der Bewegungsgleichungen spielen sie dann keine Rolle mehr. Zu deren Aufstellung genügt es, die kinetische Energie und die „eingeprägten Kräfte" auf die generalisierten Koordinaten und Geschwindigkeiten ($\dot{q}^k$) umzuschreiben. Das ist besonders einfach, wenn ein Kraftpotential vorliegt und man nur die Lagrangefunktion $L = T - V$ zu bestimmen hat.

Nachdem die Bewegungsgleichungen integriert worden sind, findet man die Zwangskräfte, indem man die eingeprägten Kräfte von der Gesamtkraft abspaltet (vgl. 7.2.2).

Ein Extremfall von skleronomen Nebenbedingungen liegt vor, wenn man die Bewegung vollständig durch Nebenbedingungen vorschreibt. Alles, was dann zu tun übrig bleibt, ist die Berechnung der Zwangskräfte. Ein (für die Praxis wichtiges) Beispiel dafür bietet die „Statik", in der die Nebenbedingungen darin bestehen, daß dem System allgemeine Ruhe »verordnet« wird.

Nichtholonome Nebenbedingungen kommen »normalerweise« nur als Gleichungen vor, die in den $\dot{q}^k$ linear sind. In diese Form lassen sich (durch Differentiation nach der Zeit) auch holonome Nebenbedingungen bringen. Sie werden nach der Methode der Lagrangeschen Multiplikatoren behandelt.

Zur Beschreibung eines Systems von n Massenpunkten, das m holonomen Nebenbedingungen unterworfen ist, benötigt man $3n - m =: f$

Koordinaten q^k, $(k = 1 \ldots f)$. Man nennt „f" die Zahl der Freiheitsgrade des Systems. Der Variabilitätsbereich der q^k heißt Konfigurationsraum des Systems. Die zeitliche Entwicklung des Systems wird durch eine Bahn $q^k(t)$ im Konfigurationsraum beschrieben. Bei Vorhandensein eines Potentials V stellen die Lagrange-Gleichungen die notwendigen Bedingungen dafür dar, daß zwischen zwei gegebenen Punkten des Konfigurationsraumes das „Wirkungsintegral" $\int L(q^k, \dot{q}^k, t)dt$ stationär ist (sogar ein Minimum). Das ist das Euler-Lagrangesche Variationsprinzip.

Wenn die Lagrange-Funktion L von einer Koordinate q^j nicht abhängt, so ist der entsprechende „konjugierte Impuls" $P_j := \frac{\partial L}{\partial \dot{q}^j}$ eine Konstante der Bewegung. Wenn L nicht von der Zeit abhängt, so ist der Ausdruck $P_k \dot{q}^k - L$ eine Konstante der Bewegung. Bei skleronomen Systemen bedeutet diese Größe die Gesamtenergie. Ersetzt man in ihr die $\dot{q}^k$ durch die P_k, so erhält man die Hamiltonsche Funktion des Systems. Diese ist übrigens bilinear in den P_k. Anstelle der Lagrange-Gleichungen hat man nun die Hamiltonschen Gleichungen $\dot{q}^k = \frac{\partial H}{\partial P_k}$, $\dot{P}_k = -\frac{\partial H}{\partial q^k}$, die ein System von $2f$ gewöhnlichen Differentialgleichungen 1. Ordnung für die $2f$ Funktionen $q^1 \ldots q^f, P_1 \ldots P_f$ bilden. Der Variabilitätsbereich der q^k und P_k heißt „Phasenraum" des Systems.

7.5 Aufgaben

7.1 Man stelle die Lagrangefunktion für ein Teilchen im Potentialfeld $V(\boldsymbol{r}, t)$ in Kugelkoordinaten auf. Zeige: Der konjugierte Impuls $P_\varphi = \partial L/\partial\dot{\varphi}$ ist gleich der z-Komponente des Drehimpulses, während $P_r = \partial L/\partial \dot{r}$ der Radialimpuls des Teilchens ist.

7.2 *Bewegung eines Teilchens im allgemeinen Zentralkraftfeld.*

a) Für ein Zentralkraftfeld mit Potential $V(r)$ stelle man die Lagrange-Gleichungen auf, gebe die »Konstanten der Bewegung« an und mache die Bahnebene zur Koordinatenebene $\theta = \pi/2$.

b) Für den radialen Anteil der Bewegung gebe man eine Differentialgleichung zweiter Ordnung sowie ein »erstes Integral« an.

c) Bestimme das „effektive Potential", welches zu der (fiktiven) eindimensionalen Radialbewegung gehört, deren Lagrangefunktion also durch $L = L = m\dot{r}^2/2 - V_{\text{eff.}}$ gegeben ist.

d) Stelle eine Differentialgleichung 1. Ordnung für die „Bahn" $r = r(\varphi)$ auf und zeige, wie diese »im Prinzip« durch eine Quadratur gelöst werden könnte.

7.3 Wende die Ergebnisse von (7.2) auf das Gravitationsfeld ($V = -\gamma m M/r$) an.

7.4 Wende die Ergebnisse von (7.2) auf den isotropen Oszillator ($V = k r^2/2$) an.

7.5 *Kräftefreier Rotor.* Ein Teilchen bewegt sich kräftefrei auf einer Kugel. Stelle die Lagrangefunktion und die Bewegungsgleichungen auf. Diskutiere die Bewegung.

7.6 *Rotor im Gravitationsfeld.* Ein Teilchen bewegt sich reibungsfrei auf einer Kugel im homogenen Gravitationsfeld.

a) Stelle die Lagrange-Gleichungen auf.

b) Bestimme die Konstanten der Bewegung.

c) Beschreibe die Bewegung in den Sonderfällen $\theta = \text{const}$ und $\varphi = \text{const}$.

d) Ist die allgemeine Bewegung periodisch (d. h. geschlossene Bahn)?

7.7 Untersuche die Bewegung, die ein »dünner« homogener Stab (Masse M, Länge L) im homogenen Schwerefeld in bezug auf seinen *MMP* ausführt. »Dünn« heißt: Das Trägheitsmoment des Stabes bezüglich seiner Längsachse wird gleich Null gesetzt.

7.8 Ein dünner, homogener Stab, der an einem Ende festgehalten wird, bewege sich reibungsfrei im homogenen Schwerefeld. Man diskutiere die Bewegung anhand der Lagrange-Gleichungen und der Konstanten der Bewegung.

7.9 Behandle die Aufgabe 6.3 mit den Methoden der Lagrangeschen Mechanik.

7.10 Berechne die in Aufgabe 6.3 auftretende Zwangskraft an der Berührungslinie von Zylinder und Ebene.

7.11 Schwerer symmetrischer Kreisel. Ein symmetrischer Kreisel, etwa in der Form eines auf der Spitze stehenden Kreiskegels, bewege sich im homogenen Schwerefeld. Man stelle die Lagrange-Gleichungen auf (benutze das Ergebnis von Aufgabe 2.4), bestimme die Konstanten der Bewegung und diskutiere die Phänomene „Nutation" (Auf- und Abbewegung der Figurenachse) und Präzession (Umlauf der Figurenachse um die Vertikale).

7.12 Man betrachte zwei Teilchen der Massen m_1 und m_2, die durch eine »masselose« starre Stange verbunden sind. Bestimme die allgemeine kräftefreie Bewegung und berechne die Zwangskraft, d. i. die Spannung in der Stange.

7.13 Man beweise allgemein, daß Zwangskräfte, die von holonomen und skleronomen Nebenbedingungen herrühren, am System keine Arbeit leisten.

8. Stöße und Streuung

8.1 Vorbemerkungen

Unsere Betrachtungen beziehen sich auf physikalische Vorgänge, die folgendermaßen zu beschreiben sind:

Anfänglich haben wir zwei Teilchen, die voneinander so weit entfernt sind, daß sie als „*frei*“ betrachtet werden können. Sie bewegen sich aufeinander zu und treten bei Unterschreiten eines gewissen Abstandes („*Reichweite* der Kraft“) in Wechselwirkung. Dabei ändern sich einige ihrer Eigenschaften, nämlich

die *kinetische Energie* T (der „Schwerpunktsbewegung“),
die *innere Energie* ε (inklusive der kinetischen Energie der Bewegung relativ zum Schwerpunkt),
der *Impuls* $\boldsymbol{P}$,
der *Bahndrehimpuls* $\boldsymbol{L}$,
der *Eigendrehimpuls* $\boldsymbol{S}$.

Wenn sie ihre *Wechselwirkungszone* durchquert haben, so bewegen sie sich wieder als freie Teilchen.

Bezeichnen wir sie als 1 und 2 und versehen die Teilcheneigenschaften *nach* dem Wechselwirkungsprozeß mit einem Strich. Die Änderung dieser Größen ist eingeschränkt durch die Erhaltungssätze für

$$\begin{aligned}
&\text{elektr. Ladung:} && q_1 + q_2 = q_1' + q_2' ,\\
&\text{Masse:} && m_1 + m_2 = m_1' + m_2' ,\\
&\text{Energie:} && T_1 + \varepsilon_1 + T_2 + \varepsilon_2 = T_1' + \varepsilon_1' + T_2' + \varepsilon_2' , \qquad [8.1.1]\\
&\text{Impuls:} && \boldsymbol{P}_1 + \boldsymbol{P}_2 = \boldsymbol{P}_1' + \boldsymbol{P}_2' ,\\
&\text{Drehimpuls:} && \boldsymbol{L}_1 + \boldsymbol{S}_1 + \boldsymbol{L}_2 + \boldsymbol{S}_2 = \boldsymbol{L}_1' + \boldsymbol{S}_1' + \boldsymbol{L}_2' + \boldsymbol{S}_2' .
\end{aligned}$$

Den oben beschriebenen Vorgang nennt man einen „*Streuprozeß*“. Er bildet die Grundlage für einen der wichtigsten Bereiche der Physik, in dem Theorie und Experiment besonders eng verzahnt sind. Ein großer Teil unserer Kenntnisse über weite Gebiete der Physik, vom Festkörper bis zu den Elementarteilchen, ist Streuexperimenten und deren Analyse zu verdanken. Im Experiment wird gewöhnlich ein Teilchenstrom („*beam*“) gegen die (meist ruhende) Streusubstanz („*target*“) gelenkt. Neuerdings läßt man auch Teilchenströme *gegeneinander* anlaufen („*colliding beams*“), um größere Energien zu erzielen. Zur Analyse müssen dann Methoden der statistischen Physik herangezogen werden. Wir beschränken uns hier auf die Betrachtung des Einzelprozesses.

Wir setzen von hier an voraus, daß die Eingangsgrößen (d. h. die linken Seiten von [8.1.1]) bekannt sind.

Dann ist zunächst zu bemerken, daß man allein aus den Erhaltungssätzen [8.1.1] die Ausgangsgrößen im allgemeinen nicht bestimmen kann, da es mehr Unbekannte als Gleichungen gibt. Wir müssen also weitere Informationen über den Streuprozeß heranziehen.

Wenn die Wechselwirkung bekannt ist und durch ein Potential beschrieben wird (wie etwa bei der elektrostatischen Wechselwirkung), können wir die Ausgangsgrößen ausrechnen. Dazu müssen die Bewegungsgleichungen für beide Teilchen integriert werden. Da diese Aufgabe zur Mechanik gehört, kommen wir darauf in 8.3 zurück.

Wenn die Wechselwirkung nicht bekannt ist, so kann man sich bei der Berechnung der Ausgangsgrößen nur auf die Erhaltungssätze [8.1.1] stützen. Man muß sich dann auf solche „Stoßprozesse" beschränken, über die man eine Reihe von Zusatzannahmen machen darf.

Wir nehmen hier und im folgenden an, daß die Teilchen beim Stoß ihre „Identität" bewahren:

$$m_1 = m_1', \quad m_2 = m_2'.$$

$$q_1 = q_1', \quad q_2 = q_2'.$$

Ferner vernachlässigen wir alle Eigen-Drehimpulse, und damit auch die entsprechenden Rotationsenergien.

Wir betrachten in 8.2.1 den „elastischen Stoß", bei dem die inneren Energien der Teilchen sich nicht ändern: $\varepsilon_1 = \varepsilon_1'$, $\varepsilon_2 = \varepsilon_2'$.

Stöße, bei denen diese zwei Bedingungen nicht erfüllt sind, heißen „inelastisch". Mit ihnen beschäftigen wir uns in 8.2.2.

8.2 Stöße

8.2.1 Elastische Stöße

Wir beschränken uns von vornherein auf den Fall des Labor-Experimentes, in dem das Zielteilchen, sagen wir Nr. 2, sich *vor dem Stoß in Ruhe* befindet.

Die durch den Impuls P_1 des stoßenden Teilchens gegebene Gerade nennt man die *„Stoßachse"*. Der Winkel θ zwischen der Stoßachse (bzw. P_1) und P_1' heißt *„Streuwinkel"* (s. Abb. 8.1). Dieser ist durch die Aufstellung des „Zählers" experimentell festgelegt. Dasselbe gilt für den Azimutal-Winkel φ, der durch die von Stoßachse und Zähler bestimmte Ebene festgelegt ist.

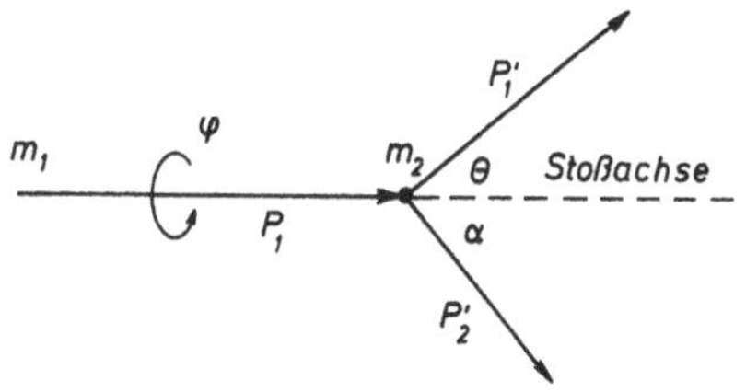

Abb. 8.1. Anfangs- und Endimpulse, Stoßachse und Streuwinkel beim Stoß im Laborsystem

Die Erhaltungs-Gleichungen [8.1.1] ergeben in unserem Fall

$$\frac{1}{2m_1} P_1^2 = \frac{1}{2m_1} P_1'^2 + \frac{1}{2m_2} P_2'^2 ,$$

$$\boldsymbol{P}_1 = \boldsymbol{P}_1' + \boldsymbol{P}_2' . \qquad [8.2.1]$$

Die letzte Gleichung besagt, daß die drei Impulsvektoren in einer Ebene liegen und graphisch durch die Seiten eines Dreiecks dargestellt werden können (Abb. 8.2). Führen wir das Massenverhältnis $r := \frac{m_1}{m_2}$ in die Energie-Gleichung ein, so haben wir

$$P_1^2 = P_1'^2 + r P_2'^2 . \qquad [8.2.2]$$

Diese Gleichung stellt – in der Art des Satzes von Pythagoras – eine Beziehung zwischen den Seiten des Stoßdreiecks dar. Letzteres ist im Punkte C spitzwinklig für $r < 1$, rechtwinklig für $r = 1$, und stumpfwinklig für $r > 1$.

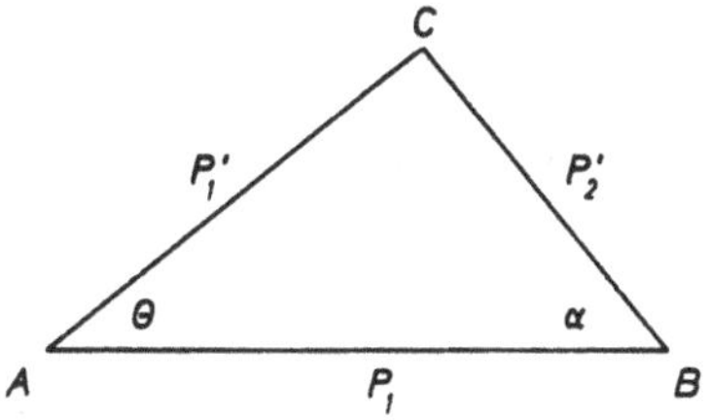

Abb. 8.2. Das „Impulsdreieck“ für den Stoß im Laborsystem

Wir haben es also mit der trigonometrischen Aufgabe zu tun, die Stücke des Dreiecks zu bestimmen, wenn P_1, θ, und die Relation [8.2.2] gegeben sind. Insbesondere interessieren uns die Größen P_1', P_2' und α.

Aus [8.2.2] und dem „*Cosinussatz*“ der Trigonometrie,

$$P_2'^2 = P_1^2 + P_1'^2 - 2P_1P_1'\cos\theta\,, \qquad [8.2.3]$$

erhalten wir durch Elimination von P_2'

$$P_1' = \frac{P_1}{r+1}\left(r\cos\theta \pm \sqrt{1 - r^2\sin^2\theta}\right). \qquad [8.2.4]$$

Setzen wir dieses Ergebnis wieder in [8.2.3] ein, so folgt

$$P_2' = \frac{\sqrt{2}P_1}{r+1}\left(1 + r\sin^2\theta \mp \cos\theta\sqrt{1 - r^2\sin^2\theta}\right)^{1/2}. \qquad [8.2.5]$$

In beiden Formeln zugleich gilt entweder das obere oder das untere Vorzeichen.

Wir haben drei Fälle zu unterscheiden:

1. $\boldsymbol{m_1} < \boldsymbol{m_2}$. Wir setzen $\left(\dfrac{m_2}{m_1}\right)^2 = \dfrac{1}{r^2} =: 1 + \eta$ mit $\eta > 0$. Dann wird

$$P_1' = \frac{rP_1}{r+1}\left(\cos\theta \pm \sqrt{\cos^2\theta + \eta}\,\right)$$

Da P_1' als Betrag eines Vektors positiv ist, muß das untere Vorzeichen ausgeschlossen werden. Wir haben also

$$P_1' = \frac{P_1}{r+1}\left(r\cos\theta + \sqrt{1 - r^2\sin^2\theta}\right), \qquad [8.2.6]$$

$$P_2' = \frac{\sqrt{2}P_1}{r+1}\left(1 + r\sin^2\theta - \cos\theta\sqrt{1 - r^2\sin^2\theta}\right)^{1/2}.$$

Der Streuwinkel θ kann jeden Wert annehmen. Insbesondere ist für

$$\theta = 0: \qquad P_1' = P_1\,, \qquad P_2' = 0\,,$$

d. h. es findet keine Wechselwirkung statt. Dagegen ergibt sich für

$$\theta = \pi: \qquad P_1' = \frac{1-r}{1+r}P_1\,, \qquad P_2' = \frac{2}{1+r}P_1\,.$$

Beim „Zentralstoß“ gegen ein ruhendes »schwereres« Teilchen wird das stoßende Teilchen also »zurückgeworfen«.

2. $\boldsymbol{m_1} = \boldsymbol{m_2}$. Wegen $r = 1$ haben wir

$$P_1' = \tfrac{1}{2}P_1(\cos\theta \pm |\cos\theta|)\,.$$

Wir schließen hieraus, daß nur „Vorwärtsstreuung“ ($\cos\theta > 0$) möglich ist. Denn für $\cos\theta \leqslant 0$ wäre ja $P'_1 < 0$ oder, bestenfalls, $= 0$. Im letzteren Falle wäre $P'_2 = P_1$, d. h. das stoßende Teilchen kommt zur Ruhe und übergibt seinen gesamten Impuls an das „Ziel“-Teilchen (Spezialfall des Zentralstoßes).

Da also $\cos\theta > 0$ ist, muß das obere Vorzeichen gelten:

$$P'_1 = P_1 \cos\theta\,, \qquad P'_2 = P_1 \sin\theta\,.$$

Diese Relationen entnimmt man auch Abb. 8.2, da nach [8.2.2] und $r = 1$ ein rechtwinkliges Dreieck vorliegt.

3. $\boldsymbol{m_1 > m_2}$. Wir setzen $\left(\dfrac{m_2}{m_1}\right)^2 = \dfrac{1}{r^2} =: 1 - \eta$ mit $0 < \eta < 1$. Dann wird

$$P'_1 = \frac{r P_1}{1 + r}\left(\cos\theta \pm \sqrt{\cos^2\theta - \eta}\right).$$

Hieraus ersehen wir, daß nur $\cos\theta > 0$ infrage kommt, also nur Vorwärtsstreuung eintritt. Weiter schließen wir aus [8.2.4], da die Wurzel reell sein muß, daß

$$\sin\theta \leqslant \frac{m_2}{m_1}$$

gilt. Es gibt also einen durch

$$\sin\theta_0 = \frac{m_2}{m_1} \qquad [8.2.7]$$

bestimmten Grenzwinkel θ_0 $\left(< \dfrac{\pi}{2}\right)$, durch den der „Vorwärtsstreukegel“ festgelegt ist.

Die Impulse *nach* der Kollision sind gegeben durch [8.2.4], [8.2.5] und die Bedingung $\theta \leqslant \theta_0$.

Zu jedem Wertepaar $(P_1, \theta \leqslant \theta_0)$ gibt es also *zwei Lösungen* der Erhaltungsgleichungen [8.2.1] und [8.2.2], d. h. zwei verschiedene Paare von Ausgangsimpulsen (P'_1, P'_2).

Welche der beiden Lösungen im Experiment verwirklicht wird, hängt vom Stoßparameter ab und kann durch die obigen Betrachtungen nicht entschieden werden. Zur Aufhebung der Zweideutigkeit s. Übungsaufgabe 8.7.

Graphische Veranschaulichung der Lösungen

Aus der Kombination des „Cosinussatzes“ (vgl. Abb. 8.2)

$$P_1'^2 = P_1^2 + P_2'^2 - 2P_1P_2'\cos\alpha$$

mit der Gleichung [8.2.2] erhalten wir die Beziehung

$$P_2' = \frac{2P_1}{1+r}\cos\alpha\,.$$

Hieraus ist verhältnismäßig leicht zu ersehen, daß bei gegebenem Anfangsimpuls P_1 die zum selben Massenverhältnis r gehörenden »Stoßdreiecke« ihre Spitzen C auf Kreisen des Radius $\frac{P_1}{1+r}$ haben, die sich im rechten Basispunkt B berühren. Die Kreise für die Massenverhältnisse 2, 1, 1/2, 0 sind in Abb. 8.3 eingezeichnet.

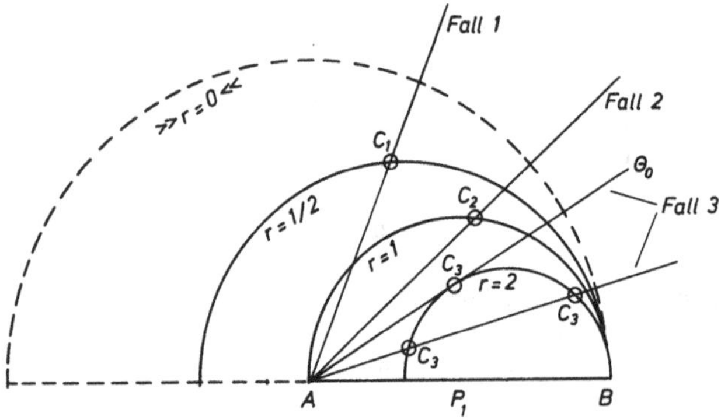

Abb. 8.3. Graphische Veranschaulichung der Lösungen beim elastischen Stoß. Gegeben sind der Anfangsimpuls P (Strecke $\overline{AB}$) und das Massenverhältnis $r = m_1/m_2$

Wie bereits aus [8.2.2] zu ersehen ist, liegen die Spitzen aller Stoßdreiecke *innerhalb* des Halbkreises „$r = 0$“.

Die Lösung des Stoßproblems ergibt sich einfach als Schnittpunkt der Geraden $\theta = \text{const.}$ mit dem entsprechenden Halbkreis $r = \text{const.}$ Die *Eindeutigkeit* der Lösungen im Falle $r \leqslant 1$ ist aus der Graphik ebenso leicht zu ersehen wie die Existenz eines *Grenzwinkels* θ_0 und die *Doppeldeutigkeit* der Lösungen für $r > 1$.

Schließlich geben wir noch den Winkel α an, den die Bewegungsrichtung des Zielteilchens (nach dem Stoß) mit der Stoßachse bildet.

Aus [8.2.8] erhalten wir mit [8.2.5] nach leichter Umformung

$$\cos 2\alpha = r \sin^2\theta \mp \cos\theta \sqrt{1 - r^2 \sin^2\theta}\,.$$

Wie zuvor gilt für $r \leqslant 1$ nur das obere Vorzeichen, während es in den Fällen $r > 1$ zu jedem Wert des Streuwinkels θ zwei Winkel α gibt.

8.2.2 Inelastische Stöße

Wir beschränken uns auf die Betrachtung des Extrem-Falles, in dem Teilchen 1 (m_1, v_1) mit Teilchen 2 $(m_2, v_2 = 0)$ nach dem Zusammenstoß ein neues Teilchen $(m_1 + m_2, V)$ bildet. Es gilt

$$m_1 v_1 = (m_1 + m_2) V$$

und

$$T_1 = \frac{m_1}{2} v_1^2 = \frac{m_1 + m_2}{2} V^2 + \varepsilon,$$

d. h. V ist die Geschwindigkeit des *MMP* und ε ist der Verlust an kinetischer Energie.

Dann folgt

$$\varepsilon = \frac{m_2}{m_1 + m_2} T_1 = \frac{1}{1 + r} T_1\,. \qquad [8.2.8]$$

Je *kleiner* das Massenverhältnis $r = \dfrac{m_1}{m_2}$ ist, desto *größer* ist also der Anteil, welcher in *„innere Energie"* umgewandelt wird.

Aus der letzten Formel kann man auch die Mindestgeschwindigkeit berechnen, die Teilchen 1 haben muß, damit beim Stoß ein Energiebetrag ε zur Erhöhung der inneren Energie eines der Teilchen »abgezweigt« werden kann:

$$v_1 = v_{\min} = \sqrt{2(1 + r)\frac{\varepsilon}{m_1}}\,.$$

Daß die Minimalgeschwindigkeit einfach durch Auflösen von [8.2.8] nach v_1 gewonnen werden kann, ist schon deshalb einleuchtend, weil bei unterschiedlichen Endgeschwindigkeiten $v_1' \neq v_2'$ auch noch Energie für die Relativbewegung der beiden Teilchen aufgewendet werden müßte.

Bei dem hier betrachteten Stoßprozeß bleibt immerhin der Anteil $\dfrac{r}{1 + r} T_1$ als kinetische Energie der *MMP*-Bewegung erhalten. Wenn man es auf größtmögliche Erzeugung von *„innerer Energie“* abgesehen hat, richtet man die Bedingungen des Stoßes so ein, daß der *MMP* im Laboratorium ruht. In diesem Fall lautet die Energiebilanz $T_1 + T_2 = \varepsilon$, d. h. die gesamte kinetische Energie kann in andere Energieformen verwandelt werden.

8.3 Streuung am kugelsymmetrischen Potential

8.3.1 Streuquerschnitte

Wir betrachten einen Streuer, der nur durch sein Kraftfeld auf einen einfallenden Teilchenstrahl einwirkt, selbst unbeweglich ist und als punktförmig angesehen werden kann. Der Teilchenstrahl bestehe aus gleichartigen Teilchen, die nicht miteinander wechselwirken, in genügen-

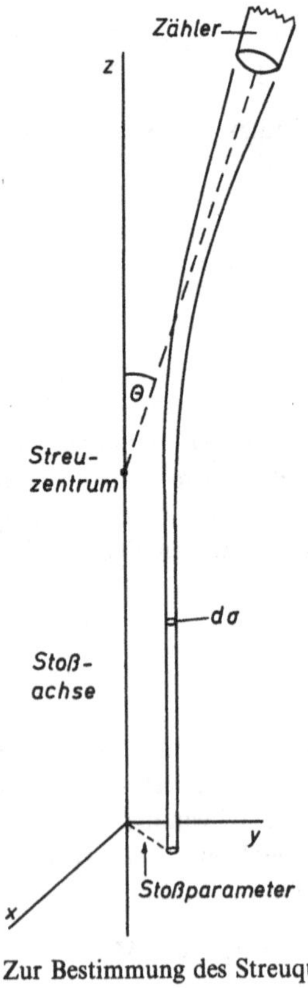

Abb. 8.4. Zur Bestimmung des Streuquerschnitts

der Entfernung vom Streuer als frei betrachtet werden können und dieselbe kinetische Energie haben.

Der Ort, an dem sich der Streuer befindet, heißt „*Streuzentrum*". Die Gerade, die durch das Streuzentrum parallel zum anfänglichen Teilchenstrahl geht, heißt wiederum „*Stoßachse*". Den anfänglichen Abstand s zwischen dem Teilchenstrahl und der Stoßachse nennt man den „*Stoßparameter*". Die Ebene, welche die Stoßachse und den Teilchenstrahl enthält, heißt „*Stoßebene*".

Wir machen das Streuzentrum zum Ursprung eines Systems von Kugelkoordinaten und legen die Richtung $\theta = 0$ („z-Achse") in die Stoßachse (vgl. Abb. 8.4). Die Lage des Strahls ist beschrieben durch den Stoßparameter s und den Azimutal-Winkel φ. Den Strahl selbst denken wir uns gegeben durch die Bahnen eines kleinen „Schwarmes" parallel laufender Teilchen, die eine Röhre des Querschnittes $\mathrm{d}\sigma$ bilden.

Es ist klar, daß die Wechselwirkung mit dem Streuer nicht nur zu einer *Ablenkung* sondern auch zu einer räumlichen »*Auffächerung*« des Eingangsstrahls führt. Der Streustrahl wird also durch den *Streuwinkel* θ und einen *Raumwinkel* $\mathrm{d}\Omega$ beschrieben und das Verhältnis $\dfrac{\mathrm{d}\Omega}{\mathrm{d}\sigma}$ ist durch die Wechselwirkung und die „Geometrie" des Strahls bestimmt.

Im Laboratorium ist der Streuwinkel θ durch die Aufstellung des Zählers gegeben und $\mathrm{d}\Omega$ ist gleich der Öffnung des Zählers, dividiert durch das Quadrat des Abstandes vom Streuzentrum. Den Eingangsstrahl erhält man durch Rückverfolgen der Bahnen aller Teilchen, die in den Zähler einfallen. Der Strahlquerschnitt $\mathrm{d}\sigma$ ist also die Wirkungsfläche, die der Streuer (zusammen mit seinem Feld) für *die Teilchen* darbietet, *die im Zähler registriert werden.* Man bezeichnet den Absolutbetrag des Quotienten $\dfrac{\mathrm{d}\sigma}{\mathrm{d}\Omega}$ als „*differentiellen* Streuquerschnitt". Die

Größe $\sigma = \displaystyle\int \left| \frac{\mathrm{d}\sigma}{\mathrm{d}\Omega} \right| \mathrm{d}\Omega$ heißt „*totaler* Streuquerschnitt".

8.3.2 Berechnung des Streuquerschnitts

Um den Streuquerschnitt zu berechnen, bedienen wir uns der geläufigen Formeln für das Flächenelement in ebenen Polarkoordinaten

$$\mathrm{d}\sigma = s\,\mathrm{d}\varphi\,\mathrm{d}s$$

und für den Raumwinkel in Kugelkoordinaten

$$\mathrm{d}\Omega = \sin\theta\,\mathrm{d}\theta\,\mathrm{d}\varphi\,.$$

Damit erhalten wir für den

differentiellen Streuquerschnitt:

$$\frac{d\sigma}{d\Omega} = \frac{s\,ds}{\sin\theta\,d\theta}. \qquad [8.3.1]$$

Die Funktion $s(\theta)$ bestimmt man durch Integration der Bewegungsgleichungen eines Teilchens im Potential des Streuers.

Ebenso wie die Bewegungsgleichungen die Zuordnung $(s,v) \to (\theta,v)$ eindeutig festlegen, so bestimmen sie auch deren Umkehrung. Das liegt an der Umkehrbarkeit der Teilchenbewegung in zeitunabhängigen Feldern: Wenn man in einem Bahnpunkt das Teilchen mit derselben Geschwindigkeit, aber in entgegengesetzter Richtung loslaufen läßt, so durchläuft es die Bahn »rückwärts«.

Die Geschwindigkeit v, die das Teilchen im freien Zustand, also außerhalb der Reichweite des Potentials hat, geht als Parameter („*Anfangsbedingung*" bei der Integration der Bewegungsgleichungen) in die Funktion s ein. Man pflegt anstelle der Anfangsgeschwindigkeit v auch die (kinetische) Energie des Teilchens zu benutzen. Diese ist außerhalb der Reichweite des (auf Null geeichten) Potentials gleich der Gesamtenergie des Teilchens. Der differentielle Streuquerschnitt ist dann eine Funktion des Streuwinkels θ und der Energie E.

8.3.3 Messung des Streuquerschnitts

Es ist klar, daß der Stoßparameter zumindest bei Stößen atomarer Teilchen keine experimentell kontrollierbare Größe ist. Im Streuexperiment läßt man einen monoenergetischen Teilchenstrahl gegen den Streuer anlaufen. Die Intensität I des Strahls d. h. die Zahl der Teilchen, die pro Sekunde durch einen Quadratmeter Querschnittsfläche hindurchfließen, ist bekannt. Im Abstand R vom Streuer und unter einem Winkel θ zur Einfallsrichtung des Strahls befindet sich der Zähler. Dieser dient zur Feststellung der „*Zählrate*" Z, d. h. der Zahl der Teilchen, die pro Sekunde die *Öffnung* A des Zählers passieren.

Den Teilchenstrahl der Teilchen, die in den Zähler eintreten, denke man sich wieder durch Rückverfolgen der Teilchenbahnen konstruiert. Dieser Teilchenstrahl hat den Querschnitt $d\sigma$. Da keine Teilchen verloren gehen, gilt $I_0\,d\sigma = Z$. Mit der Beziehung $A = R^2\,d\Omega$ für die Öffnung folgt dann

$$\frac{d\sigma}{d\Omega} = \frac{R^2}{I_0 A} Z.$$

Die Zählrate muß dann bei festgehaltenem Streuwinkel noch für verschiedene Energien gemessen werden.

8.4 Rutherford-Streuung

Unter *Rutherford-Streuung* versteht man die Streuung elektrisch geladener Teilchen im *Coulomb-Potential* festgehaltener Streuzentren (ursprünglich He-Kerne an Gold-Atomen). Das Potential des Kraftfeldes ist

$$U = \frac{qQ}{4\pi\varepsilon_0 r},$$

d. h. wir haben ein Feld desselben Typs wie in 4.2, nur daß die Wechselwirkung hier abstoßend ist. Wir können also die Ergebnisse von 4.2 übernehmen, wenn wir setzen $k = -\frac{qQ}{4\pi\varepsilon_0}$. Alles, was wir aus 4.2 benötigen ist die Bahngleichung

$$r = \frac{l^2/km}{1 + \frac{w}{k}\cos\varphi} \qquad [8.4.1]$$

und die Beziehung

$$\left(\frac{w}{k}\right)^2 = \frac{2l^2 E}{k^2 m} + 1\,. \qquad [8.4.2]$$

Als Teilchenbahnen kommen hier natürlich wegen $E > 0$ nur die Hyperbeln in Frage.

Um der Tatsache besser Rechnung zu tragen, daß $k < 0$ ist, schreiben wir die Bahngleichung um:

$$r = \frac{l^2/m|k|}{\frac{w}{|k|}\cos\varphi - 1}.$$

Da wir für $\varphi = 0$, nicht aber für $\varphi = \pi$ einen positiven Wert von r erhalten, ist der Punkt $r = 0$ der *linke Focus*. Um zu sehen, welchen der beiden Hyperbel-Äste wir vor uns haben, betrachten wir die Bedingung für die Asymptoten,

$$\frac{w}{|k|}\cos\varphi_0 = 1\,.$$

Wir haben also für die Asymptoten $\cos\varphi_0 > 0$ und damit $|\varphi_0| < \frac{\pi}{2}$, d. h. die Bahngleichung bezieht sich auf den *rechten* Hyperbel-Ast.

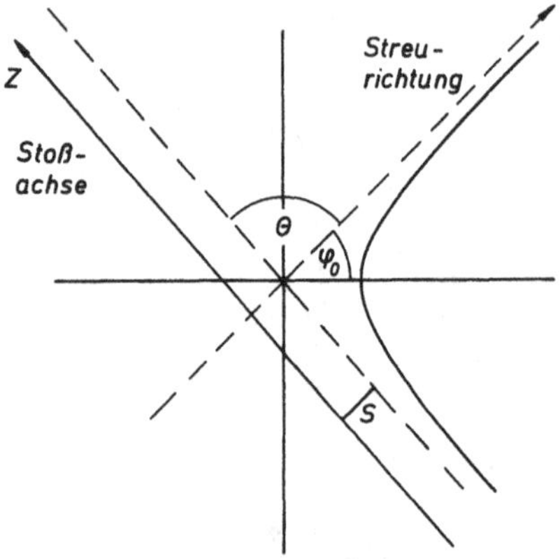

Abb. 8.5. Stoßparameter s und Streuwinkel θ bei der Rutherford-Streuung

Der Streuwinkel θ ist der Winkel zwischen den Asymptoten. Es gilt (s. Abb. 8.5)

$$\varphi_0 = \frac{\pi}{2} - \frac{\theta}{2}\,.$$

Damit haben wir

$$\cos\varphi_0 = \cos\left(\frac{\pi}{2} - \frac{\theta}{2}\right) = \sin\frac{\theta}{2} = \frac{|k|}{w}$$

und folglich, mit [8.4.2],

$$\left(\frac{w}{k}\right)^2 = \frac{2l^2E}{k^2m} + 1 = \frac{1}{\sin^2\frac{\theta}{2}}\,.$$

Es wird

$$\frac{2l^2E}{k^2m} = \operatorname{ctg}^2\frac{\theta}{2}\,. \qquad [8.4.3]$$

Da der Drehimpuls bei der Bewegung im Zentralkraftfeld konstant ist, können wir seinen Wert in einem Bahnpunkt nehmen, der weit vom Streuzentrum entfernt ist. Dort gilt einfach und mit großer Genauigkeit

$$l^2 = m^2 s^2 v^2 \quad \text{und} \quad v^2 = \frac{2E}{m} .$$

Also haben wir $l^2 = 2mEs^2$ und, mit [8.4.3], folgt

$$s(\theta, E) = \frac{|k|}{2E} \operatorname{ctg} \frac{\theta}{2} \tag{8.4.4}$$

$$\text{mit } |k| = \frac{qQ}{4\pi\varepsilon_0} .$$

Hieraus erhalten wir den *differentiellen Streuquerschnitt:*

$$\left| \frac{d\sigma}{d\Omega} \right| = \frac{k^2}{16E^2} \sin^{-4} \frac{\theta}{2} \tag{8.4.5}$$

Das ist die berühmte Formel von *Rutherford*, deren experimentelle Bestätigung dem *Rutherfordschen Atommodell* zur Anerkennung verhalf. Sie gilt für ein festes Streuzentrum, also entweder für die Streuung an einem Teilchen, das »festgehalten« wird oder, bei der Streuung an einem beweglichen Teilchen, in bezug auf ein fiktives Streuzentrum im Massenmittelpunkt.

Die Eigentümlichkeit der Coulomb-Wechselwirkung erlaubt es aber auch – wie im Falle der Gravitation – den Vorgang in bezug auf ein *bewegliches* Zielteilchen zu beschreiben. Aus den Gleichungen

$$m_1 \ddot{\boldsymbol{r}}_1 = \frac{q_1 q_2}{4\pi\varepsilon_0} \frac{\boldsymbol{r}_1 - \boldsymbol{r}_2}{|\boldsymbol{r}_1 - \boldsymbol{r}_2|^3} = -m_2 \ddot{\boldsymbol{r}}_2$$

folgt nämlich

$$\mu(\boldsymbol{r}_1 - \boldsymbol{r}_2)^{\cdot\cdot} = \frac{q_1 q_2}{4\pi\varepsilon_0} \frac{\boldsymbol{r}_1 - \boldsymbol{r}_2}{|\boldsymbol{r}_1 - \boldsymbol{r}_2|^3} .$$

Den Wirkungsquerschnitt für die Coulomb-Streuung an beweglichen (anfangs jedoch ruhenden) Teilchen erhält man einfach, indem man in [8.4.5] die kinetische Energie der *Relativbewegung* benutzt, also

$$E = \tfrac{1}{2} \mu (\boldsymbol{v}_1 - \boldsymbol{v}_2)^2 = \tfrac{1}{2} \mu v_1^2$$

setzt.

8.5 Zusammenfassung

Stoß- und Streuprozeß zweier Teilchen haben gemeinsam, daß die Wechselwirkung zwischen den Partnern nur von kurzer Dauer ist. Vorher und nachher sind die Partner »frei«. Die Partner können übrigens infolge der Wechselwirkung ihre Identität ändern, insbesondere können sie fragmentieren oder koaleszieren. Ein Maß für die maximale Dauer der Wechselwirkung ist das Produkt ihrer Reichweite mit der anfänglichen Relativgeschwindigkeit der Stoßpartner. Bei zwei Billard-Kugeln ist diese Reichweite (von Mittelpunkt zu Mittelpunkt gemessen) gleich dem Kugeldurchmesser. Bei zwei Sternen in Gravitationswechselwirkung ist sie dagegen (im Prinzip) unendlich. In der Praxis kann man die Wechselwirkung immer von irgendeiner Entfernung an vernachlässigen, da sie dann von anderen Wechselwirkungen dominiert wird. Dies gilt insbesondere für die Coulombwechselwirkung wegen der Neutralisierung von elektrischen Ladungen.

Die Terminologie der Physik macht keinen klaren Unterschied zwischen Stoß- und Streuprozeß. Jedoch wird „Stoß" mehr im Sinne eines »Aufeinanderprallens« von Körpern gebraucht, wobei sowohl elastische als auch Molekularkräfte wirken, hingegen keine langreichweitigen Kräfte.

Beim „Stoß" verwertet man nur die Information, welche durch die Erhaltungssätze für Masse, Impuls, Drehimpuls und Energie geliefert wird, ohne die Art der Wechselwirkung zu berücksichtigen. Dies entweder, weil man letztere nicht genau kennt, oder aber weil sie zur Lösung der gestellten Aufgabe nicht benötigt wird. Beim Stoß von Punktteilchen verzichtet man auf die Information, die durch den *Stoßparameter* gegeben ist, weil man sie nicht verwerten kann. Bei Stößen zwischen ausgedehnten Systemen wie etwa Billardkugeln oder Automobilen, bei denen Drehimpulse eine große Rolle spielen, ist der Stoßparameter dagegen unentbehrlich.

Ein Stoß heißt *elastisch*, wenn dabei keiner der Partner seine innere Energie ändert. Da wir darin die kinetische Energie der Eigenrotation mit einbeziehen, ist außer dem Impuls auch noch die kinetische Energie (der Schwerpunktsbewegung) eine Erhaltungsgröße. Zur Berechnung der Ausgangsgrößen stehen also 4 Gleichungen zur Verfügung. Eine davon wird dadurch erfüllt, daß die *Stoßebene* zu einer Koordinatenebene gemacht wird. Zwischen den 5 Größen p_1, p_1', p_2', α, θ, bestehen dann 3 Gleichungen, in denen die Massen der Teilchen als Parameter auftreten. Gibt man beispielsweise außer den Massen noch den Anfangsimpuls p_1 und den Streuwinkel θ vor, so kann man die übrigen Größen berechnen. Je nach der Größe des Massenverhältnisses $r = \frac{m_1}{m_2}$ ergeben sich verschiedene Lösungen:

a) $r < 1$: Der Streuwinkel kann jeden Wert annehmen. Die Lösung ist eindeutig.

b) $r = 1$: Der Streuwinkel ist kleiner als 90°. Die Lösung ist eindeutig.

c) $r > 1$: Der Streuwinkel muß unterhalb eines „Grenzwinkels" θ_0 liegen, der durch $\sin\theta_0 = 1/r$ bestimmt ist. Zu jedem (zugelassenen) Wert von θ gibt es dann zwei verschiedene Lösungen. Um zu entscheiden, welche die »richtige« Lösung ist, müssen Parameter herangezogen werden, die den Vorgang näher charakterisieren.

Bei der Behandlung von Streuproblemen wird mehr Information über die Wechselwirkung verwertet als beim Stoß. Unter anderem wird hier noch der Stoßparameter s vorgegeben. Der Streuwinkel – Input beim Stoß – wird als Funktion des Stoßparameters berechnet. Hierzu benötigt man die Kenntnis des Wechselwirkungspotentials und der Anfangsdaten wie Azimutalwinkel φ und Anfangsenergie E. Durch Integration der Bewegungsgleichungen für ein Teilchen im Feld des Streuers bestimmt man den Streuwinkel als Funktion der Daten s, φ, E. Durch Auflösen dieser Funktion nach s erhält man die Funktion $s(\theta, \varphi, E)$. Für die Berechnung des differentialen Streuquerschnittes $\frac{d\sigma}{d\Omega} = \frac{s\,ds\,d\varphi}{\sin\theta\,d\theta\,d\varphi} = \frac{s\,ds}{\sin\theta\,d\theta}$ kommt es nur auf die Abhängigkeit des Stoßparameters vom Streuwinkel an; φ und E fungieren als »Parameter«.

Der experimentellen Bestimmung des differentiellen Streuquerschnittes liegt die Messung der „Zählrate" zugrunde. Durch Vergleich der bei verschiedenen Energien »gemessenen« Streuquerschnitte mit denen, welche man für Modell-Potentiale berechnet, lassen sich Rückschlüsse auf das »wahre« Wechselwirkungspotential ziehen.

8.6 Aufgaben

8.1 Zwei Teilchen (Massen m_1, m_2; Geschwindigkeiten $\mathbf{v}_1, \mathbf{v}_2$) prallen aufeinander.

a) Welchen Maximalwert kann der Geschwindigkeitsbetrag des *MMP* nach dem Stoß annehmen, wenn die *Beträge* der Geschwindigkeiten gegeben, die »Stoßwinkel« aber variabel sind?

b) Welches ist der Maximalwert der Energie, der für »innere Prozesse« (also solche „inelastischer" Art) zur Verfügung steht?

8.2 Man zeige, daß beim elastischen Stoß der Betrag der Geschwindigkeit jedes der beiden Teilchen im Schwerpunktsystem ungeändert bleibt.

8.3 Für den elastischen Stoß mit anfänglich ruhendem Zielteilchen ($v_2 = 0$) drücke man die Geschwindigkeiten des *MMP* (V) und der beiden Teilchen relativ zum *MMP* ($\boldsymbol{w}_1, \boldsymbol{w}_2$) durch $\boldsymbol{v}_1$ aus. Man zeige, daß $V/w_1' = m_1/m_2$ gilt. Daraufhin konstruiere man eine weitere graphische Veranschaulichung der Fallunterscheidung $m_1/m_2 \gtreqless 1$, die jedoch nicht (wie in 8.2.1) auf dem »Impulsdreieck«, sondern auf dem »Geschwindigkeitsdreieck« $\boldsymbol{v}_1' = \boldsymbol{V} + \boldsymbol{w}_1'$ beruht.

8.4 Für den elastischen Stoß zweier Teilchen drücke man die Streuwinkel θ, α des Laborsystems durch den Streuwinkel ψ im *Schwerpunktsystem* aus.

8.5 Ein Massenpunkt (Masse m, Geschwindigkeit v) kollidiert mit einer anfangs im Punkt 0 ruhenden Kugel (Masse M, Trägheitsmoment I, Radius a) und bleibt darauf haften. Man berechne

a) die Geschwindigkeit (einschließlich Bewegungsrichtung), b) den Drehimpuls des Systems Teilchen + Kugel als Funktion des Stoßparameters. Man betrachte den Sonderfall $m \ll M$.

8.6 Betrachte den elastischen Stoß eines Massenpunktes mit einer »harten«, *festgehaltenen* Kugel. Berechne den differentiellen und totalen Streuquerschnitt.

8.7 Elastischer Stoß eines Massenpunktes mit einer »harten« Kugel, die *anfangs* ruht.

a) Man mache sich klar, daß eine »harte« Kugel beim Stoß keinen Eigendrehimpuls aufnimmt.
b) Man drücke s', den »Stoßparameter *nach* dem Stoß«, durch s, a, und den Streuwinkel θ aus.
c) Man benutze dieses Ergebnis zusammen mit dem von Kap. 8.2.1 sowie der Erhaltung des Bahndrehimpulses, um den Stoßparameter s als Funktion des Streuwinkels (mit a und m/M als Parameter) zu berechnen.
d) Spezialisiere auf den Fall $m = M$ und berechne den differentiellen Streuquerschnitt (Vergleich mit 8.6).
e) Man betrachte den Fall $m > M$ und zeige, daß sich *derselbe* Wert des Streuwinkels für zwei *verschiedene* Werte des Stoßparameters ergibt.

9. Arbeits- und Studienhilfen

9.1 Gesichtspunkte für das Lösen von Übungsaufgaben

Mit der folgenden Aufstellung (»Check-Liste«) sollen dem Leser einige Gesichtspunkte genannt werden, an denen er sich bei der Bearbeitung einer Aufgabe orientieren kann. Das »innere Abfragen« der Liste wird nach einiger Übung automatisch ablaufen. Die folgenden Punkte sind weder notwendig noch hinreichend zur Lösung einer ganz bestimmten Aufgabe. Sie mögen aber in einigen Fällen von Nutzen sein.

1 *»Verstehen« der Aufgabe*
1.1 Gegenstand und Zweck der Aufgabe
1.2 Welche vereinfachenden Annahmen können gemacht werden? (Z. B. Vernachlässigung von irrelevanten Wechselwirkungen sowie Abweichungen von Symmetrien usw.)
1.3 Welche Symmetrien liegen vor? Wie können sie genutzt werden?
1.4 Theoretischer Rahmen, innerhalb dessen die Aufgabe behandelt werden kann (z. B. klassisch, quantenmechanisch, nichtrelativistisch, relativistisch)
1.5 Analogie mit anderen Aufgaben (z. B. Ähnlichkeit von „sphärischem Pendel", „Rotor im Gravitationsfeld")

2 *»Lösen« der Aufgabe*
2.1 Vermutung über Lösung, deren Eigenschaften, Folgerungen
2.2 Zeichnung, Skizze, Diagramm machen
2.3 Benennung der erforderlichen Größen
2.4 Relevanz der vorgegebenen Größen und Daten. Wird die gesamte im Aufgabentext gegebene Information ausgenutzt?
2.5 Bei numerischen Rechnungen: Zahlen erst am Schluß einsetzen.

3 *Kontrolle der Richtigkeit*
3.1 Richtigkeit der Maßeinheiten
3.2 Plausibilität der Lösung. Übereinstimmung mit Erwartung?
3.3 Plausibilität einfacher Grenz- und Sonderfälle

4 *Form der Lösung*
4.1 Kann die Lösung vereinfacht werden?
4.2 Ist die Lösung übersichtlich? Ist sie »handlich«? Sind Grenz- und Sonderfälle »leicht« erkennbar?

4.3 Kann man mit demselben Aufwand ein allgemeineres Resultat erzielen?

5 *Anwendungsbereich des Resultats*

9.2 Ansätze und Lösungen für Übungsaufgaben

1.1 Geschwindigkeit im Bezugssystem $w = \dfrac{\gamma v}{1+\gamma}$.
Betrachte den Grenzfall $v \ll c$.

1.3 Ereignis 1: (0,0), Ereignis 2: (d,0)

Koordinatenzeit-Differenz: $t_2 - t_1 = -\dfrac{\gamma v}{c^2} d$.

Zu beachten: a) Vorzeichenwechsel bei Umkehr der Bewegungsrichtung; b) Unabhängigkeit der Zeitdifferenz vom jeweiligen Standort eines etwaigen »Beobachters«; c) Irrelevanz dieser Zeitdifferenz für den Zeitunterschied, mit dem die Signale bei einem Beobachter *eintreffen*.

1.5 Die Aufenthaltszeit auf dem fernen Planeten ist in Erdjahren angegeben. Zeitverluste in den Beschleunigungsphasen werden vernachlässigt.
Sohn: 25 + 3 + 25 = 53 Jahre,
Vater: 30 + 0,5 + 3 + 0,5 = 34 Jahre.
Berechnung des γ-Faktors (ohne Taschenrechner):
$1 - v^2/c^2 = (1 + v/c)(1 - v/c) \cong 2 \cdot 0{,}0002 = 0{,}0004$, $\gamma \cong 50$.

2.1 Elimination von t aus den Beziehungen für v und s.

2.3 Man benutze die Formeln $(\boldsymbol{a} \times \boldsymbol{b})_k = \varepsilon_{klm} a^l b^m$ und $D^r{}_k D^s{}_l D^t{}_m \varepsilon_{rst} = \varepsilon_{klm}$. Für das ε-Symbol siehe Bd. 1, S. 102.

2.4 Zunächst Ω berechnen und in der Form $\Omega = \Omega_\psi + \Omega_\theta + \Omega_\varphi$ schreiben. (Nicht das Matrixprodukt $D = D_\psi D_\theta D_\varphi$ ausrechnen!). $\tilde{\boldsymbol{\omega}}$ erhält man aus $\boldsymbol{\omega}$ durch Koordinatentransformation mit $\boldsymbol{D}$.

2.5
$$\ddot{\boldsymbol{r}}_0 = -(\dot\theta^2 + \dot\varphi^2 \sin^2\theta)\boldsymbol{r}_0 + (\ddot\theta - \dot\varphi^2 \sin\theta\cos\theta)\boldsymbol{e}_\theta + (\ddot\varphi \sin\theta + 2\dot\varphi\dot\theta\cos\theta)\boldsymbol{e}_\varphi .$$

3.1 $\mu = 1 - v^2/2gh$.

3.2 u. 3.3 Zu berechnen $\boldsymbol{G} = \gamma \displaystyle\int \frac{\rho(\boldsymbol{r}')(\boldsymbol{r}' - \boldsymbol{r})}{|\boldsymbol{r}' - \boldsymbol{r}|^3} \mathrm{d}\tau'$.

Durch Wahl des Koordinatensystems:

$$\boldsymbol{r} = \begin{pmatrix} 0 \\ 0 \\ a \end{pmatrix}, \quad \boldsymbol{r}' = \begin{pmatrix} r\sin\theta\cos\varphi \\ r\sin\theta\sin\varphi \\ r\cos\theta \end{pmatrix}, \quad \mathrm{d}\tau' = r^2 \sin\theta \mathrm{d}r \mathrm{d}\theta \mathrm{d}\varphi .$$

Damit, nach Einsetzen und Integration über φ:

$$\boldsymbol{G} = 2\pi\gamma \int_{R_i}^{R_a} \mathrm{d}r \rho r^2 \int_0^{\pi} \frac{(r\cos\theta - a)\sin\theta \mathrm{d}\theta}{(r^2 - 2ar\cos\theta + a^2)^{3/2}} \boldsymbol{e}_z$$

wobei $\boldsymbol{e}_z$ der Einheitsvektor in z-Richtung ist. R_a und R_i sind der äußere und innere Radius der Hohlkugel; evtl. ist $R_i = 0$.

Man kann das Integral über θ »ausixen«, ein Trick erleichtert jedoch die Rechnung:

$$I := \int_0^{\pi} \frac{(r\cos\theta - a)\sin\theta \mathrm{d}\theta}{(\ldots)^{3/2}} = \int_0^{\pi} \mathrm{d}\theta \sin\theta \frac{\mathrm{d}}{\mathrm{d}a}(\ldots)^{-1/2}$$

$$= \frac{\mathrm{d}}{\mathrm{d}a} \int_1^{-1} \frac{-\mathrm{d}\zeta}{(r^2 - 2ar\zeta + a^2)^{1/2}} = \frac{\mathrm{d}}{\mathrm{d}a} \left[\frac{1}{ar}(r^2 - 2ar\zeta + a^2)^{1/2} \right]_{+1}^{-1}$$

$$= \frac{\mathrm{d}}{\mathrm{d}a} \left(\frac{r + a - |r - a|}{ar} \right).$$

Dann ist

für $\quad r \leqslant R_a \leqslant a$: $\; I = \dfrac{-2}{a^2}, \quad \boldsymbol{G} = -\dfrac{\gamma}{a^2} 4\pi \int_{R_i}^{R_a} \mathrm{d}r r^2 \rho \boldsymbol{e}_z$

für $\quad a < R_i \leqslant r$: $\; I = 0, \quad \boldsymbol{G} = 0.$

Da $M = 4\pi \int \mathrm{d}r r^2 \rho$ die Gesamtmasse bedeutet, gilt im Abstand

$$a \geqslant r: \quad \boldsymbol{G} = -\frac{\gamma M}{a^2} \boldsymbol{e}_z ,$$
$$a < r: \quad \boldsymbol{G} = 0 .$$

3.6 a) $\ddot{r} = -\gamma M/r^2, \quad v_e = (2\gamma M/R)^{1/2}$,
b) $\dot{r} = 2\gamma M/r + A$ (Integrationskonst. A),
c) $R_s = (2\gamma M/c^2)^{1/2}$. Für eine Kugel mit der Masse der Sonne $M = 2 \cdot 10^{30}\,\mathrm{kg}$: $R_s \simeq 3\,\mathrm{km}$.

3.9 Es gilt $M\mathrm{d}v - w\mathrm{d}M = 0$. Vorzeichen: $\mathrm{d}M < 0$; $\mathrm{sgn}(w) = \mathrm{sgn}(v)$ bedeutet »Bremsung«, $\mathrm{sgn}(w) = -\mathrm{sgn}(v)$ bedeutet »Vorwärtsbeschleunigung«. Durch Integration: $\log(M/M_0) = (v - v_0)/w$, also $v = v_0 + \log(M/M_0)^w$.

3.10 Seien M, V Masse und Geschwindigkeit der Rakete in einem Inertialsystem; M_0, V_0 deren Anfangswerte; $\boldsymbol{w}$ die Ausströmgeschwindigkeit des Gases im Ruhe-System der Rakete. $\boldsymbol{V} + \boldsymbol{w}$ ist also die Ausströmgeschwindigkeit im Inertialsystem und $\int_0^{M_0-M} (V + w)\,\mathrm{d}m$ ist der Gesamtimpuls, der von der Rakete durch Ausstoß des Treibgases abgegeben worden ist. Der Impulserhaltungssatz für das isolierte System „Rakete + Treibgas“:

$$M\boldsymbol{V} + \int_0^{M_0-M} (\boldsymbol{w} + \boldsymbol{V})\,\mathrm{d}m = M_0\boldsymbol{V}_0 .$$

Die gesamte ausgestoßene Masse ist $m = M_0 - M$, also gilt $\mathrm{d}m = -\mathrm{d}M$. Damit wird

$$M\boldsymbol{V} - \int_{M_0}^{M} (\boldsymbol{w} + \boldsymbol{V})\,\mathrm{d}M = M_0\boldsymbol{V}_0$$

und sodann, durch Differentation nach der Zeit,

$$(M\boldsymbol{V})^{\cdot} - \dot{M}(\boldsymbol{w} + \boldsymbol{V}) = 0 .$$

Im Gravitationsfeld mit Potential U gilt dann

$$(M\boldsymbol{V})^{\cdot} - \dot{M}(\boldsymbol{w} + \boldsymbol{V}) = -M \operatorname{grad} U ,$$

nach Vereinfachung auf der linken Seite also

$$M\dot{\boldsymbol{V}} - \dot{M}\boldsymbol{w} = -M \operatorname{grad} U .$$

Wenn der Gasausstoß entgegen der Bewegungsrichtung der Rakete erfolgt, ist $\boldsymbol{w} = -\dfrac{w}{V}\boldsymbol{V}$. Der Betrag w und die Funktion $M(t)$ sind durch den Brennvorgang bestimmt (einfachster Fall: w und $\dot{M}$ konstant).

4.1 Potential $V = \dfrac{4\pi}{3}\gamma\rho r^2$, Bewegungsgleichung $\ddot{\boldsymbol{r}} + \dfrac{8\pi}{3}\gamma\rho \boldsymbol{r} = 0$, Reisezeit bis zum Antipoden $= \pi(R^3/2\gamma M)^{1/2}$.

4.3 a) Für $\boldsymbol{r} := \boldsymbol{r}_1 - \boldsymbol{r}_2$ gilt $\ddot{\boldsymbol{r}} = -\gamma\dfrac{m_1 + m_2}{r^3}\boldsymbol{r} =: -\dfrac{k}{r^3}\boldsymbol{r}$.

b) Mit den Relativkoordinaten

$$\boldsymbol{d}_1 = \frac{\mu}{m_1}\boldsymbol{r}, \quad \boldsymbol{d}_2 = \frac{\mu}{m_2}\boldsymbol{r} \quad \left(\mu = \frac{m_1 m_2}{m_1 + m_2}\right)$$

wird

$$\ddot{d}_1 = -\frac{\gamma m_2^3}{(m_1+m_2)^2 d_1^3} d_1 =: -\frac{k_1}{d_1^3} d_1$$

$$\ddot{d}_2 = -\frac{\gamma m_1^3}{(m_1+m_2)^2 d_2^3} d_2 =: -\frac{k_2}{d_2^3} d_2 .$$

Die Umlaufzeiten $T = 2\pi(a^3/k)^{1/2}$,

$$T_2 = 2\pi(a_1^3/k_1)^{1/2}, \qquad T_2 = 2\pi(a_2^3/k_2)^{1/2}$$

stimmen überein, denn es gilt $a_1 = \frac{m_2}{m_1+m_2} a$ und $a_2 = \frac{m_1}{m_1+m_2} a$.

4.5 Ablenkwinkel φ: $\sin\varphi = aqB/mv$.

4.7 Die Energie $E = \frac{m}{2}\omega^2(A^2+B^2)$ ist *unabhängig* von der Phasendifferenz $\alpha - \beta$. Das Quadrat des Drehimpulses,

$$L^2 = m^2\omega^2 A^2 B^2 \cos^2(\alpha-\beta),$$

hat bei gegebener Energie sein Maximum für $A^2 = B^2$ und (unabhängig davon) für $\alpha = \beta$. Mit $A^2 = B^2 = E/m\omega^2$ gilt also

$$0 \leqslant L^2 \leqslant E^2/\omega^2 .$$

Unterer Grenzwert: Gerade; oberer Grenzwert: Kreis.

5.1 a) $T_L = \frac{m_1}{2} v_1^2 + \frac{m_2}{2} v_2^2$, b) $T_S = \frac{\mu}{2}(\boldsymbol{v}_1 - \boldsymbol{v}_2)^2$.

5.3 a) $E = \frac{1}{2}\mu\omega^2(A^2+B^2)$; A, B = Amplituden von $|\boldsymbol{r}_1 - \boldsymbol{r}_2|$ in der xy-Ebene, entsprechend 4.3.2.

b) $L = \mu\omega AB\cos(\alpha-\beta)$; α, β = Phasenwinkel von $x_1 - x_2$, $y_1 - y_2$, entsprechend 4.3.2.

Aufteilung der Größen A, B, E, L im Schwerpunktssystem nach dem Schema $A_1 = \mu A/m_1$, $A_2 = \mu A/m_2$ usw.

5.5 a) $Q_{kl} = 0$. Bemerkung: Dies gilt für jede kugelsymmetrische Verteilung. Beweis?...

b) Für eine Scheibe des Radius a in der xy-Ebene:

$$Q_{kl} = \frac{M}{4} a^2(\delta_k^1\delta_l^1 + \delta_k^2\delta_l^2 - 2\delta_k^3\delta_l^3).$$

c) Für einen Stab der Länge l in der z-Achse:

$$Q_{kl} = \frac{M}{12} l^2(-\delta_k^1\delta_l^1 - \delta_k^2\delta_l^2 + 2\delta_k^3\delta_l^3).$$

6.1 Mit der Symmetrieachse in z-Richtung:

$$I_{11} = I_{22} = \frac{M}{4}\left(a^2 + b^2 + \frac{1}{3}h^2\right), \quad I_{33} = \frac{M}{2}(a^2 + b^2),$$

die übrigen I_{kl} sind gleich Null.

6.3 *Raumfestes Koordinatensystem:* y vertikal nach oben; z, x horizontal. *Schiefe Ebene:* Fällt in positiver x-Richtung ab, schließt mit negativer x-Richtung den Winkel α ein, Höhenlinien parallel zur z-Achse. Der Zylinder rollt »gerade« hinunter (Symmetrieachse parallel zur z-Achse). *Körperfestes Koordinatensystem:* x'- und y'-Achse in der xy-Ebene, z'-Achse entlang der Zylinderachse. Alle folgenden Größen beziehen sich auf das körperfeste System. Wir lassen die Striche weg. Die momentane Drehachse, d. i. die Berührungslinie, überstreicht während des Rollens den Zylindermantel. In bezug auf diese Achse ist das Trägheitsmoment des Zylinders $\tilde{I} = I + Ma^2$. Das Drehmoment ist

$$\tilde{N} = \begin{pmatrix} a\sin\alpha \\ a\cos\alpha \\ 0 \end{pmatrix} \times \begin{pmatrix} 0 \\ -Mg \\ 0 \end{pmatrix} = \begin{pmatrix} 0 \\ 0 \\ -Mga\sin\alpha \end{pmatrix}.$$

Die Winkelgeschwindigkeit ist $\boldsymbol{\omega} = (0,0,-\dot{\varphi})$, ($\varphi$ ist der Drehwinkel; Bewegung: Abwärtsrollen). Von den Eulerschen Gleichungen [6.2.4] bleibt nur die dritte, $\tilde{I}\dot{\omega}_3 = -Mga\sin\alpha$, zu erfüllen. Das ergibt $\tilde{I}\ddot{\varphi} = Mga\sin\alpha$.

6.5 „Rollen ohne zu gleiten" bedeutet, daß im Berührungspunkt das Geschwindigkeitsfeld des Körpers verschwindet. Mit dem Ergebnis von Kap. 6.4, $\boldsymbol{v}(\boldsymbol{r},t) = \boldsymbol{\omega} \times \boldsymbol{r} + \boldsymbol{V} - \boldsymbol{\omega} \times \boldsymbol{R}$, folgt als *Bedingung des Rollens* $\boldsymbol{V} + \boldsymbol{\omega} \times (\boldsymbol{r}_a - \boldsymbol{R}) = 0$, und damit für das *Geschwindigkeitsfeld*

$$\boldsymbol{v}(\boldsymbol{r},t) = \boldsymbol{\omega} \times (\boldsymbol{r} - \boldsymbol{r}_a).$$

$\boldsymbol{r}_a$ ist dabei der Berührungspunkt.

7.1 Lagrangefunktion $L = \frac{m}{2}(\dot{r}^2 + r^2\dot{\theta}^2 + r^2\dot{\varphi}^2\sin^2\theta) - V(r,\theta,\varphi)$,

$$P_\varphi = mr^2\dot{\varphi}\sin^2\theta = (\boldsymbol{r} \times \boldsymbol{p})_z, \qquad P_r = m\dot{r} = \boldsymbol{p}\cdot\boldsymbol{r}_0.$$

7.3 a) Lagrange-Gleichungen in der Ebene $\theta = \pi/2$:

$$m\ddot{r} - mr\dot{\varphi}^2 + \frac{\gamma m M}{r^2} = 0, \quad (mr^2\dot{\varphi})^{\cdot} = 0.$$

Konstanten der Bewegung:

$$\frac{\partial L}{\partial \varphi} = 0 \Rightarrow mr^2\dot{\varphi} = l = \text{const.}$$

$$\frac{\partial L}{\partial t} = 0 \Rightarrow \frac{m}{2}(\dot{r}^2 + r^2\dot{\varphi}^2) - \frac{\gamma m M}{r} = E = \text{const.}$$

b) Mit $\dot{\varphi} = l/mr^2$: $m\ddot{r} - \dfrac{l^2}{mr^3} + \dfrac{\gamma m M}{r^2} = 0$,

Integral dazu: $\dfrac{m}{2}\left(\dot{r}^2 + \dfrac{l^2}{m^2 r^2}\right) - \dfrac{\gamma m M}{r} = E$.

c) $V_{\text{eff.}} = \dfrac{l^2}{2mr^2} - \dfrac{\gamma m M}{r}$.

d) Mit $\dfrac{\mathrm{d}r}{\mathrm{d}\varphi} = \dfrac{\dot{r}}{\dot{\varphi}}$ folgt aus dem „Energie-Integral":

$$\frac{\mathrm{d}r}{\mathrm{d}\varphi} = \sqrt{\frac{2mE}{l^2}r^4 + \frac{2\gamma m^2 M}{l^2}r^3 - r^2},$$

danach mit $u(\varphi) := 1/r(\varphi)$:

$$\frac{\mathrm{d}u}{\mathrm{d}\varphi} = -\sqrt{\frac{2mE}{l^2} + \frac{2\gamma m^2 M}{l^2}u - u^2}.$$

7.5 Mit a = Radius, θ und φ Kugelkoordinaten:

$$L = T = \frac{m}{2}a^2(\dot{\theta}^2 + \sin^2\theta\,\dot{\varphi}^2),$$

Lagrange-Gleichungen:

$$ma^2(\ddot{\theta} - \dot{\varphi}^2\sin\theta\cos\theta) = 0, \tag{1}$$

$$ma^2\dot{\varphi}\sin^2\theta = L_z = \text{const.} \tag{2}$$

Da Kugelsymmetrie vorliegt, folgt aus (2) sofort $\boldsymbol{L}$ = const. Es gibt also eine Bahnebene und diese sei $\theta = \theta_0$ = const. Wegen (1) ist dann entweder $\dot{\varphi}\sin\theta_0 = 0$, d. h. nach (2) $\boldsymbol{L} = 0$ (keine Bewegung), oder $\cos\theta_0 = 0$, d. h. $\theta_0 = \pi/2$: Wenn das Teilchen nicht ruht, bewegt es sich auf einem Großkreis.

7.7 Die Lage des Stabes sei durch Kugelkoordinaten θ, φ festgelegt. Die Enden des Stabes laufen auf einer Kugel des Radius $l/2$. Die kinetische Energie ist daher $T = \frac{I}{2}(\dot{\theta}^2 + \sin^2\theta\dot{\varphi}^2)$, mit $I = Ml^2/12$. Man hat einen Rotor wie in Aufgabe 7.5.

7.9 Der Rollwinkel sei φ, die vertikale Koordinate sei y, die horizontale x. Das Trägheitsmoment des Zylinders bezüglich seiner Symmetrieachse heiße I. Nach Zerlegung der kinetischen Energie in den Rotations- und Translationsanteil ergibt sich

$$L = \tfrac{1}{2}(I + Ma^2)\dot{\varphi}^2 - Mgy\,.$$

Die »Rollbedingung« ist $y = y_0 - a\varphi \sin\alpha$.

Für ein zylindrisches Rohr mit innerem Radius a_i, äußerem Radius a und der Anfangsbedingung $\dot{\varphi} = 0$, $x = 0$, $y = y_0$ für $t = 0$ ergibt sich z. B.

$$y(t) = y_0 - \left(\frac{2a^2 \sin\alpha}{3a^2 + a_i^2}\right)\frac{g}{2}t^2 \sin\alpha\,.$$

Der Faktor in der Klammer beschreibt die Verlangsamung der Bewegung gegenüber dem reibungsfreien Gleiten.

7.11 Mit dem Ausdruck für $\tilde{\omega}$ aus Aufgabe 2.4 wird

$$2T = I(\dot{\theta}^2 + \dot{\varphi}^2 \sin^2\theta) + I_3(\dot{\psi} + \dot{\varphi}\cos\theta)^2\,.$$

Das Potential ist $V = Mga\cos\theta$.

7.13 Eine Nebenbedingung sei $B(q^k) = 0$. Durch Differentiation folgt $\frac{\partial B}{\partial q^k}\dot{q}^k = 0$. Die Lagrange-Gleichungen dafür:

$$\frac{\mathrm{d}}{\mathrm{d}t}\frac{\partial L}{\partial \dot{q}^k} - \frac{\partial L}{\partial q^k} = \lambda \frac{\partial B}{\partial q^k}\,.$$

Die (rechts stehende) Zwangskraft leistet die Arbeit

$$A = \int_{t_1}^{t_2} \lambda \frac{\partial B}{\partial q^k}\,\mathrm{d}q^k = \int_{t_1}^{t_2} \lambda \frac{\partial B}{\partial q^k}\,\dot{q}^k \mathrm{d}t = 0\,.$$

Bei mehreren Nebenbedingungen entsprechend.

8.1 a) $v = \dfrac{m_1 v_1 + m_2 v_2}{m_1 + m_2}$, b) $\varepsilon_{\text{max.}} = \dfrac{\mu}{2}(\boldsymbol{v}_1 - \boldsymbol{v}_2)^2$.

8.2 Man benutze die Ausdrücke für den Gesamtimpuls im Schwerpunktssystem, um aus der Energieerhaltungsgleichung w_2 und w_2' zu eliminieren.

8.3 Der Schwerpunktssatz ergibt (mit $M = m_1 + m_2$): $\boldsymbol{V} = \frac{m_1}{M} \boldsymbol{v}_1$.

Damit wird $\boldsymbol{w}_1 := \boldsymbol{v}_1 - \boldsymbol{V} = \frac{m_2}{M} \boldsymbol{v}_1$. Mit dem Ergebnis von Aufgabe 8.2, $w_1' = w_1$, folgt $\frac{V}{w_1'} = \frac{m_1}{m_2}$.

8.7 a) Je »härter« eine Kugel ist, desto kürzer die Kontaktdauer beim Aufprall. Je kleiner die Kontaktdauer, desto kleiner der übertragene Drehimpuls. Beim Stoß an der vollkommen harten Kugel hat diese sozusagen nicht genügend Zeit, um Drehimpuls aufzunehmen.

b) Aufgrund geometrischer Betrachtung (Zeichnung!):

$$s' = \sqrt{a^2 - s^2} \sin\theta + s \cos\theta .$$

c) Mit dem Erhaltungssatz für den Drehimpuls, $sp_1 = s'p_1'$, und der Abkürzung $f := p_1'/p_1$ folgt

$$s = \frac{af \sin\theta}{(1 + f^2 - 2f\cos\theta)^{1/2}} .$$

Da für die Impulse die Gleichungen [8.2.1] und [8.2.2] gelten, können für die Berechnung von f die Formeln aus 8.2.1 verwendet werden.

d) Für $m = M$ ist $f = \cos\theta$, $\theta \leqslant \pi/2$, also $s = a\cos\theta$. Mit [8.3.1] folgt $\frac{d\sigma}{d\Omega} = -a^2 \cos\theta$.

e) Für $m > M$ wird

$$s_\pm^2 = \frac{a^2}{2} \sin^2\theta \frac{1 + r^2 \cos 2\theta \pm 2r\sqrt{1 - r^2 \sin^2\theta} \cos\theta}{1 + r\sin^2\theta \mp \sqrt{1 - r^2 \sin^2\theta} \cos\theta} ,$$

$$r := \frac{m}{M} > 1 , \qquad \theta < \theta_0 .$$

Zu jedem möglichen Streuwinkel θ gibt es also die Werte s_+ und s_- des Stoßparameters. Dabei ist $s_- < s_+$.

9.3 Bezeichnungen und Konventionen

1. *Kartesische Koordinaten:* $(x^1, x^2, x^3) = (x_1, x_2, x_3) = (x, y, z)$; oder x^k mit $k = 1,2,3$.
2. *Vektorielle Notation* (z. B. für die Geschwindigkeit: $\boldsymbol{v}$) und *Indexschreibweise* (z. B. v^k oder v_k) wird laufend nebeneinander benutzt, zum Teil auch miteinander, z. B. k-te Komponente des Vektorproduktes aus $\boldsymbol{a}$ und $\boldsymbol{b}$: $(\boldsymbol{a} \times \boldsymbol{b})_k$.
   In den Abbildungen sind Vektoren durch Unterstreichen kenntlich gemacht.
3. *Tensorindizes* finden sich manchmal in oberer, manchmal in unterer Position. Da wir nur kartesische Tensorkoordinaten benutzen (selbst wenn wir sie beispielsweise durch Kugelkoordinaten ausdrücken), kann die unterschiedliche Indexstellung einfach ignoriert werden; beim Trägheitstensor gilt z. B. $I^{22} = I^2_2 = I_{22}$.
4. *Vektorkoordinaten* wie z. B. v^1, v^2, oder v^3 bezeichnen wir dem allgemeinen Brauch entsprechend auch als „Komponenten", obgleich die erste Bezeichnung sachgemäßer ist (vgl. Bd. 1/1, S. 98ff.). Entsprechend bei Tensoren.
5. *Summationskonvention:* Über Indizes, die mit der Koordinatendarstellung von Tensoren zusammenhängen, summieren wir *unter Weglassen des Summensymbols,* wenn der Index in einem Produkt zweifach auftritt. Z. B. beim Skalarprodukt zweier Vektoren: $\boldsymbol{a} \cdot \boldsymbol{b} = a_k b^k$. Entsprechend bei der linearen Abbildung eines Vektors: $a^k = D^k{}_l a'^l$. Die Verabredung gilt auch in Kap. 7 für die Größen $\dot{q}^k$, P_k usw. des Konfigurationsraumes.
   Ansonsten lassen wir an Summenzeichen $\sum$ häufig den Index fort, wenn es ohnehin offensichtlich ist, worüber summiert werden soll.
6. Matrizen werden durch große halbfette Buchstaben bezeichnet, z. B. $\boldsymbol{D}$, $\boldsymbol{\Omega}$, $\boldsymbol{M}$. Inverse Matrix: $\boldsymbol{M}^{-1}$, transponierte Matrix: $\boldsymbol{M}^T$.
7. *Funktionen* schreiben wir in vereinfachter, aber etwas ungenauer Weise z. B. $x = x(t)$ anstelle von $x = f(t)$. Entsprechend für eine Funktion der Ortskoordinaten, z. B. $V = V(x, y, z)$ oder, gleichwertig, $V = V(\boldsymbol{r})$. D. h. wir unterscheiden nicht zwischen dem *Funktions*symbol und dem Symbol für den *Wert* der Funktion. Die Schreibweise ist ökonomisch und bringt Erleichterungen mit sich, da man sich nicht so viele Symbole zu merken hat. Andererseits ist sie riskant, denn sie birgt in sich die Gefahr von Mißverständnissen und Fehlern. Dem Leser wird die Fähigkeit zugetraut, sich durch diese Bezeichnungsweise nicht verwirren zu lassen und notfalls selbst gesonderte Bezeichnungen einzuführen.

8. *Integrale* über nicht näher angegebene Bereiche bezeichnen wir – unabhängig von deren Dimension – immer nur durch ein einziges Integralzeichen. Auf den Hinweis, daß dieses oder jenes Integral über dieses oder jenes Volumen zu nehmen ist, verzichten wir in den Fällen, in denen aufgrund des Textes bereits klar ist, was gemeint wird. Folgende Bezeichnungen werden benutzt:
Linienintegral: Die Integrationskurve („Integrationsweg") muß vorgegeben sein, etwa in der Parameterform $\boldsymbol{r} = \boldsymbol{r}(\lambda)$. Das Linienelement ist $\mathrm{d}\boldsymbol{r} = \boldsymbol{r}'\mathrm{d}\lambda$. Im besonderen Fall eines Linienintegrals über eine gerade Strecke (etwa die „x-Achse" $y = 0$, $z = 0$) ergibt sich einfach $\mathrm{d}\boldsymbol{r} = \boldsymbol{e}_x \mathrm{d}x$, wobei $\boldsymbol{e}_x$ der Einheitsvektor in x-Richtung ist und $x = \lambda$ gesetzt wurde.
Flächenintegral: Die Fläche sei gegeben durch die Parameterdarstellung $\boldsymbol{r} = \boldsymbol{r}(u,v)$. Das Flächenelement $\mathrm{d}\boldsymbol{S}$ ist der Vektor

$$\mathrm{d}\boldsymbol{S} = \frac{\partial \boldsymbol{r}}{\partial u} \times \frac{\partial \boldsymbol{r}}{\partial v} \mathrm{d}u\,\mathrm{d}v\,.$$

Im Spezialfall der Integration über eine Ebene (etwa die „xy-Ebene" $z = 0$) ergibt sich einfach $\mathrm{d}\boldsymbol{S} = \boldsymbol{e}_z \mathrm{d}x\,\mathrm{d}y$, wobei $\boldsymbol{e}_z$ der Einheitsvektor in z-Richtung ist und $x = u$, $y = v$ gesetzt wurde.
Volumenintegral: Das Volumenelement in beliebigen Koordinaten y^1, y^2, y^3) ist gegeben durch $\mathrm{d}\tau = \sqrt{g}\,\mathrm{d}y^1\mathrm{d}y^2\mathrm{d}y^3$, wobei $g := \mathrm{Det}(g_{kl})$ die Determinante der symmetrischen Matrix bedeutet, die durch die „metrische Fundamentalform" $\mathrm{d}s^2 = g_{kl}\mathrm{d}y^k\mathrm{d}y^l$ bestimmt ist. In kartesischen Koordinaten gilt speziell $\mathrm{d}\tau = \mathrm{d}x\,\mathrm{d}y\,\mathrm{d}z$.

9 Das sog. „vektorielle Produkt" zweier Vektoren $\boldsymbol{a}, \boldsymbol{b}$ ist eigentlich der schiefe Tensor $a^k b^l - a^l b^k$. Im n-dimensionalen Raum besitzt er $n(n-1)/2$ unabhängige Koordinaten („Komponenten"). Für $n = 2$ bzw. $n = 4$ sind das eine bzw. sechs Werte, für $n = 3$ aber sind es drei. Daher kann der Tensor im dreidimensionalen Raum mit kartesischen Koordinaten als Vektor $\boldsymbol{a} \times \boldsymbol{b}$ geschrieben werden. Unter eigentlich orthogonalen Transformationen verhält sich dieses Gebilde wie ein Vektor (vgl. Aufgabe 2.3), sonst jedoch nicht; vgl. Bd. 1, Math. Methoden.

10 Maßeinheiten für Formeln und Zahlenrechnungen: *MKS*.

9.4 Sachwortverzeichnis

Sachworte beziehen sich ebenso auf den Text wie auch auf Zusammenfassungen und Aufgaben.

Die Seitennummern, auf denen das betreffende Sachwort erklärt wird, sind fett gedruckt.

Auf den übrigen angegebenen Seiten erscheint das Sachwort in einer einigermaßen wichtigen Beziehung zu anderen Begriffen. Nicht jedes im Register geführte Sachwort wird im Text erläutert. Nicht jede Seite, auf der ein Sachwort vorkommt, wird im Register genannt.

Wie in Band 1 dieser Reihe wird bei Begriffen, die aus Adjektiv und Substantiv bestehen, nach dem Adjektiv geordnet. Beispielsweise findet man das Sachwort „harmonischer Oszillator unter „h".